Gerhard Wiesenfarth

Handeln: Eine Erkundung in technischer und didaktischer Perspektive

PÄDAGOGIK

Forschung und Wissenschaft

Band 22

LIT

Gerhard Wiesenfarth

Handeln: Eine Erkundung in technischer und didaktischer Perspektive

Herausgegeben von

Martin Binder, Burkhard Sachs, Kornelia Möller

LIT

Umschlagbild: Gerhard Wiesenfarth

Gedruckt auf alterungsbeständigem Werkdruckpapier entsprechend
ANSI Z3948 DIN ISO 9706

Bibliografische Information der Deutschen Nationalbibliothek
Die Deutsche Nationalbibliothek verzeichnet diese Publikation in der Deutschen Nationalbibliografie; detaillierte bibliografische Daten sind im Internet über https://dnb.dnb.de abrufbar.

ISBN 978-3-643-15663-1 (br.)
ISBN 978-3-643-35663-5 (PDF)

Verlagskontakt:
Fresnostr. 2 D-48159 Münster
Tel. +49 (0) 2 51-62 03 20
E-Mail: lit@lit-verlag.de https://www.lit-verlag.de

Auslieferung:
Deutschland: LIT Verlag, Fresnostr. 2, D-48159 Münster
Tel. +49 (0) 2 51-620 32 22, E-Mail: vertrieb@lit-verlag.de

Inhalt

Vorwort

Technik ist nicht einfach nur die Menge der von Menschen hergestellten Gegenstände. Sie ist auch das, was wir mit diesen Gegenständen tun: das Verwenden und Bedienen, das Herrichten vor und das Verräumen nach dem Gebrauch, das Pflegen, Warten und Reparieren.

Hier setzt die vorliegende Schrift von Gerhard Wiesenfarth an. Er nimmt das technische Handeln in einem sehr grundlegenden Verständnis in den Blick, nicht auf das Handeln von Expertinnen und Experten beschränkt, sondern aus dem Alltag prinzipiell aller Menschen heraus. Wir wollen ja nicht per se technisch handeln, sondern ein Ziel erreichen. Das kann durch das Verwenden technischer Hilfsmittel abgesichert werden. Nun ändert sich aber die Handlung, sie wird erweitert um die Mittel und den Umgang mit ihnen, folgt einer eigenen Handlungsgrammatik. Diese Zusammenhänge werden von Gerhard Wiesenfarth zu einer allgemeinen, phänomenologisch orientierten Handlungstheorie ausgearbeitet.

Der Horizont der Studie geht aber weiter. Wiesenfarth entwickelt seine Handlungstheorie in der Absicht, daraus sein pädagogisches und technikdidaktisches Anliegen begründet ableiten zu können. Das ist ein wesentlicher Grund, warum er so präzise auf Handlungen schaut, sie geradezu seziert. Wie geht er dabei vor?

In einem ersten Teil schlüsselt er die Elemente alltäglicher Handlungen in ihrem Zusammenspiel mit der handelnden Person auf: mit ihrem Ziel, ihren Sinneswahrnehmungen, ihrer Reaktion auf Hindernisse. Es wird dargestellt, wie sich aus einer Handlung weitere ergeben und wie sie miteinander verkettet werden.

In einem zweiten Teil untersucht er, wie genau hier Technik ins Spiel kommt: wie das Mittel vor das Ziel geschoben wird, ein Plan entsteht, Vorbereitungen getroffen werden und wie man sich dabei auf Vorleistungen anderer ‚abstützt'. Besonderes Augenmerk richtet er auf die handlungsbezogene Kommunikation mittels Sprache und Zeichnungen.

Diese Klärungen dienen letztendlich dazu, die technikdidaktische Theorie, an der Wiesenfarth sein ganzes Arbeitsleben lang arbeitete, handlungstheoretisch zu fundieren. Sie machen kenntlich, wie im Handeln Lernende zur Quelle eines Problems geführt werden und wie daraus Chancen entstehen können, Technik aus ihrem ‚Kern' heraus beschreiben, hinterfragen und verstehen zu können.

Das Besondere an dieser Schrift ist aus unserer Sicht, dass es Gerhard Wiesenfarth gelungen ist, sehr genau ins Detail zu schauen, ohne das Ganze zu verlieren. Sein Blick ist phänomenologisch, auf das Verstehen des Handelns in seinen Sinnzusammenhängen ausgerichtet. Er beschreibt, wie wir mit den Händen denken und denkend handeln können, und stellt dabei philosophische und wissenschaftstheoretische Bezüge her, durch die das Thema vielschichtig und in der gebotenen Tiefe verhandelt wird. Als besonders wertvollen Zugang sehen wir die von ihm entwickelten Schemata. Sie machen eine Handlung als einen mit der Umwelt vernetzten Prozess erkennbar.

Eine Besonderheit der Veröffentlichung dieser Schrift bleibt noch zu klären: ihre Entstehungsgeschichte.

Gerhard Wiesenfarth arbeitete über viele Jahre daran. Und dann kam ihm das Schicksal in den Weg, er erkrankte schwer. Er spürte, dass ihm nicht mehr viel Zeit bleiben würde. Das Manuskript entstand weitgehend mit Block und Bleistift, immer öfter auf dem Krankenbett. Da wird nicht nur seine Handschrift schneller, auch die Zeichnungen werden zittriger, heben sich vom linierten Papier schlecht ab. Die Einleitung in die Untersuchung konnte er nur noch in groben Zügen skizzieren, teilweise nur in Stichworten. Und ein ganzes Kapitel zur Rechenmaschine von Leibniz blieb unvollendet, weswegen es hier nicht aufgenommen wurde.

Deshalb musste der Text in manchen Teilen von uns Herausgebenden geringfügig bearbeitet werden. Der Textkorpus konnte mit wenigen Eingriffen übernommen werden. Lediglich die vielen Unterkapitel haben wir teilweise zusammengefasst. Schweren Herzens haben wir uns dazu entschieden, seine Zeichnungen nicht im Original aufzunehmen – Gerhard Wiesenfarth war ein begnadeter Zeichner –, sondern sie zu rekonstruieren. Oberstes Ziel waren gut lesbare Abbildungen. Um dem Band ein einheitliches Bild zu geben, haben wir auch diejenigen Zeichnungen neu erstellt, die sich für den Druck geeignet hätten. Wir sind uns bewusst, dass unsere Rekonstruktion nicht an die Qualität der Originale heranreicht, sind aber überzeugt, einen guten Weg gefunden zu haben.

Was Gerhard Wiesenfarth nicht mehr gegönnt war, ist das Zusammenführen der Handlungstheorie mit seinen pädagogischen und fachdidaktischen Anliegen. Um das erkennbar zu machen, haben wir zwei seiner bereits publizierten fachdidaktischen Texte aufgenommen. Sie mögen zunächst wie ein Fremdkörper wirken, helfen aber, den Gesamtzusammenhang zu verstehen.

Zu den angesprochenen Eingriffen fühlen wir uns berechtigt, weil es Gerhard Wiesenfarths dringender Wunsch war, dass die Studie publiziert wird: als sein wissenschaftliches Vermächtnis.

Martin Binder, Burkhard Sachs und Kornelia Möller

1 Einführung

Die vorliegende Studie will keine Einführung in die verstreut erarbeiteten Handlungstheorien sein. Sie kann die windungsreichen Entwicklungsstränge, die aus den einzelnen Fachgebieten wie Soziologie, Psychologie, ökonomische Theorie, Kultur- und Wissenschaftstheorie … hervorgegangen sind, ihre unterschiedlichen Intentionen, die Kohärenzen und Diskrepanzen nicht hinreichend verfolgen. Ansätze aus Handlungstheorien werden in dieser Studie aber aufgenommen. Leitend für die Auswahl ist der Gesichtspunkt, wie schulisches Lehren und Lernen befördert und wie ergänzende und modifizierende Überlegungen zur Didaktik und Methodik des Unterrichts angeregt werden können.

1.1 Handeln und technisches Handeln – eine Verwandtschaft

Das Handeln wird in dieser Studie am Konkreten untersucht, an Beispielen aus dem Alltag. Es sind einfache, unspektakuläre Handlungen, Kleinbeispiele. Sie haben den Vorteil, dass jeder sie kennt; so kann das Beschriebene nachvollzogen und hinterfragt werden. An den Beispielen wird die Entwicklung einer Handlung von einem Wunsch zum Ziel veranschaulicht: wie mit einer Zielvorstellung das Handeln gestartet wird, wie Bedingungen des Umfeldes wahrgenommen und auf sie reagiert wird, wie Hilfsmittel bereitgelegt und genutzt werden, wie sich innerhalb dieses Prozesses eine Handlungskette ergibt, die sich bei differenzierter Betrachtung als Handlungsnetz zeigt. Dieses lässt sich auf umgekehrtem Weg auch analysieren: seine Elemente und ihre zeitlich-genetische Ordnung.

In landläufiger Auffassung wird Handeln verstanden als Aktion eines Akteurs auf ein selbst gestecktes Ziel hin, unter Verwendung von Mitteln, Gegenständen und Materialien. Die Wirklichkeit ist differenzierter:

- Handeln mit Mitteln ist, auch wenn es von einem Individuum durchgeführt wird, gesellschaftlich vernetzt. Die Mittel – ihre Konstruktion, Herstellung und Bereitstellung – sind Vergegenständlichungen von Leistungen, die andere erbracht haben.
- Die Zielbestimmungen des Handelns sind keine Willkürakte, keine völlig freien Regungen. Sie gehen auf Erlebnisse, Erfahrungen und andere Handlungen zurück, in denen sich Einstellungen und Haltungen manifestieren. Zielbestimmungen werden oft durch Problemsituationen provoziert. Zielsetzungen, auch individuelle, entstehen in einem sozialen Umfeld. Handeln ist immer Anschlusshandeln, Mithandeln, kollektives Handeln.
- Probleme sind nichts rein gegenständlich Äußerliches, aber auch nicht allein innerliche Bestrebung, willkürliche individuelle Festlegung. In die Problemsicht gehen beide Seiten ein – die innere und die äußere – und bilden ein Spannungsverhältnis, eine Diskrepanz. Die äußeren Umstände werden in die Intentionen einbezogen, die Handlungssituation wird ‚ausgelegt‘, erst dadurch entsteht eine Problemsicht.

- Handeln fordert die agierende Person heraus: so viel Werkzeug wäre einsetzbar, so viele mögliche Wege können beschritten werden. Sie muss Entscheidungen treffen, die Handlungsumgebung einbeziehen, auf den Handlungsverlauf achten und reagieren. Eine Handlung ist daher (auch) ein psychisches Konstrukt, ein ‚Produkt' handwerklich-technischer Erfahrungen der handelnden Person.
- Aus dem, was sie im Handeln herausfordert und was sie tut, gewinnt die handelnde Person einen Teil ihres Selbstbildes. Sie erschließt sich das Umfeld, die Welt. Das Handeln ist nicht einfach ‚da'. Es ist eine der Formen der Auseinandersetzung mit dem, was wirklich ist. Durch das Handeln erfahren wir etwas über Beschaffenheiten, über Gegenstände. Eine entscheidende Rolle spielen dabei die erlebten, erfahrenen Widerstände, Hemmnisse und Hindernisse.

Eine solch differenzierte Sicht auf das Handeln lässt drei charakteristische Merkmale des Handelns sichtbar werden:

(1) Es findet nicht isoliert und als einsamer Akt statt, sondern in einem Umfeld. Handeln entsteht aus Beziehungen und stiftet sie: zwischen der Akteurin bzw. dem Akteur und dem Umfeld, zwischen den Zielsetzungen und den Mitteln – Handeln hat *Beziehungscharakter*.

(2) Handeln besteht aus einem zeitlich-genetischen Ablauf – es hat *Prozesscharakter*.

(3) Und es entsteht aus Vorhergehendem, wird in seinem Verlauf vielfältig angepasst und entwickelt, führt zu Ergebnissen und Folgen und beeinflusst damit auch Zukünftiges – Handeln hat *Entwicklungscharakter*.

Das technische Handeln ist eine besondere Handlungsform. Bei ihm spielt das Absichern des Zielerreichens durch Planung, durch vorbereitende Maßnahmen wie das Besorgen und Bereitlegen von Material, durch das Herstellen bestimmter Bedingungen, durch den Einsatz von Gegenständen, durch aufmerksames Beobachten und Anpassen eine besondere Rolle. Dem Zusammenhang zwischen Ziel und Mittel kommt in technischen Handlungen eine besondere Relevanz zu: Was ist ein zweckmäßiges Mittel, um das Ziel zu erreichen? Wie wird es eingesetzt? Was muss im Vorgang geleistet werden, damit das Mittel verfügbar ist?

Wo Handeln unter technischen Fragestellungen betrachtet wird, bestehen Gefahren, die eng mit dem spezifisch Technischen zusammenhängen:

- Eine enge technische Perspektive neigt dazu, alles und jedes unter dem Gesichtspunkt von Verfügung und Dienstbarkeit anzusehen. Einen solchen Zwang gibt es aber nicht; die Welt ist nicht nur Reservoir von Mitteln oder Material.
- Technische Objekte werden vielfach in ihrer Bedeutung als Repräsentanten der technischen Sphäre überbetont. Die Vorstellung, dass schon die Dinge

reden, lehren bzw. etwas aussagen, ist falsch. Ohne die Dimension des Handelns können sie nicht verstanden werden. Sie sind auch nicht fix und fertig vorhanden, sondern Menschenwerk – auf Zielsetzungen und Interessen hin ausgerichtet und gemacht. Technische Objekte wie auch technisches Handeln werden nicht aus einer Sache heraus *erzwungen*; sie sind Folge von Entscheidungen.

- Beruflich ausgebildete Fachleute besitzen ohne Zweifel technische Kompetenzen. Sie sind aber nicht die einzige Instanz mit technischem Können und Wissen. Wer nur solche Fachleute als *technische Autorität* anerkennt, wer nur ihren Aussagen darüber vertraut, was richtig ist, versteht technische Kompetenz in einer unguten Verengung.
- Damit zusammenhängend besteht die Gefahr, technisches Handeln in wenige Handlungstypen zu pressen. Besonders zu nennen sind musterhafte Handlungen, die als ‚richtig ausgeführte' technische Handlung verstanden werden. Wo diese Sicht vorherrscht, werden andere Handlungen mit Argwohn betrachtet. Es schleicht sich ein Leitbild ein, was Technik zu sein hat. Technik und Handeln sind aber vielschichtiger und offener angelegt. Handeln ist eine spezifische Form der Auseinandersetzung mit Welt. Im Handeln erfährt der Akteur etwas über Beschaffenheiten, Gegenstände, über die Bedingungen der Situation, in der er handelt, und über sich selbst. Ohne die Qualität des Richtigen entwerten zu wollen, gibt es im Handeln doch subjekt- und situationsbezogene Bewertungen, was gut oder schlecht, besser oder schlechter ist.

1.2 Handeln und Lernen – eine weitere Verwandtschaft

Lernen ist auch eine Form des Handelns. Lernende setzen sich mit einer Sache auseinander, bilden erste Vermutungen, *wie* die Sache ist. Bei der weiteren Beschäftigung wird die Vorstellung bestätigt, erweitert oder revidiert. Die Sache ist unerlässlich für das Lernen. Sie bildet den Gegen-Stand, an dem die lernende Auseinandersetzung stattfindet und auch sichtbar wird.

Eine Besonderheit schulischen Lernens ist, dass es im Medium der Sprache geschieht. Im Unterricht wird Wissen, das beim Handeln aufgebaut wird, zur Sprache gebracht. So können Vorstellungen, kann handlungsbegleitend erworbenes Wissen mit anderen ausgetauscht und reflektiert, ungenaue Vorstellungen differenziert und falsches Wissen korrigiert werden. Das Ergebnis des Lernens ist dann nicht nur ein *innerliches Bild* von der Sache, es enthält auch die *äußere Dimension* dessen, was gelernt wird. Und auch beim Lernen wird das Selbstbild erweitert, wie beim Handeln. Die Lernenden erwerben neues Wissen über die Welt und über sich, über ihre Möglichkeiten der Welterschließung.

In der Studie werden dort, wo das Lernen untersucht wird, Beispiele von Handlungen ausgewählt, die sich für das selbstständige Erschließen besonders eignen. Das heißt, dass die Sachzusammenhänge beim handelnden Erkunden erkennbar sein müssen. Und sie müssen für die Schülerinnen und Schüler verständlich sein, also an ihren Fähigkeiten und Möglichkeiten ausgerichtet werden. Gelingt eine gute Auswahl handelnder Lernzugänge, können die Lernenden, aufbauend auf ihrem Erkundungshandeln und geleitet durch die Lehrerin oder den Lehrer, das neu Gelernte am Ende in eigenen Worten formulieren.

Das ist zunächst unabhängig vom Technikunterricht zu sehen, weil es allgemeine Fragen des Lernens behandelt – und damit auch allgemeine Fragen des Lehrens. Deshalb kann die Schrift bis hierhin für alle Fachdidaktiken aufschlussreich sein.

Im letzten Teil dieser Studie wird explizit Technikunterricht beleuchtet. Es gibt ihn in mehreren Varianten, vom Sachunterricht in der Grundschule über das Werken bis hin zu einem eigenständigen Fach Technik. Jeweils finden sich dort eigene Traditionen des Lehrens. Vor dem Hintergrund handlungstheoretischer Überlegungen zeichnet sich scharf ab, wie einseitig der noch immer gelegentlich anzutreffende *Manualismus* im Rahmen des Technikunterrichts ist. Im Vordergrund steht dabei der Einsatz motorischer Fertigkeiten, die weitgehend von den lebensweltlichen Sinnzusammenhängen isolierte Handarbeit in einfachen Formen und der wenig auf die Handlungsanlässe und -bedingungen reflektierte Werkzeuggebrauch. Ausgeblendet bleibt in solchem Unterricht eine nähere Zielbestimmung, die material-, bedingungs- und wissensgeleitete Planung sowie eine entsprechend gezieltere Kontrolle.

Ebenso zurückzuweisen ist die Spielart des *Intellektualismus*, die sich auf Zielbestimmungen und Folgenabschätzung technischer Produktentwicklungen beschränkt. Allenfalls wird dort ein zielgeleiteter Entwurf mit verschiedenen Varianten und Entscheidungsabläufen erarbeitet. Der Ausführung aber, der Fertigung mit ihren spezifischen Verfahren, wird nicht genügend Aufmerksamkeit geschenkt. Es entsteht eine Materialabgewandtheit im weitesten Sinn, die ein abgewogenes, speziell fertigungsbezogenes Entwerfen in einem strengeren Sinn verhindert. Sie unterbindet Wechselbezüge zwischen Entwurf und Fertigung und vernachlässigt insgesamt die Vorleistungen technischen Handelns – die eigenen als auch die anderer.

Vor dem Hintergrund handlungstheoretischer Überlegungen wird die Studie das *Vormachen* und *Nachmachen* in einem differenzierten Licht betrachten. Das Nachmachen wird zu einem produktiven Lernen, wenn es in einen als sinnvoll eingeschätzten Kontext eingebettet ist und deshalb gezielt und kontextbezogen betrieben werden kann. Unter diesem Blickwinkel bietet die Vorlage einerseits wichtige Instruktionen. Andererseits kann sie bei komplexen Gegenständen oder Prozessen nicht alle relevanten Informationen ablesbar machen. Das gilt für das Vormachen der Lehrperson ebenso wie für alle übrigen Formen der Vorlagendarstellung. Keineswegs ist dort alles zugänglich, was für den Nachbau oder Nachvollzug relevant ist. Beim Nachmachen muss ergänzt, selbstständig erwogen und erprobt werden, um Lücken schließen zu können. Beim selbsttätigen Nachkonstruieren des Wissens und Handelns der Vorlage wird eine Variantenbildung erforderlich: Oft ergeben sich mit wachsender Anzahl vollzogener Schritte Ungenauigkeiten und kaum merkliche kleine Fehler. Diese werden zunächst nicht wahrgenommen oder als irrelevant erachtet. Erst die kumulative Wirkung der Schritte lässt Unzulänglichkeiten oder gar Widerstände offensichtlich werden. Jetzt sind Problemlösungen im Rahmen der Nachkonstruktion erforderlich. Selbsttätigkeiten, relativ unabhängig von der Vorlage, werden herausgefordert. Solche Bemühungen um Revisionen im Kleinen sind Kernstücke nicht nur des schulischen Lernprozesses, sondern des technischen Handelns im Allgemeinen. Sie enthalten Lernchancen – freilich nur im Verbund mit sinnvoll eingebundenen Instruktionen.

Es sei noch auf eine allgemeine Perspektive verwiesen: Mit dem Versuch, im Rahmen technikdidaktischer Überlegungen handlungstheoretische Ansätze aufzunehmen, ist die Erwartung verknüpft, verstärkt *genetische Sichtweisen* in didaktische Überlegungen zu integrieren. Die durch die handlungstheoretischen Überlegungen gestützte genetische Perspektive schärft den Blick für die Vielfalt von Handlungsformen und verhindert darüber hinaus, dass technisches Handeln im Unterricht auf Muster- oder Normprozesse festgelegt wird.

Mit Blick auf die personale Seite des Handelns, auf die *Akteurinnen und Akteure*, heißt das: Es steht hier nicht im Vordergrund, einen schülerorientierten Unterricht zu stärken; dazu hat die Allgemeindidaktik bereits Fundamente geschaffen. Entscheidend in genetischer Perspektive ist, herauszustellen, dass Handeln nur selten das Handeln einer einzelnen Person ist. Es ist immer auch Anschlusshandeln, Mithandeln, kollektives Handeln und schließt damit von Anfang an eine *soziale Komponente* ein.

Mit Blick auf die gegenständliche Seite des Handelns, auf die Produkte der technischen Sphäre, heißt das: Unter genetischer Perspektive scheinen die *technischen Produkte* nicht nur als Fertigprodukte, sondern primär als *Resultate eines Technisierungsprozesses*. Sie sind aus technischem Handeln hervorgegangen und gehen wiederum in technisches Handeln ein: in den Gebrauch bei der Herstellung anderer Gegenstände und letztlich in ihren direkten lebensdienlichen Gebrauch. Die Vielfalt technischer Produkte und, damit zusammenhängend, technischer Handlungen ergibt sich aus ihrem Entwicklungsprozess.

Welche Formen und Verläufe dabei zu finden sind, kann hier nicht detailliert erläutert werden. Lediglich zwei Grundlinien seien für einen ersten Überblick herausgestellt: Kinder handeln bereits in frühen Entwicklungsstadien. Sie machen Erfahrungen und bauen Wissen auf. Es ist weitgehend implizites Wissen, das handlungsbegleitend erworben wurde und nicht oder nur schlecht expliziert, versprachlicht werden kann. Es ist nicht zwingend übertragbar auf andere Situationen, kann sogar, objektiv betrachtet, regelrecht falsch sein. Diese Erfahrungen und unsichere Kenntnisse leiten weiteres Handeln. Sie werden ergänzt, bestätigt, revidiert, umorganisiert und verändert.

Auch in neuen Situationen setzen Kinder an Erfahrungen und Wissen an. Im Schulalter können sie dann auf ein breites Repertoire von Alltagshandlungen zurückgreifen – verbunden mit situationsabhängigem Wissen. Inwiefern Alltagshandeln auch technisches Handeln ist, wird noch zu klären sein. Es lässt sich aber festhalten: Schülerinnen und Schüler bringen Handlungserfahrungen mit, an denen im Unterricht angesetzt wird. Das schulische Lernen führt auf andere Wissensformen hin, auf objektiv abgesichertes, verallgemeinerbares Wissen. Zum Lernen gehört daher auch, das individuelle, kontextabhängige Wissen weiterzuentwickeln. Dabei muss Manches zurückgelassen, einiges erhalten, aber auch modifiziert werden.

Lernen ist nach aktueller Auffassung kein unmittelbares Aufnehmen, ist kein Hinnehmen, unabhängig von dem, was schon gekonnt und gewusst wird. Es ist eher als aktiver Aufbau aufzufassen, als Konstruktion von Könnens- und Wissensformen. Dazu gehören die unauffälligen Kleinschritte – das Bilden von Abweichungen und Variationen auf der Basis dessen, was schon gelernt wurde. Dazu gehören die innere Gefügebildung, die Umbildung und Gefügeunterteilung. Letztlich beruht der innere Aus-, Um- und Aufbau auf Differenzierungs- und Vereinheitlichungsprozessen. Sie setzen bei dem an, was schon gekonnt und gewusst wird, was schon aufgebaut worden ist. Angeregt und herausgefordert werden diese Prozesse des Aus-, Um- und Aufbaus von Könnens- und Wissensformen durch die Auseinandersetzung mit der Umgebung, durch die Auseinandersetzung im Rahmen sozialer Interaktion. Insbesondere die erlebten und erfahrenen Widerstände, Hemmnisse und Konflikte wirken dabei provozierend.

Für viele Lernprozesse sind das Vorzeigen und Vormachen, ist die Instruktion unverzichtbar. Was solche Anleitungen aber im Einzelnen beinhalten, lässt sich nicht in allen relevanten Beschaffenheiten sofort von Lernenden erfassen. Das fordert heraus, selbst aktiv zu werden. Damit beginnt aber auch der versuchsweise Nachbau mit seinen Korrekturschritten. Lernen ist also primär Aufbau oder Nachbau von Könnens- und Wissensformen. Beide Konstruktionsweisen sind aufeinander angewiesen, keine sollte auf Kosten der anderen dominieren. Auch beim Nachmachen lässt sich die Handlung nicht als fertige Form übernehmen. Wir müssen sie selbst auf-, aus- und umbauen aus dem, was wir schon können. Hilfreich sind dabei Anleitungen. Sie zeigen Bewegungen, Zwischenzustände und Resultate. Weniger deutlich zu erfassen ist, wie beispielsweise die körperliche Kraft einzusetzen und die Bewegung zu steuern ist. Hier setzen das angeleitete und eigenständige Probieren und Variieren im Kleinen ein, und mit dem erfolgreichen Korrigieren entstehen dann erste Schritte im Nachbau.

Eine solche Auffassung des Lernens wirft auch ein Licht auf das Lehren. Lehren übermittelt nicht einfach Können, Fertigkeiten und Wissen. Lehren kann allenfalls anregende Lernsituationen und herausfordernde Aufgaben präsentieren. Im besten Falle werden Lernende dadurch angeregt, selbsttätig zu werden: Sie vergegenwärtigen sich ihr Vorwissen, machen Vorschläge, formulieren die Aufgabe anders, verweisen auf Bedingungen, die einzuhalten sind, kontrollieren und korrigieren das

Herausfordernde. Lehren fördert die situationsbezogene Auseinandersetzung und die Problemlösung. Anregend wirkt dabei einerseits die Aufgabenstellung oder das Ziel; und andererseits das, worüber wir schon verfügen und was wir angesichts von Aufgaben gegenwärtig halten: unser Können, Wissen, unsere Vorgehensweisen. Aber auch die zur Verfügung gestellten Mittel, die ‚äußeren' Materialien, die zum konkreten Probieren, zum Operieren verleiten, wirken aktivierend. Erst eine so aufbereitete Lehrsituation befördert Lernen als einen Weiterbau von inneren Auffassungsweisen und Fähigkeiten.

Wird Lehren nicht als reines Übermitteln gesehen, lassen sich auch Vorgehensweisen, Methoden und Strategien nicht als fertige Einheiten übermitteln. Vielmehr spielt die eigenständige und angeleitete problem- und aufgabenorientierte Reflexion eine entscheidende Rolle. Allgemeine Darstellungsformen, Regeln, Prinzipien und Strategien lassen sich wie die übrigen Inhalte nicht situationsunabhängig lernen. Sie werden am Einzelfall, im Rahmen einer situativ eingebetteten Aufgaben- und Problemstellung gelernt (d. h. aufgebaut) und bleiben so zunächst an spezifische Erfahrungen gebunden. Die Übertragung auf andere Bereiche erfordert erneute angeleitete oder eigenständige Anstrengungen.

1.3 Zum Aufbau der Studie

Die in dieser Studie ausgewählten und dargestellten Ansätze zu einer Handlungstheorie sollen helfen, Unterricht zu analysieren, Fragen zur Unterrichtsgestaltung zu klären und darüber hinaus didaktische Konzeptbildungen und -modifikationen anzuregen.

Das Handeln wird dazu unter verschiedenen Blickwinkeln betrachtet. Thematisiert werden

- das alltägliche und das technische Handeln,
- das Handeln als Tätigkeit und das Handeln als Form des Erkennens,
- die Zusammenhänge zwischen Wissen und Handeln, der Wissenserwerb aus dem Handlungsprozess heraus und, komplementär dazu, das Anwenden von Wissen im Handeln,
- das Handeln unter subjektbezogener und unter sozialer Perspektive, wobei Zeichen als Medien der Verständigung untersucht werden,
- das Handeln im Dienst der unmittelbaren Lebensbewältigung und das Lernhandeln im Dienst der Bildung,
- das Lernen mit dem Fokus auf handelnde Zugänge in allen Schulfächern und das Lernen speziell im Technikunterricht.

Blicken wir zu Beginn auf ein alltägliches Beispiel, an dem Grundbegriffe und auch die hier verwendete Form der Handlungsdarstellung erläutert werden können.

2 Eine Weinflasche entkorken

Das Entkorken einer Weinflasche ist jedermann mehr oder weniger geläufig, zumal dann, wenn einfache Korkenzieher als Werkzeuge verwendet werden (vgl. Abb. [2]-1). Das Beispiel ermöglicht unter solchen Umständen, sich auf die Darstellungsweise und einige grundlegende Verhältnisse im Handeln zu konzentrieren. Gleichzeitig ist damit die Chance gegeben, auf der Basis eigener Erfahrungen kritische Einwände zu formulieren, die zu eigenen Modifikationen Anlass geben, mindestens aber eigene Fragen aufwerfen.

2.1 Handlungsgefüge mit Hilfsmitteln

Könnern erscheint das Entkorken einer Weinflasche als ein Tätigkeitsfluss, als ein relativ einheitlicher Ablauf. Ungeübte oder Lernende hingegen müssen erst noch koordinieren. Sie müssen erst ein Handlungsgefüge aufbauen: Zustände und Zwischenzustände sind durch Transformationen zu verknüpfen, sodass letztlich ein zwecknaher Zustand erreicht wird.

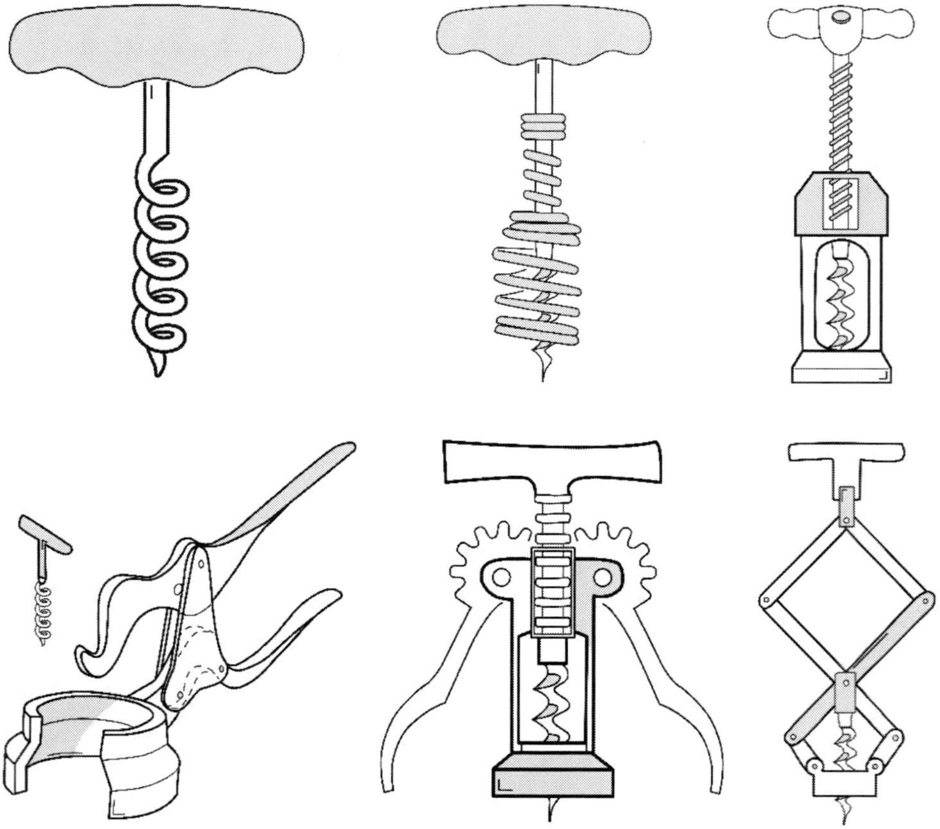

Abb. [2]-1: Einfacher und komplexere Korkenzieher. Die folgende Handlungsdarstellung nimmt die Verwendung des ersten, einfachen Korkenziehers auf.

Wie ein einheitlicher Handlungsablauf, eine Routine, im Gegensatz zum Handlungsgefüge darzustellen ist und welche Problematik dabei zutage tritt, soll erst gekennzeichnet werden, wenn einige Vorklärungen stattgefunden haben.

Die auffälligsten Zustandsänderungen sind produktive Akte. Zum Handeln gehören jedoch auch Orientierungsakte, Vorbereitungsakte, Kontroll- und Korrekturakte. Sie gehen den produktiven Akten voraus oder folgen ihnen.

Am Beispiel des Entkorkens einer Weinflasche und des Einschenkens soll ein Handlungsgefüge veranschaulicht werden – zunächst in zwei Übersichten.

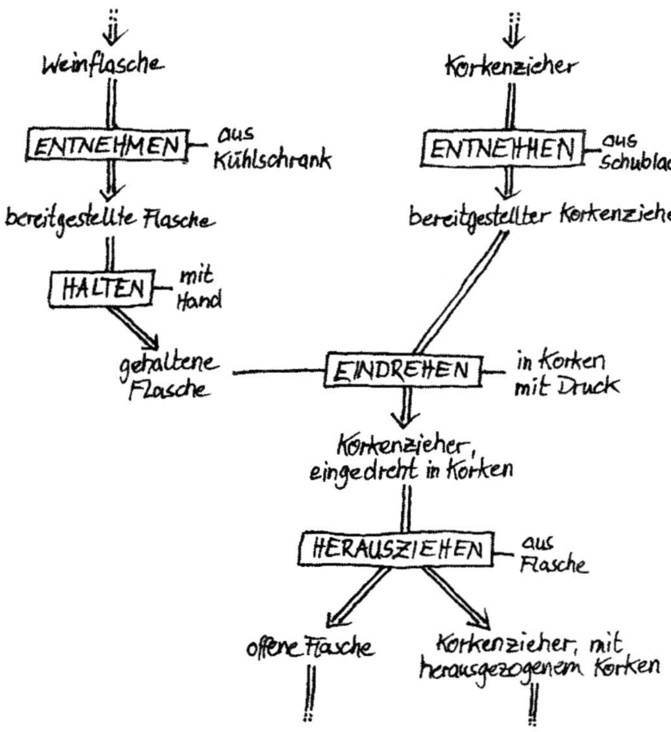

Abb. [2]-2: Darstellung eines Handlungsablaufs – Entkorken einer Weinflasche.

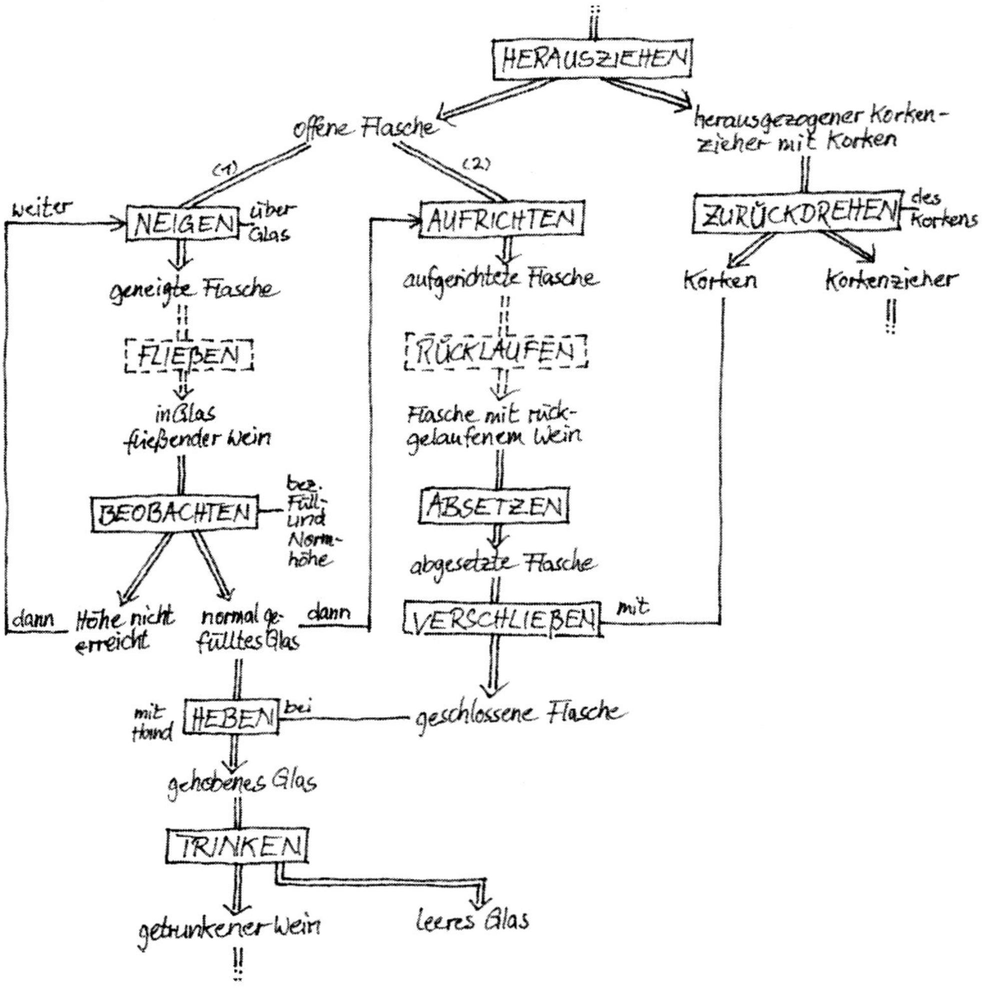

Abb. [2]-3: Darstellung eines Handlungsablaufs. Fortsetzung von Abb. [2]-2: Weinglas füllen und trinken.

2.2 Erläuterungen zur Handlungsdarstellung

Eine Form der Handlungsdarstellung ist in den Abbildungen Abb. [2]-2 und Abb. [2]-3 gegeben. Ehe später kontrastierend weitere Formen angefügt werden, seien einige erläuternde Hinweise gegeben.

(1) Darstellung einer Veränderung durch Handeln:

Abb. [2]-3.1: Veränderung.

Die Veränderung besteht im Neigen der offenen Flasche (vgl. Abb. [2]-3). ‚Neigen' ist ein aktueller Handlungsakt oder die Realisierung eines Handlungsschemas (vgl. Kap. 3.1).

(2) Darstellung einer Vermeidung von Änderung durch Handeln:

Abb. [2]-3.2: Vermeidung.

Die Vermeidung besteht im Halten oder Festhalten der Flasche, damit die Flasche sich beim Eindrehen des Korkenziehers nicht dreht (vgl. Abb. [2]-1).

(3) Darstellung des Handlungsschemas mit Ausgangszustand und Resultat:

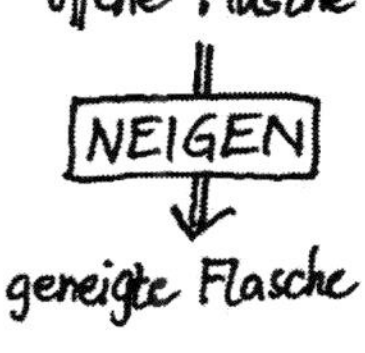

Abb. [2]-3.3: Handlungsschema.

Die ‚offene Flasche' ist der Vorzustand, auf den sich das Handlungsschema bezieht. Die ‚geneigte Flasche' ist das Resultat nach Anwendung des Handlungsschemas ‚Neigen' (vgl. Abb. [2]-3).

(4) Darstellung eines zusätzlichen Handlungselements:

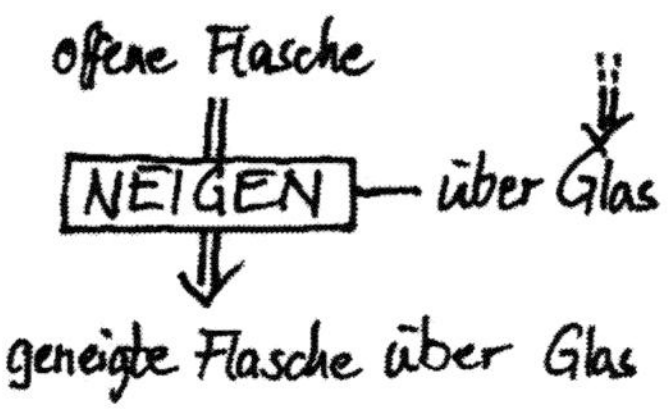

Abb. [2]-3.4: Ergänzendes Handlungselement.

Beim Vollzug des Handlungsschemas ‚Neigen‘ ist das Weinglas zu beachten. Die Flasche ist über dem Glas zu neigen. Der abgebrochene Pfeil zeigt an, dass das Glas bereitzustellen ist, damit es als zusätzliches Handlungselement fungieren kann. Das Bereitstellen als Prozess ist hier nicht dargestellt, lediglich das Resultat des Prozesses ist notiert. Zur Realisierung des Schemas ‚Neigen‘ sind zwei Handlungselemente erforderlich.

(5) Darstellung eines kausalen Vorgangs:

Abb. [2]-3.5: Kausaler Vorgang.

Das Geschehen ‚Fließen‘ ist kein Handlungsschema und deshalb in anderer Form dargestellt. Der Vorgang ‚Fließen‘ wird durch eine Handlung ausgelöst, hier durch das Neigen der offenen Flasche. Zu beenden ist der Vorgang durch das Aufrichten der Flasche (vgl. Abb. [2]-3).

(6) Darstellung der Beobachtung als Handlungsschema:

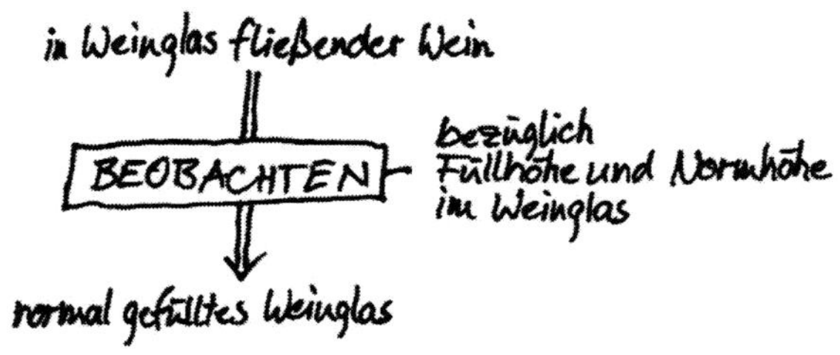

Abb. [2]-3.6: Beobachtung.

Zum Beobachten gehören hier die Ausrichtung des Sehens auf den Weinspiegel im Glas und der Vergleich mit einer beabsichtigten Füllstandhöhe. Führt das Beobachten zu dem Resultat, dass das Maß erreicht ist, muss die Flasche aufgerichtet werden (vgl. Abb. [2]-3).

(7) Darstellung einer Folge von zwei Handlungsabschnitten:

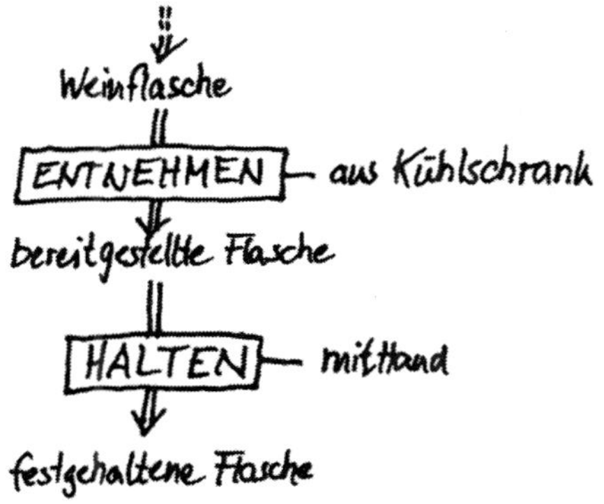

Abb. [2]-3.7: Folge von Handlungsabschnitten.

Die bereitgestellte Flasche ist einerseits Resultat des Handlungsschemas ‚Entnehmen' und andererseits Ausgangszustand für das folgende Schema ‚Halten'. Die Handlungsschritte lassen sich nicht vertauschen. Das ‚Entnehmen' muss vor dem ‚Halten' erfolgen. Das Resultat des ersten Schritts ist die Bedingung dafür, dass der zweite Schritt vollzogen werden kann. Nur wenn diese praktische Ordnung eingehalten wird, lässt sich jetzt der zwecknahe Zustand ‚Weintrinken' erreichen.

Die praktische Ordnung ist sprachlich nur umständlich formulierbar. Die grafische Darstellung zeigt die praktische Ordnung mit ihren Abhängigkeiten in direkterer Form über viele Handlungsschritte (vgl. Abb. [2]-2 und Kap. 3.3.3).

(8) Darstellung der Verknüpfung von Handlungsschritten über ein Handlungselement:

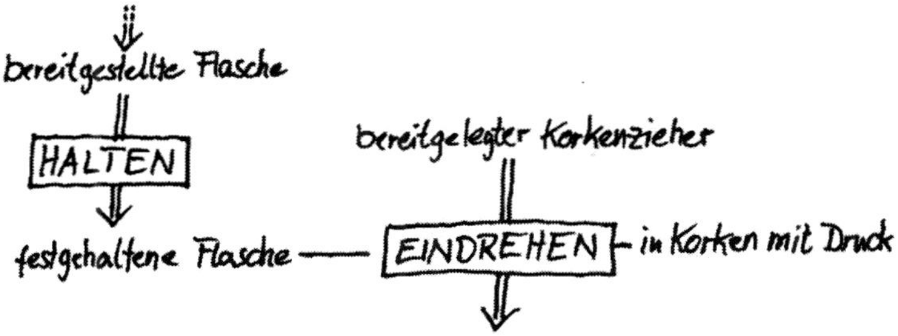

Abb. [2]-3.8: Verknüpfung von Handlungsschritten.

Das ‚Eindrehen‘ des Korkenziehers in den Korken ist nur möglich, wenn die Flasche dabei festgehalten wird. Das Resultat der ersten Schrittfolge liefert die Bedingung dafür, dass das ‚Eindrehen‘ gelingt.

(9) Darstellung des Lösens einer Verknüpfung (einer Verzweigung in Handlungsstränge):

Abb. [2]-3.9: Lösen einer Verknüpfung.

Das ‚Herausziehen‘ des Korkenziehers hat zwei Teilresultate: Die Flasche ist geöffnet; der Korkenzieher mit Korken ist damit nicht mehr mit der Flasche verbunden. Beide Resultate sind Ausgangszustände für weitere Handlungen (vgl. Kap. 3.3.1).

(10) Darstellung eines zyklischen Ablaufs von Handlungsschritten:

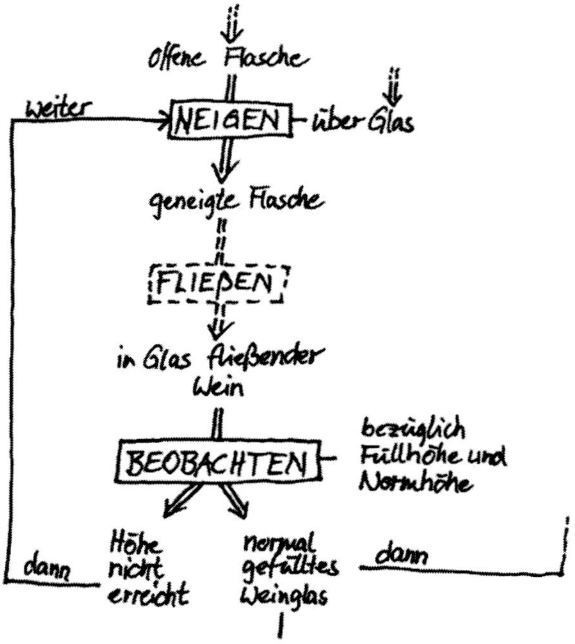

Abb. [2]-3.10: Zyklischer Ablauf.

Das Fließen des Weins aus der geneigten Flasche muss beobachtet werden. Führt die Beobachtung zum Resultat, dass die Normhöhe im Glas erreicht ist, ist die Flasche aufzurichten (vgl. Abb. [2]-3). Ist die gewünschte Füllhöhe noch nicht erreicht, muss die offene Falsche geneigt bleiben, damit der Wein weiter fließen kann. Das Resultat des Beobachtens wirkt als Bedingung auf einen vorausgegangenen Handlungsschritt zurück (vgl. auch Kap. 3.3.4).

(11) Darstellung des Zwecks der Handlung:

Abb. [2]-3.11: Zweck einer Handlung.

Zweck des Entkorkens und Eingießens ist nicht, dass dadurch Wein verfügbar wird, sondern das ‚Trinken' des Weins als Handlung mit seinen Folgen. Je nach Handlungsakt und Umständen sind unterschiedliche Folgen denkbar: beispielsweise Durst gelöscht, erheitert sein, betrunken sein, Magenverstimmung, Kopfschmerzen … Erst mit der Abschlusshandlung ‚Trinken' ist der Zweck des vorangegangenen Handlungsgefüges erfüllt (vgl. Abb. [2]-2 und [2]-3). Mit einem gewissen Recht endet hier diese Handlungsdarstellung, obwohl, praktisch gesehen, das Trinken selten allein steht. Es kann den Anstoß geben, zum Essen überzugehen oder Gespräche zu führen. Führt das Trinken zu Magenverstimmungen, werden dadurch neue Handlungsketten oder -gefüge veranlasst. Abschlusshandlungen mit ihren Folgen führen in der Regel zu Anschlusshandlungen (vgl. Kap. 3.6).

Der Zweck gibt demjenigen, der handelt, Orientierung und Ausrichtung. Durch ihn erhalten alle Handlungsschritte eine zu erfüllende Aufgabe und damit eine spezifische Bedeutung. Für den Außenstehenden gibt der Zweck einen einfachen (einheitlichen) Überblick darüber, was im vielgestaltigen Handlungsablauf vollzogen wird.

(12) Darstellung des Beginns der Handlung:

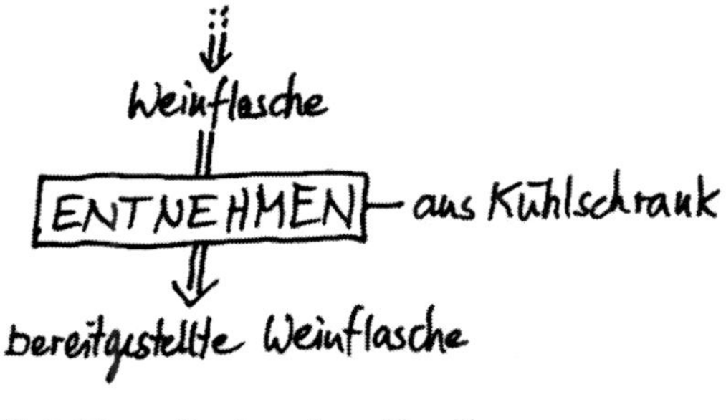

Abb. [2]-3.12: Beginn einer Handlung.

Die Weinflasche ist nicht ‚einfach da‘; sie ist verfügbar, weil vorausgegangene Handlungen dafür gesorgt haben. Die Weinflasche ist eingekauft und in den Kühlschrank gelegt worden. Diese Vollzüge sind jedoch in Abbildung [2]-2 nicht aufgeführt. Der abgebrochene Pfeil soll andeuten, dass die Handlungsdarstellung erst mit dem Handlungselement ‚Weinflasche‘ beginnt, und zwar im Sinne einer Ausschnittbildung aus einem größeren Gefüge von Handlungen. Der Beginn der Handlungsdarstellung könnte aber auch vor- oder zurückverlegt werden, wenn es zweckmäßig erscheint. Die Darstellung ist selbst eine absichtsvolle Handlung (vgl. Kap. 3.8).

(13) Darstellung des Handlungsendes im Sinne der Ausschnittbildung:

Abb. [2]-3.13: Ende einer Handlung.

Der vom Korken befreite Korkenzieher sollte aufgeräumt werden. Diese Handlung ist in Abbildung [2]-3 nicht mehr dargestellt. Die Ausschnittbildung ist hier durch einen abgebrochenen Pfeilanfang gekennzeichnet. Das Aufräumen stellt eine neue Handlungskette mit eigener Zwecksetzung dar. Auch hier zeigt sich: Handlungen provozieren mehr oder weniger deutlich Anschlusshandlungen. Handlungsdarstellungen sind deshalb gezwungen, dem Darstellungszweck entsprechende Ausschnitte zu bilden.

2.3 Zusammenfassung und Ausblick: Handeln, ein Geflecht

(1) Handeln ist nicht immer ‚von sich aus‘ eindeutig begrenzbar. Anfang und Ende zeichnen sich nur gelegentlich scharf ab. Zum Kern des Handlungsgeflechtes gehört die Realisierung des Zwecks oder des Ziels.

(2) Handeln vollzieht sich im Umfeld weiterer Handlungen. Kennzeichnungen setzen deshalb Ausschnittbildungen voraus. Mit einer solchen (vielleicht provisorischen) Grenzziehung wird ein Handlungsgeflecht als zielbestimmte Einheit von seiner Umgebung unterschieden.

(3) In einfachen Fällen beginnt Handeln mit der Zielbestimmung und endet mit dem praktischen Erreichen des Ziels.

(4) Eine umfassendere Kennzeichnung verfolgt, wie die Zielbestimmung durch Erleben und wertorientierte Handlungserfahrung beeinflusst wird. Sie bemerkt, welche Mittel zur Realisierung einbezogen werden und wie Auswirkungen des Handelns nachfolgendes Handeln provozieren.

(5) Ein Handlungsgeflecht ist keine Ansammlung von Handlungsschritten (Handlungsschemata). Ein Handlungsschema ist ein (eingebundenes) Element in einem Gefüge und besitzt gleichzeitig charakteristische Eigenheiten. Es ist in einen zielorientierten Ablauf eingefügt. Jeder Handlungsschritt ist auf ‚Partner' angewiesen, insbesondere auf vorausgehende und nachfolgende. Der vorausgehende Schritt schafft Bedingungen für die Realisierung des nachfolgenden Schrittes. Der nachfolgende nimmt das Resultat als Vergegenständlichung der vorausgegangenen Handlung auf: Leistungen haben ihre Vorleistungen und sind gleichzeitig Vorleistungen für zukünftige Leistungen.

(6) Die praktische Ordnung eines Handlungsgeflechtes schließt lineare und zyklische Abläufe ein, bestimmt jedoch den Ablauf nicht in allen Details. Vorausgegangene Prozesse wirken auf aktuelle Handlungsprozesse ein. Sie geben damit Bedingungen für aktuelle Prozesse vor. Was schon geschaffen wurde, wirkt auf das momentan Entstehende ein. Damit ist im Allgemeinen keine vollständige Determination des Handelns gegeben. Es bleibt die Chance, im aktuellen Handeln zu modifizieren, zu variieren und neu zu verknüpfen. Deshalb erfordert aktuelles Handeln, das noch nicht zur Routine vereinfacht ist, immer auch Kreativität.

(7) Die Handlungsschritte (Handlungsschemata) wurden bisher im Hinblick auf drei allgemeine Beschaffenheiten betrachtet. Leitende Gesichtspunkte waren dabei: Welche Schritte dienen der Änderung von Zuständen und welche dienen dazu, Änderungen zu vermeiden? Welche Schritte bewirken Verknüpfungen und welche lösen vorhandene Verknüpfungen? Welche Schritte benötigen zu ihrer Realisierung wie viele Handlungselemente? Beim Schritt ‚Entnehmen' (vgl. Abb. [2]-2) sind beispielsweise zwei Leerstellen durch Handlungselemente zu besetzen, beim Schritt ‚Eindrehen' sind drei erforderlich. Das Handlungsschema wird in diesem Kontext als begrenzte Transformation aufgefasst, die erst vollzogen werden kann, wenn Leerstellen besetzt, also mehr oder weniger für diese Transformation geeignete Handlungselemente herangezogen werden. Diese eher formale Sicht ist zu ergänzen, denn damit ist noch nichts über die jeweilige Aufgabe des Handlungsschritts im Rahmen des Handlungsgefüges bemerkt.

Im Zentrum des Handlungsgefüges stehen die produktiven Schritte. Vorausgehende produktive Schritte schaffen Bedingungen für nachfolgende produktive Akte. Damit produktive Schritte vollzogen werden können, sind im Allgemeinen Orientierungs-, Vorbereitungs- und Sicherungsschritte erforderlich. Schließlich muss das Resultat der produktiven Schritte durch Kontrollschritte näher bestimmt werden.[1] Sind dabei die Abweichungen zu Zielzuständen zu groß, sind Korrekturschritte notwendig. Im

---

[1] Vgl. dazu: Tomaszewski 1978.

Handlungsgeflecht der Abbildungen [2]-2 und [2]-3 dient beispielsweise das ‚Beobachten' (vgl. Abb. [2]-3) der Orientierung, das ‚Entnehmen' des Korkenziehers (vgl. Abb. [2]-2) gehört zur Vorbereitung des produktiven Schritts ‚Eindrehen'. Das ‚Halten' im Verbund mit dem ‚Eindrehen' realisiert eine gewisse Sicherung. Kontrollschritte sind mit dem ‚Prüfen' in Abbildung [2]-4 gegeben. Als Korrekturschritt fungiert das ‚erneute Ansetzen' der Korkenzieherspitze (vgl. Abb. [2]-4) oder das ‚weitere Neigen' im Zusammenhang mit dem Eingießen (vgl. Abb. [2]-3).

3 Zu einigen Grundbegriffen – Auswertung des Beispiels

3.1 Handlungsakt und Handlungsschema

Der Handlungsakt ‚Entnehmen' der Weinflasche aus dem Kühlschrank verläuft je nach Zeitpunkt und Umständen verschieden. Hat der Handelnde etwa gerade feuchte Hände, dann muss etwas anders zugegriffen werden als sonst. Die aktuellen Entnahmeakte haben aber auch etwas Gemeinsames. Sie gleichen sich im Grundablauf; sie haben einen typischen Ablauf, der sich in jedem Akt wiederholt. Im gegenwärtigen Akt wird dieser typische Ablauf aktualisiert – mit mehr oder weniger großen Abweichungen.[2]

Ein Handlungsschema lässt sich auf ähnliche Situationen übertragen: Das Schema ‚Entnehmen' (vgl. Abb. [2]-2) kann auf Flaschen und Korkenzieher angewendet werden. Soll jedoch dieses Schema auf den gerade gebackenen Kuchen, der sich im heißen Ofen befindet, übertragen werden, dann könnte ein Missgeschick passieren: Der Kuchen könnte kippen, wenn er nur mit einer Hand entnommen wird. Das Schema ist in diesem Fall nicht übertragbar. Der Versuch, es doch zu tun, führt dazu, dass dieser Schritt misslingt, und dabei machen wir Erfahrungen: Der Kuchen ist wegen seiner Beschaffenheiten anders aus dem Ofen zu entnehmen als eine Weinflasche aus dem Kühlschrank. Soll diese Aufgabe erfüllt werden, muss ein anderes Schema aktiviert oder neu aus bekannten Schemata probierend aufgebaut werden.

Ein Handlungsschema lässt sich unter Wahrung des typischen Ablaufs wiederholen und übertragen. Wiederholungen ermöglichen es, mit dem Ablauf vertraut und sicher zu werden, sodass letztlich ein reibungsfreies Können resultiert. Übertragungen helfen dabei, in ähnlichen Situationen neue Aufgaben zu bewältigen. Bei Übertragungen wechseln die Handlungselemente in Grenzen, der typische Ablauf bleibt erhalten. Es gehen also andere Elemente in den typischen Ablauf, in das Schema ein.

In der Darstellung der Abbildungen [2]-2 und [2]-3 ist eine Abfolge angegeben, die hauptsächlich aus produktiven Handlungsschritten besteht. Nur einmal ist das Schema ‚Beobachten' aufgeführt.

---

2 Vgl. Aebli 1980. Aebli stellt Handlungsepisoden und Handlungsschemata gegenüber.

Nun ist aber andererseits sicher: Das Entnehmen einer Weinflasche aus dem Kühlschrank, das Eindrehen des Korkenziehers, das Heben des vollen Glases zum Trinken – keine dieser Handlungen lässt sich ohne Wahrnehmungen vollziehen. Alle Handlungsschritte sind eng mit Wahrnehmungen verknüpft. Eine differenzierte Beschreibung müsste dieses Zusammenwirken aufdecken. Betrachten wir dazu als Beispiel das ‚Eindrehen' des Korkenziehers. In Abbildung [2]-2 ist dieser Handlungsschritt als einheitlicher, in sich ungegliederter, produktiver Schritt gekennzeichnet. Er setzt beim bereitgelegten Korkenzieher an und endet damit, dass der Korkenzieher in den Korken eingedreht ist. Betrachten wir das herausgegriffene Schema ‚Eindrehen' (vgl. Abb. [2]-2) differenzierter, werden eingebundene Handlungsschritte aufgedeckt (vgl. Abb. [3]-1).

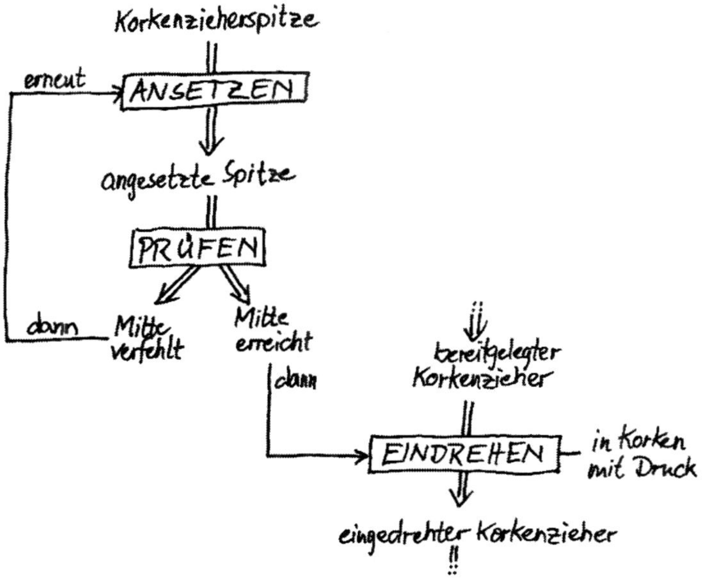

Abb. [3]-1: Differenzierte Kennzeichnung des Handlungsschemas ‚Eindrehen'. In Abbildung [2]-2 ist dieses Schema als einheitliches Handlungsschema dargestellt. Die differenzierte Kennzeichnung bricht diese Einheitlichkeit auf und stellt den ursprünglichen produktiven Akt als Geflecht von Vorbereitungs-, Orientierungs- und Korrekturschritten dar. Erst dann erfolgt das Eindrehen als produktiver Schritt.

Das zunächst einheitliche Schema zeigt sich nun selbst als ein Handlungsgefüge: Produktive Schritte sind dabei das Greifen des Korkenziehers, das Ansetzen der Korkenzieherspitze auf die Mitte des Korkens sowie das Ausrichten des Korkenziehers, sodass die Richtungen von Korkenzieher und Flasche übereinstimmen. Erst dann kann zum Eindrehen des Korkenziehers übergegangen werden. Zum Wahrnehmen gehören das Aufsuchen, das Bemerken und Prüfen (vgl. Abb. [3]-1). Die Wahrnehmungsakte dienen der Orientierung, Sicherung und Kontrolle: Der bereitgelegte Korkenzieher ist aufzusuchen, damit er ergriffen werden kann. Das Feststellen, wo sich die Spitze des Korkenziehers befindet, erlaubt erst das Ansetzen, schließlich ist zu prüfen, ob dabei die Mitte des Korkens verfehlt wurde usw.

Auch für die ausführlichere Darstellung in Abbildung [3]-1 gilt, dass es Wahrnehmungs- und Handlungsschritte gibt, die nicht ausdrücklich verzeichnet sind. Auch hier ist beispielsweise das Greifen als einheitlicher, in sich ungegliederter Schritt aufgefasst. Dabei bleibt unberücksichtigt, dass etwa unmittelbar mit dem Greifen über das Berühren eine sensomotorische Kontrolle erfolgt. Bemerken wir beispielsweise, dass uns der zu greifende Gegenstand entgleitet, fassen wir sofort kräftiger zu. Diese hier nicht dargestellte Tastwahrnehmung als Kontrolle erfolgt im Ablauf des Aktes, nicht erst am Ende beim Resultat. Die Prozesskontrolle (im Unterschied zur Resultatkontrolle) vermeidet das Misslingen des Greifens.

Erst differenzierte Kennzeichnungen legen das Zusammenspiel von Handlungs- und Wahrnehmungsakten offen. Erst sie zeigen, wie produktive Schritte eingebettet sind, vorausgehend Schritte der Orientierung, Vorbereitung und Sicherung, nachfolgend Schritte der Kontrolle und Korrektur.

Die entgegengesetzte Tendenz zur Differenzierung ist mit der zusammenfassenden (oder mit der vereinheitlichenden) Kennzeichnung gegeben. Solche Darstellungen erlauben den schnellen Überblick und sind dann angebracht, wenn durch Routinebildung ein differenziertes Handlungsgefüge vereinheitlicht ist. Aus einem Gefüge oder Teilgefüge von Handlungsschritten entsteht ein Handlungsschritt als Einheit. Die ursprünglichen Schritte ‚verschwinden' nicht, sie werden aber nicht mehr bewusst vollzogen. Sie ‚verfließen' zu einem einzigen bewusst vollzogenen Schritt.

Um Missverständnissen hier schon zu begegnen, müssen die letzten Bemerkungen ergänzt werden: Darstellungen sollen Überblicke und Einblicke geben und festhalten. Sie müssen deshalb weniger komplex sein als das, was dargestellt wird, sie müssen vereinfachen, auswählen, Akzente setzen. Handlungsdarstellungen sind keine distanziert vorgenommenen, zusammenhangslosen Unternehmungen. Sie sind selbst Handlungen mit spezifischen Determinationen durch vorausgehende Handlungen, aber auch Handlungen mit produktiven Aufgaben. In welchem Maße das Resultat der Darstellung von der Darstellungsweise und von der zu beschreibenden Handlung abhängig ist, lässt sich letztlich nicht eindeutig fixieren. Nur in vereinfachten Fällen können wir unterscheiden: Zum einen ist da der dargestellte Gegenstand, zum anderen der Gegenstand, der ‚vor aller Darstellung' besteht. ‚Gute' Darstellungen zeichnen sich nicht dadurch aus, dass sie ‚treffend' oder ‚übereinstimmend' sind. Vorrangig ist vielmehr, dass sich Darstellungen im weiteren Ablauf des Handelns bewähren und produktive Fortführungen erlauben.

3.2 Handlung und Wahrnehmung

Beide Aktionsweisen dienen dazu, den angestrebten Zweck zu erreichen. Üblicherweise unterscheiden wir das Handeln vom Wahrnehmen. Wir stellen das verändernde Eingreifen dem bloßen Erfassen, ‚was ist', gegenüber. Das Eingreifen erfolgt aktiv, das Erfassen verstehen wir eher als etwas Passives. Das Eingreifen erzeugt

Zustandsänderungen, das Wahrnehmen hingegen nur ein ‚Bild' des Zustandes. Eine solche Gegenüberstellung wirkt klärend und verdeckend zugleich. Verdeckend wirkt sie, weil dabei die Aktionsformen im Wahrnehmen, die besonders im alltäglichen Handeln wenig auffällig sind, unzulässig zurückgedrängt werden. Das gezielte und gelingende Wahrnehmen erfordert die Ausrichtung der Sinnesorgane und des Körpers, aber auch eine brauchbare Deutung dessen, was durch die Sinnesorgane erfasst wurde. Das Greifen z. B. misslingt gelegentlich, wenn sich die Ausrichtung der Augen auf den zu greifenden Gegenstand konzentriert und die Handbewegung unbeachtet lässt, und das Aufsuchen des Korkenziehers bleibt erfolglos, wenn etwa die Suchbewegungen der Augen oder des Kopfes beschränkt bleiben oder ein Holzgriff eines Messers als Teil des Korkenziehers gesehen wird.

Wichtiger ist in diesem Zusammenhang aber noch ein anderer Umstand: Um einen Gegenstand aufzufinden, ist es nicht erforderlich, ein Bild des Gegenstandes wahrzunehmen. Das gezielte selektive Erfassen weniger Merkmale oder einer einfachen Merkmalskonfiguration (einer Gestalt oder nur eines Gestaltgerüstes) genügt, um die ausschließenden produktiven Akte zu ermöglichen. Mehr ist nicht notwendig. Der Aufbau eines merkmalsreichen Bildes wäre umständlich und insgesamt ineffektiv.

Um diesen Sachverhalt noch von einer anderen Seite zu erläutern, sei auf ein Beispiel von John Dewey verwiesen. Einleitend heißt es dort: „Sinneswahrnehmungen sind kein Selbstzweck und werden nicht zur Schulung der Sinne gemacht, sondern weil sie bestimmend für den Erfolg von Handlungen sind, an denen ein Interesse besteht."[3] Um beispielsweise zu wissen, wie spät es ist, schauen wir für einen sehr kurzen Augenblick auf das Ziffernblatt einer Uhr. Wir erfassen dabei, wie spät es ist, und wiederholen diesen Akt allein an einem Tag sehr oft. Weil wir gezielt wahrnehmen, erfassen wir nur eine Zeigerstellung, aber kein umfassendes Bild des Ziffernblattes. Das heißt, wir erfassen nicht, wie z. B. die Ziffern angeordnet sind oder wie die Einteilung des Ziffernblattes markiert ist: Sind es Punkte oder Striche? Gibt es beide Markierungsarten auf dem Blatt? „Man schaut nicht auf die Uhr, um zu sehen, ob vier durch IIII oder IV dargestellt ist [...]; und wenn die Beobachtung zu diesem Ziel führt, ist es bedeutungslos und zeitvergeudend."[4]

3.3 Ordnung im Handlungsablauf

3.3.1 Beziehungen knüpfen und lösen

Um Wein trinken zu können, müssen eine Weinflasche und ein Korkenzieher vorhanden sein. Wir benötigen verfügbare Mittel oder Handlungselemente. Bei ihnen setzt das Handeln ein: Die Weinflasche wird aus dem Kühlschrank entnommen und gehalten, damit der Korkenzieher eingedreht werden kann. Durch das Herausziehen

3 Vgl. Dewey 1951, S. 202.
4 Vgl. ebd., S. 203.

des Korkenziehers entstehen zwei Teile: die offene Weinflasche und der Korkenzieher mit dem Korken (vgl. Abb. [2]-2). Mit jedem der genannten Handlungsakte werden Beziehungen geschaffen und gelöst. Unter diesem Gesichtspunkt betrachtet, ist die angeführte Teilabfolge so zu kennzeichnen: Mit dem Entnehmen der Flasche aus dem Kühlschrank ist das Einlagern beendet. Die Beziehung ‚Einlagern' ist gelöst, und mit dem Halten der Flasche wird eine neue Beziehung geschaffen. Das Eindrehen des Korkenziehers in den Korken der Flasche erzeugt einen spezifischen Verbund zwischen Korkenzieher und Korken. Dieser Verbund bleibt beim Herausziehen des eingedrehten Korkenziehers bestehen; gelöst wird dabei die ursprüngliche Verbindung von Korken und Flasche, die aus dem Abfüllprozess stammt.

3.3.2 Beziehungen im Handlungsablauf

Um den Zweck ‚Trinken' zu erreichen, sind Mittelhandlungen erforderlich, die Beziehungen schaffen und lösen. Ihr Zweck ist es jeweils, Zwischenresultate zu erzeugen, um schließlich über weitere Schritte den eigentlich beabsichtigten Zweck erreichen zu können.

Mittelhandlungen haben Folgen. Im besten Fall sind das die durch Mittel (gegenständliche Mittel und Mittelhandlungen) realisierten Zwecke. Im Handlungsresultat sind die Mittelhandlungen in vergegenständlichter Weise enthalten: Das Eindrehen des Korkenziehers führt zum eingedrehten Korkenzieher, das Herausziehen zur geöffneten Flasche und zum herausgelösten Korkenzieher mit Korken. Aber damit sind nur die Beziehungen von den unmittelbar vorausgehenden Handlungsschritten formuliert. Sie lassen sich noch in gewohnter Weise verbal formulieren. Das Zwischenresultat ‚geöffnete Flasche' enthält indirekt auch die Resultate des Eindrehens, Haltens und Entnehmens. Solche weiterreichenden Abhängigkeiten lassen sich jedoch nicht mehr so gut verbal formulieren. Hilfreicher sind in diesem Falle grafische Darstellungen solcher Abhängigkeiten (vgl. Abb. [2]-2 und [2]-3).

Die Mittelhandlungen lassen sich nicht immer beliebig vertauschen. Wir müssen erst eine Flasche öffnen und dann trinken; der Korkenzieher muss erst eingedreht und dann herausgezogen werden. Damit der Korkenzieher in den Korken eingedreht werden kann, muss er zuvor aus der Schublade entnommen werden. Beliebig ist es dagegen, ob wir beim Bereitstellen erst mit der Flasche oder mit dem Korkenzieher beginnen.

Solche streng geordneten Abläufe, solche Beziehungen, werden nicht allein durch die ‚Sache selbst', nicht durch Sachzwänge oder Naturgesetze erzwungen. Bestimmend ist primär der Zweck der Handlung, das Ziel. Wir können auch erst trinken und dann eine Flasche öffnen. Aber diese Handlung steht in einem anderen Zusammenhang. Das bedeutet, dass sie im Unterschied zur Handlung in Abbildung [2]-2 einen anderen Zweck verfolgt, etwa den, das Trinken fortzusetzen.

Andere Schrittfolgen im Handeln ergeben entweder gar keinen sinnvollen Ablauf oder erzeugen einen Ablauf, der von einem anderen Zweck bestimmt ist.

3.3.3 Praktische Ordnung

Mit dem Korkenzieher können wir in der Küche beiläufig ein entfernt liegendes Geschirrtuch heranziehen. Wir benutzen ihn dann als verlängerten Arm. Und wir können damit auch klopfen oder ein verstopftes Loch öffnen … Wenn wir aber einen Korkenzieher in einen Flaschenkorken eindrehen, dann tun wir dies gewöhnlich, um die Flasche zu öffnen. Das Erreichen dieses Zwecks gelingt mit der genannten Reihenfolge, die wir deshalb als zweckmäßig bezeichnen. Insgesamt lässt sich festhalten: Diese Ordnung in Handlungsabläufen ist primär durch den Zweck bestimmt, sie ist als praktische Ordnung zu kennzeichnen. Wir verstehen Handlungen, wenn wir erfassen, wozu sie ausgeführt werden, wenn wir also die Zwecke kennen.

Die Handlungsordnung besteht nur in engen Ausschnitten oder in vereinfachten Fällen in einer linearen Abfolge. In der Regel sind Handlungsstränge, die zusammenlaufen und sich unterteilen, zu unterscheiden. Handlungsordnungen sind primär Beziehungsgeflechte mit dem Grenzfall linearer Abläufe.

In den Abbildungen [2]-2 und [2]-3 ist ein solches Handlungsgeflecht dargestellt. Der Hauptablauf endet mit dem Handlungsakt des Trinkens. Die Nebenabläufe verwirklichen in Schritten Mittelhandlungen, die notwendig sind, um den Hauptablauf zu bewerkstelligen. So muss beispielsweise als ein Nebenablauf der Korken vom Korkenzieher gelöst werden, damit das so gewonnene Handlungselement ‚Korken' für das Schließen der Flasche verfügbar ist.

Ist die Verflechtung mit ihren Haupt- und Nebenabläufen nicht vollständig im Handlungswissen enthalten, muss die Gesamthandlung noch nicht unbedingt scheitern. Wird beispielsweise der Korkenzieher in den Flaschenkorken eingedreht, ohne die Flasche zu halten, so dreht sich die Flasche, und das Eindrehen misslingt. Dieser widrige Umstand stößt eine (Detail-)Aufgabenstellung an: das Drehen der Flasche verhindern. Die aktuelle Lösung heißt: Flasche beim Eindrehen des Korkenziehers halten. Missgeschicke oder Widerstände provozieren aktuelle Aufgabenstellungen (Zwecke, Ziele) und Lösungen (Mittelhandlungen). Widerstände, die uns im Handeln zustoßen, ermöglichen es, (neue) Erfahrungen zu machen.

Praktische Ordnungen determinieren nicht ‚alles und jedes', legen jedoch partielle Abfolgen fest: Man kann kein Omelett zubereiten, ohne zuvor Eier zu zerschlagen – und nur in der Erzählwelt des Spötters Jonathan Swift gibt es die „große Akademie von Lagado" mit ihren „Projektemachern": Der eine hat eine Arbeit geschrieben über die „Hämmerbarkeit des Feuers", der andere erarbeitete eine neue Methode des Häuserbaus: „Er begann mit dem Dach und baute dann abwärts bis zu den Fundamenten. Diese Bauweise begründete er mit den Gepflogenheiten zweier der intelligentesten Insekten, der Bienen und der Spinnen."[5]

[5] Swift 1964, S. 248.

3.3.4 Dialogartige Anlage von Handlungsprozessen

Zielbestimmungen oder Verständigungen über Ziele und Planungen von Handlungsabläufen sind nicht nur abhängig von Wünschen, Normen und Wertvorstellungen, sondern auch von Erfahrungen aus zurückliegenden Handlungsprozessen. Planungskonzepte nehmen einerseits auf, was gewollt wird, andererseits werden sie aber auch durch das ausgerichtet, was wir über die äußeren Gegenstände und Geschehensweisen wissen. Handlungskonzepte werden so weniger willkürlich und eher durchführbar.

Obwohl wir so vorgehen, ist dadurch das Gelingen des Handelns noch nicht gesichert. Der Erfolg der Handlungsschritte kommt nicht zwangsläufig zustande. Wir sind deshalb immer wieder gezwungen, zu beobachten, zu prüfen, zu kontrollieren. Wenn beispielsweise der Korkenzieher in der Mitte des Korkens angesetzt ist (vgl. Abb. [2]-4), kontrollieren wir, ob die Richtung des Korkenziehers stimmt. Ist das nicht der Fall, korrigieren wir diese Bewegung und beginnen dann erst mit dem Eindrehen des Korkenziehers. Solche Prüf- und Korrekturschritte erzeugen zyklische Abläufe, die als dialogartige Abfolgen gedeutet werden können.

Handeln ist aber kein einseitiges Agieren, kein ‚Durchdrücken' eines Planes, kein ‚blindes' Ausführen ohne das ‚Blicken nach rechts und links'. Zum Handeln gehört noch eine andere Ausrichtung: Es trifft auf eine äußere Gegenständlichkeit und ein Geschehen als äußeren Prozess, das im Kontrast zum aktuellen Handeln ungeplant und ungewollt abläuft. Handlungsschritte stoßen trotz anpassender Planung auf Widerstände, auf eine ‚harte Wirklichkeit'. Sie werden dadurch abgelenkt oder gestört und können teilweise oder ganz misslingen. Solche Störungen durch Widerstände verweisen nachdrücklich auf die andere Gegenständlichkeit der anderen, äußeren, handlungsfremden Prozesse. Wir verstehen sie gleichsam als ‚Antworten' auf die von uns vollzogenen Handlungsschritte und ‚beantworten' sie selbst wieder, indem wir unser Vorgehen korrigieren.

Handeln ist deshalb immer auch auf Prüfen und Kontrollieren angewiesen. Dabei wird zu erfassen gesucht, durch welches Geschehen und in welchem Ausmaß der Zielzustand verfehlt wurde. Mit den Korrekturschritten werden dann die Konsequenzen gezogen. Auf solche angepassten Schritte ist das Handeln grundlegend angewiesen: auf Korrekturen im Ausführen, im Planen, in der Zielbestimmung. Die ersteren bleiben in ihrem Umfang begrenzt, die letzteren haben hingegen weitreichende Auswirkungen, weil hier Korrekturen im Planen und Ausführen eingeschlossen sind.

Aus diesem dialogartigen Hin und Her gewinnen wir neue Erfahrungen, und zwar auch über das, was uns zunächst als fremdes und äußerliches Geschehen gegenübersteht.

3.4 Handelnde – der Einzelne eher ein Sonderfall

Die Handlungsdarstellungen der Abbildungen [2]-2 und [2]-3 enthalten keine Angaben zu den handelnden Personen. Primär wird das Handlungsgeflecht dargestellt, das mit der Realisierung des Zwecks endet. Das könnte missverstanden werden: Allzu schnell sehen wir den Einzelnen handelnd am Werk – in diesem Fall vielleicht den ‚einsamen Trinker'. Wer hier handelt und wie viele Personen insgesamt beteiligt sind, soll offenbleiben. Das in den Abbildungen dargestellte Handlungsgeflecht kann durch mehrere Personen vollzogen werden. So könnte beispielsweise der Gastgeber den Wein eingießen, damit Gäste und Gastgeber das Glas zum Trinken erheben können (vgl. Abb. [2]-3). Dieses Miteinander im Handeln soll kein Sonderfall des Einzelhandelns sein – im Gegenteil: Handeln ist primär Aktion in der Gemeinschaft, ist Mithandeln, ist Kooperation und erfordert deshalb auch immer Kommunikation. Aus dieser Sicht ist das Handeln eines Einzelnen ein (zeitlich beschränkter) Grenzfall.

3.5 Hintergrund des Handelns

3.5.1 Aktuelles Handeln

Im aktuellen Handeln werden auf der Basis vorhandener Mittel Handlungselemente erzeugt: Die Weinflasche beispielsweise wird geöffnet, entleert ... Neben solchen Handlungselementen, die in Schritten bleibend verändert werden, sind Handlungselemente notwendig, die primär nur benutzt werden. Das ist z. B. beim Korkenzieher der Fall. Mit jedem Handlungsschritt werden neue, zeitlich begrenzte Beziehungen geknüpft und gelöst. Aber letztlich ist die Abfolge von Schritten so geartet, dass der Korkenzieher nicht merklich verändert, wohl aber benutzt wird.

3.5.2 Rückgriff auf Verfügbares

Damit erzeugt und benutzt werden kann, muss auf Verfügbares zurückgegriffen werden. Vordergründig heißt das: Wir benötigen Materialien, Werkzeuge, Geräte ... Weniger gegenständliche Züge haben Handlungselemente im Sinne von Vorstellungen, geometrischen Sachverhalten oder kognitiven Konzepten, die das Handeln unterschiedlich weitreichend ausrichten. Auch sie werden genutzt und dabei gelegentlich modifiziert. Dazu gleich noch einige Anmerkungen.

Schon der Blick auf solche Handlungselemente zeigt: Kein Handeln kommt voraussetzungs- und bedingungslos zustande. Kein Handeln ist allein auf sich gestellt und geschieht allein für sich. Kein Handeln vollzieht sich isoliert von anderen Handlungen. Das aktuelle Handeln beginnt in einer spezifischen Ausgangslage. Es bedarf einer Basis, eines Unter- und Hintergrundes. Dieser Hintergrund enthält primär die Resultate zurückliegenden Handelns. Ohne gegenständliche, soziale, personale Vorleistungen ist kein aktuelles Handeln möglich. Weiten wir die Perspektive derart, so lässt sich festhalten: Aktuelles Handeln wird mehr oder weniger durch entwickelte Vorleistungen, durch das, was kulturgeschichtlich entstanden ist, getragen.

Betrachten wir zunächst die leicht abgrenzbaren, hergestellten Handlungselemente, z. B. die Flasche, das Glas und den Kühlschrank. Dass wir diesen Elementen leichte Abgrenzbarkeit zuschreiben, resultiert aus Handlungsprozessen: Wir können solche Gebilde greifen, verschieben, drehen und anderes.

Wie reichhaltig der Hintergrund allein in seiner gegenständlichen Ausprägung ist, zeigt sich, wenn wir die Herkunft verfolgen. Nehmen wir als Beispiel den Korken.

Die Korkeiche liefert den Rohstoff für die Korkenproduktion. Sie wächst nur in den westlichen Mittelmeerländern, in Teilen Italiens, Tunesiens, Algeriens, Frankreichs, Spaniens, Portugals und Marokkos. Anpflanzungsversuche in Weinbaugebieten, beispielsweise in Südafrika und Australien, sind gescheitert. Der wachsende Bedarf an Korken lässt sich zunehmend nur eingeschränkt befriedigen. Die bestehenden Korkeichenwälder lassen sich nicht kurzfristig erweitern. Erschwerend wirkt auch, dass die Rinde der Korkeiche nur alle 9 bis 14 Jahre geschält werden darf. Ist die Rinde rein und dicht, lassen sich aus einer Tonne Rohkork etwa 200 Kilogramm hochwertiger Korken gewinnen. Der Rest wird gemahlen und wandert als Granulat in die Produktion beispielsweise von Dämmstoffen für den Hausbau. Wird das Rohmaterial verstärkt ausgenutzt, leidet die Korkenqualität. Das führt zu häufigeren Reklamationen beim Weinhändler. Die verminderte Qualität der Korken bewirkt, dass der Wein beim Öffnen der Flasche korkig riecht. Um der steigenden Nachfrage zu entsprechen, werden deshalb noch andere Wege verfolgt. Billige Korken werden aus Granulat und Klebstoff hergestellt, ferner aus Kunststoff, meist aus Polyethylen. Sie sind über längere Zeiträume jedoch nicht hinreichend dicht. Die besten Gebrauchseigenschaften weist der Schraubverschluss auf. Er schließt haftdicht, erzeugt keinen Fremdgeschmack und ist preiswert. Verzögert oder behindert wird die generelle Einführung des Drehverschlusses jedoch dadurch, dass in einigen Ländern allein der Korken als Anzeichen einer gehobenen Weinkultur gilt.

Schwieriger ist es, die Herkunft von Handlungselementen zu bestimmen, die nicht greifbar und weniger direkt abhebbar sind: beispielsweise die Mitte der Korkenfläche, die Richtung der Korkenzieherwendel und der Flasche (vgl. Abb. [2]-4).

Die Mitte des Korkens ist nicht einfach ‚da', ist nicht für sich greifbar, verrückbar. Sie erhält ihren gegenständlichen Charakter ebenfalls durch aufbauende Prozesse: Die Mitte der Korkenzieherfläche ist ein Konstruktionsresultat, das durch vorgeometrische Operationen zustande kommt. Mögliche Gelegenheiten, eine solche vorgeometrische Leistung aufzubauen und zu festigen, bieten Situationen, in denen wir handelnd und sprechend beispielsweise auf die Mitte der Blüte, auf die Mitte des Apfels, des Stabes oder der Tischfläche verweisen.

Ein ähnlicher Fall ist mit der Richtung der Flasche gegeben: Da jene Richtung sich nicht eindeutig isolieren lässt, muss sie in Schritten, eventuell unter Anleitung, bestimmt, das heißt als Vorstellung aufgebaut werden, und zwar primär im Kontext misslingender und gelingender Handlungen. Es gibt an der Flasche viele Teiloberflächen mit je eigener Richtung oder sich verändernden Richtungen. Aber diese Oberflächenrichtungen sind nicht gemeint, wenn wir von der Richtung einer Flasche sprechen. Erst wenn wir die Flasche auf ihrer Standfläche drehen, erhält eine Richtung vor allen übrigen den Vorrang – die Richtung der Drehachse. Die Oberfläche der Flasche bewegt sich, die Drehachse, das ‚Innere', das ‚Zentrum', ruht. Die Wahrnehmung allein gibt hier jedoch nur schwache Anhaltspunkte. Entscheidend sind die sinnorientierten Handlungsversuche und deren Strukturierung. Erst sie legen nahe, solche Vorstellungen zu konstruieren. Führen weitere Versuche zu einer konsolidierten Vorstellung und Begrifflichkeit, dann lässt sich die so gewonnene Vorstellung ‚in die Flasche gleichsam hineinsehen'.

Auch das Handlungselement ‚Normhöhe' beim Füllen des Glases (vgl. Abb. [2]-3) ist Resultat früherer Handlungen. Ohne Rückmeldung Anderer in sozial geprägten Situationen kann sich eine solche Vorstellung nicht etablieren. Das Füllen des Glases aktualisiert Resultate früher vereinbarter Handlungsweisen. Hier zeigen sich also konventionelle Züge, die deutlicher in Tischsitten, in Formen des Begrüßens und Kleidens hervortreten.

Zwei Hinweise sind dazu noch erforderlich. Aktuelles Handeln ist auf vorausgegangene Lernprozesse angewiesen. Resultat dieses Lernens ist ein Handlungswissen, das in der aktuellen Situation zu vergegenwärtigen ist. Der Lernende hat zuvor erfasst, ‚wie es geht', und kann dieses modifizierend und variierend aktualisieren; er hat Handlungsweisen aufgebaut, ausgebaut oder umgebaut. Außerdem ist Handeln kein Zusammenstückeln von Aktionsformen. Es ist sinnvoll gerichtet durch Zwecke. Aktuelle Zweckbestimmungen sind keine willkürlichen Akte. Sie entstehen in der Regel als Modifikationen und Weiterentwicklungen schon vertrauter Zweckbestimmungen, die einen spezifischen Hintergrund haben. Dazu gehören einerseits Handlungserfahrungen und andererseits Bedürfnisse, Wünsche, Normen, Werthaltungen.

3.5.3 Zusammenfassung

Der Versuch, auf Vorleistungen zu verweisen, zeigt Verflechtungen und Vernetzungen auf. Es gibt keine scharf abgrenzbaren Vorleistungsketten mit eindeutigen Anfängen, wohl aber Geflechte mit unscharfen Rändern. Der Hintergrund aktuellen Handelns ist vielgestaltig, unbegrenzt und unausschöpfbar.

Im aktuellen Handeln konzentrieren wir uns auf die gegenwärtige Situation. Wir benötigen Vorleistungen, müssen uns jedoch nicht die Vielfalt der Vorleistungen vor Augen führen. Erst wenn das Handeln misslingt, wenn es nicht zu akzeptierende Folgen mit sich bringt, besteht Anlass, andere Vorleistungen in die Erwägungen einzubeziehen.

3.6 Anschlusshandlungen

Trinken stillt den Durst, erheitert, fördert das Wohlbefinden – oder führt zu einer Magenverstimmung. Solche Folgen legen Anschlusshandlungen nahe: Die Magenverstimmung provoziert, dass wir Medikamente suchen. (Und das gebrauchte Glas soll gereinigt werden, die leere Flasche ist zu entsorgen …)

Der Magenverstimmung liegen verdeckte chemische und physiologische Prozesse zugrunde. Sie bewirken jedoch selbst nicht unmittelbar Anschlusshandlungen. Entscheidend ist vielmehr, dass uns die Magenverstimmung unausweichlich zustößt und wir sie als unangenehm erleben. Was uns als Folge des Trinkens widerfährt, war nicht beabsichtigt. Wir versuchen deshalb, Abhilfe zu schaffen und konzipieren Wege, wie dies zu erreichen ist.

Handeln folgt nicht immer zuvor distanziert bestimmten Zwecken. Teilweise misslingende Handlungen und unbeabsichtigte Folgen geben Anlass, spontan neue oder modifizierte Zwecke zu verfolgen. Auch das Wahrnehmen von Handlungselementen (Mitteln) führt gelegentlich zu spontanen ‚Antworten'. Die sich stapelnden Bücher erinnern daran, sich zu überlegen, nach welchem Konzept sie künftig aufzubewahren sind; die schmutzige Wäsche legt das Waschen nahe, der Brief die Erwiderung ...

Kommt in solche Abläufe Zwangsläufigkeit hinein, resultiert blinder Aktionismus. Handeln geht in Verhalten über. Was geschieht, kann dann nicht mehr ohne Weiteres unterlassen werden. Auf den Reiz folgt zwangsläufig die Reaktion.

Solches Abgleiten in zwangsläufige Abläufe, in Verhaltensweisen, sollte jedoch den Blick nicht verstellen: Zur Vielfalt nicht nur alltäglicher Handlungsstrategien gehört auch die Vorgehensweise, sich durch wahrgenommene Handlungselemente zu Anschlusshandlungen anregen zu lassen. Dass Mittel gleichsam rückwirkend Zwecksetzungen nahelegen und so Anschlusshandlungen zustande kommen, sollte nicht grundsätzlich als Verlust an Rationalität und als gefährliche Dominanz der Mittel denunziert werden. Die Resultate des vergangenen Handelns, die ‚Sachen allein', zwingen uns noch nicht zum Handeln. Erst die Weise, wie wir uns zu ihnen stellen, regt an, antizipierend Ziele zu bestimmen und Wege zu entwerfen. Mit der Zielbestimmung erst erhält das zukünftige Handeln seine Ausrichtung und hält dabei notwendig Distanz zu zwei Extremen: Wo einerseits Zwangsläufigkeit herrscht, ohne die Chance, etwas zu tun oder zu lassen, ist es müßig, Ziele bestimmen zu wollen. Und illusorische Züge nimmt andererseits die Zielbestimmung an, wenn dadurch eine vollständige Andersartigkeit zukünftiger Zustände angestrebt wird, ganz unabhängig von dem, was gegenwärtig verfügbar ist.

3.7 Differenzierungsschritte und Vereinheitlichungen

In Abbildung [3]-2 ist links das Neigen der Flasche als einheitlicher Handlungsschritt dargestellt. Die erforderlichen Wahrnehmungsschritte zur Steuerung sind als sensomotorische Orientierungs- und Kontrollakte in den Vollzug des Neigens eingebunden und deshalb nicht gesondert dargestellt. Misslingt das Neigen, löst es das Fließen des Weines nicht aus, so muss der zunächst einheitliche Tätigkeitsfluss aufgebrochen werden. Ein differenzierteres Vorgehen ist notwendig (vgl. Abb. [3]-2 rechts). Wie geneigt wird und wie es sich auf das Fließen auswirkt, ist jetzt bewusst zu beobachten (wie beim Lernen des Handlungsprozesses), und was sich dabei zeigt, ist bei der Realisierung des Handlungsschrittes ‚Neigen' zu berücksichtigen. Die

Hemmnisse zwingen dazu, den einheitlichen Vollzug zugunsten eines zyklischen Ablaufs aufzugeben.

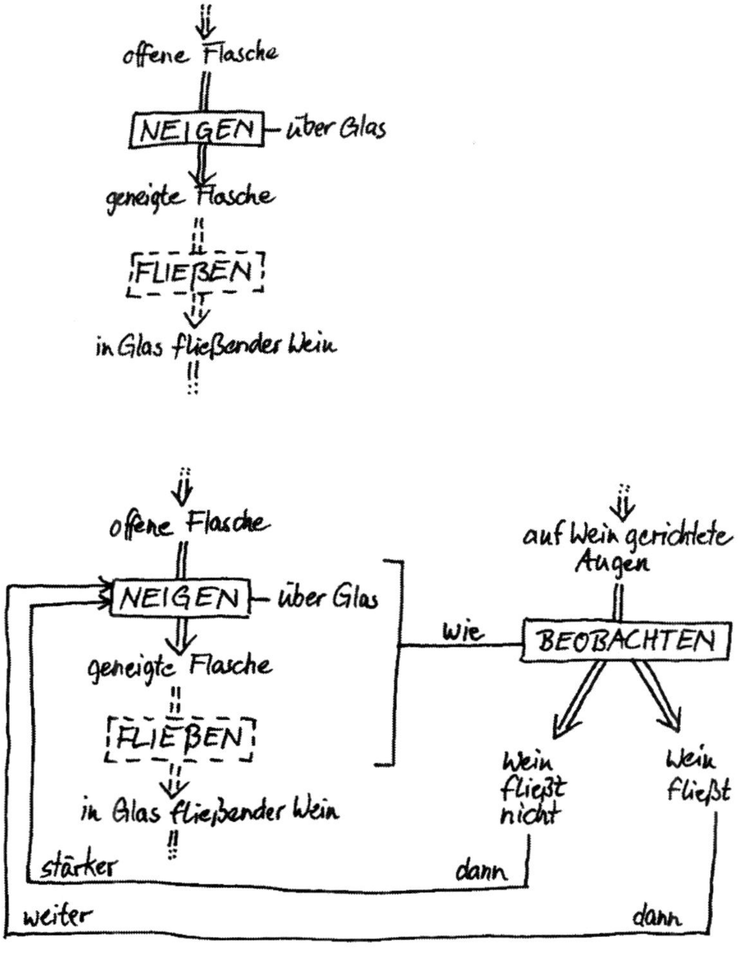

Abb. [3]-2: Gegenüberstellung: relativ einheitlicher Handlungsschritt oben und Differenzierung unten. Die Klammer zeigt an, auf welchen Ablauf sich das begleitende Beobachten bezieht.

Wiederholungen von Schritten ermöglichen einen stärker ‚automatisierten' Vollzug. Die Differenzierung lässt sich vereinfachen, indem sie in den Akt des Neigens das Beobachten einbindet, sodass insgesamt ein ‚glatterer' Verlauf mit mehr Einheitlichkeit resultiert.

Überraschende Hemmnisse oder das Misslingen eines Schrittes erfordern Differenzierungen im Ablauf. Gelingende Wiederholungen ermöglichen einen ‚fließenden' Ablauf. Damit ist eine Vereinfachung verknüpft, eine Vereinheitlichung, die der Differenzierung entgegen gerichtet ist (vgl. Abb. [3]-3).

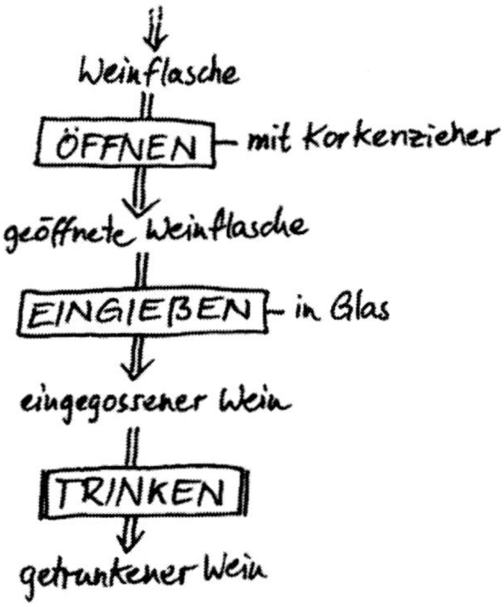

Abb. [3]-3: Zusammenfassende Darstellung des Handlungsgeflechtes von Abbildung [2]-2 und [2]-3. Der Übergang vom Handlungsgeflecht zu dieser Handlungskette stellt eine Vereinheitlichung dar, die Gegenrichtung eine Differenzierung.

3.8 Zur Darstellung von Handlungsprozessen

Die vorausgegangenen Darstellungen betonen den Gesichtspunkt, wie Handeln eingreifend verändert oder Veränderungen verhindert. Das schließt zwei Formen ein: die bleibende Veränderung und die zeitlich begrenzte. Manche ‚Handlungsteilnehmer' werden lediglich genutzt. In jedem Falle werden durch Handlungsschritte bleibende oder vorübergehende Beziehungen geschaffen oder gelöst.

Die Darstellungsweisen, die Hans Aebli verwendet hat, legen den Akzent darauf, dass mit Handlungsschritten Beziehungen geschaffen werden. Betont werden dadurch indirekt die Zusammenfügungen, die Geflechtbildungen. Die differenzierenden Prozesse treten in den Hintergrund.[6]

Der Vergleich von Darstellungsformen zeigt, dass es die eine Darstellung von Handlungsprozessen nicht gibt. Und selbst innerhalb einer Darstellungsform ist zu fragen: Wie differenziert soll gekennzeichnet werden? Welcher Ausschnitt ist angemessen? Darstellungen lassen sich differenzierter oder vereinheitlichter anlegen. Die differenziertere Darstellung erlaubt es beispielsweise, die Bezüge zwischen Handlungs- und Wahrnehmungsakten als zyklische Abläufe zu kennzeichnen. Die vereinheitlichte Darstellung ermöglicht hingegen einen leichteren Überblick über einen größeren Handlungszusammenhang. Welcher ‚Feinheitsgrad' der Kennzeichnung und welcher Grad der Differenzierung im Einzelfall angemessen sind, hängt unter anderem von dem ab, war wir als problemhaltig und klärenswert ansehen.

[6] Vgl. Aebli 1980, S. 21, 24.

Jede Darstellung ist gezwungen, eine Ausschnittbildung vorzunehmen. Weiterreichende Handlungszusammenhänge mit ihren eigenen Zwecken werden dadurch zurückgestellt. Im Ausschnitt befindet sich, was wir deutlich sehen und mit Aufmerksamkeit verfolgen. Den dazugehörenden Hintergrund sehen wir beiläufiger oder ‚blasser' und gelegentlich nur in engen Teilbereichen.

Jede Darstellung soll Ein- und Überblicke erlauben. Damit dies gelingt, darf nicht das, was effektiv als Handeln vollzogen wird, in einem anderen Medium (im Darstellungsmedium) nur wiederholt werden. Jede wirksame Darstellungsform muss deshalb auswählen und setzt Akzente. Mit dem Darstellen werden selbst Zwecke verfolgt. Deshalb sollten Darstellungen nicht als bloße Abbildungen dessen verstanden werden, was ‚von sich aus da' ist. Darstellungen geben nicht nur Merkmale oder Beschaffenheiten eines schon (durch vorausgegangene Verfahren) bestimmten Gegenstandes wieder, wie das etwa beim Porträt gewöhnlich gesehen wird. Verallgemeinert heißt das: Das Handeln und die Darstellung des Handelns sollten wir nicht, wie es landläufig geschieht, als zwei unterschiedliche Bereiche gegenüberstellen – hier der Gegenstand ‚Handeln', unabhängig von jeglicher Darstellung (und Erfassung), dort die sich an den Gegenstand anpassende Darstellung. Darstellungen konzentrieren sich auf Sachverhalte. Sie heben heraus, grenzen aus und erwirken damit Vergegenständlichungen. Sie manifestieren damit allererst Sachverhalte, und deshalb bestehen solche Sachverhalte auch nicht vollständig unabhängig von Darstellungen. Sie sind zwar nicht an eine einzige Darstellungsweise gebunden, aber auch nicht unabhängig von jeglicher Darstellung. In diesem Sinne enthält das Darstellen immer auch kreative Züge.[7] Es schafft auf längere Sicht Vorstellungen, Begrifflichkeiten und Gegenstände und beeinflusst so, wie wir Handeln wahrnehmen; Darstellen richtet die Wahrnehmung aus und erinnert uns daran, dass es nur ein irgendwie erfasstes Handeln gibt. Handeln und Darstellen stehen sich somit nicht mehr schroff gegenüber.

Wie gelingend ein solches Erfassen und Vergegenständlichen ist, hängt nicht in erster Linie vom Grad des Abbildens ab, sondern davon, ob fortführende Handlungen ermöglicht werden.

3.9 Zusammenfassung und Ausblick

(1) Handeln ist kein einsames Tun, eher ein Mithandeln, ein Weiterhandeln, ein kollektives Handeln, ein Handeln unter Handelnden. Es bildet keine Einheit in sich, die nur sich selbst genügt. Handeln provoziert Handeln. Es ermöglicht im besten Fall weiteres Handeln.

(2) Handeln geht in elementaren Fällen von Bedürfnissen aus; es entfaltet und erweitert sie. Aber es begrenzt und klärt sie auch, weil sich nicht alle Bedürfnisse verwirklichen lassen. Handeln fordert heraus und mit wachsender Handlungserfahrung werden erweiterte Wertvorstellungen angebahnt. Handeln bewirkt Erweiterungen

---

[7] Vgl. Kamlah und Lorenzen 1967, S. 49.

und fortschreitende Spezialisierungen – bei der Zielbestimmung, beim Wissenserwerb, beim Planen und Entscheiden, beim Prüfen und Korrigieren.

(3) Handeln ist kein Naturgeschehen. Aber im Handeln erfahren wir prägnant kausales Geschehen. Handeln ist nicht primär kausaldeterminiert, enthält aber gelegentlich als Mittel Phasen kausalen Geschehens.

(4) Handeln ist nicht allein durch ‚Sachen' oder ‚Dinge' bestimmt. Was auf uns einwirkt, führt noch nicht zum Handeln. Erst wie wir uns dazu stellen, wirkt auffordernd.

(5) Selbstständiges Handeln stellt einen Grenzfall dar, der in pauschalierenden Alltagsbetrachtungen häufig verallgemeinert wird. Vorteilhaft ist dabei, dass Handlungen einem Handelnden leicht zugeordnet werden können und sich so deutlich zeigt, wer verantwortlich ist. Trotzdem müssen wir uns vor Augen halten: Eine solche Sicht verkennt, wie aktuelles Handeln in Geflechte und Ketten eingebunden ist.

4 Handeln, kein Verhalten

Im alltäglichen Sprechen unterscheiden wir selten zwischen Handeln und Verhalten. Wir benutzen den Ausdruck ‚Verhalten' sehr allgemein und sprechen beispielsweise vom Verhalten einer Katze, einer Verkäuferin, eines Industriezweiges. Selbst in Bezug auf Maschinen gebrauchen wir diesen Ausdruck, um Funktionsweisen zu kennzeichnen. Ist beispielsweise eine Hängebrücke dem Sturm ausgesetzt, fragen wir, wie sie sich unter diesen ungewöhnlichen Umständen ‚verhält'.

Diese weite Fassung des Begriffs ‚Verhalten' soll hier nicht weiterverfolgt werden. Zwischen Handeln und Verhalten soll unterschieden werden, wie wir es auch im Alltäglichen tun, und zwar analog dem folgenden Beispiel: Wenn wir uns im Wasser des Schwimmbeckens befinden, dann haben wir uns vielleicht zuvor entschlossen, ins Becken zu springen. Es könnte aber auch sein, dass wir ins Becken gestoßen worden sind. Das Resultat ist in beiden Fällen gleich. Aber im ersten Fall sind wir absichtlich gesprungen. Wir haben uns dazu entschlossen. Im zweiten Fall sind wir dagegen überrascht worden. Es ist uns etwas zugestoßen, und wir reagieren darauf, so gut es die Umstände erlauben. Werden wir ins Becken gestoßen, können wir uns nur noch mehr oder weniger geschickt verhalten.[8]

Wenn wir stolpern, husten, lachen …, verhalten wir uns. Wir müssen hier nichts lernen. Das Niesen oder Erröten geschieht ohne unser Zutun, dem plötzlich auftauchenden Auto weichen wir automatisch aus. Was wir hier tun, geschieht unwillkürlich, versehentlich, ohne Absicht – wir reagieren lediglich. Und sollten wir absichtlich

8 Vgl. Janich 1992, S. 118.

lachen oder husten, dann ist das meistens als Abweichung vom Verhalten bemerkbar. Ein solches Husten soll dem anderen etwas zu verstehen geben, soll etwas zum Ausdruck bringen und ist insofern ein Handeln, das seinen Zweck erreichen oder verfehlen kann.

Handlungen, die oft wiederholt und dadurch gefestigt werden, geraten zu Routinen oder Automatismen (Zähne putzen, Zigaretten rauchen, Kaffee zubereiten ...). Solche Abläufe rücken in die Nähe von Verhaltensweisen. Als Routinen sind sie nur erkennbar, wenn die jeweiligen Vorleistungen dazu berücksichtigt werden, wenn beachtet wird, wie Handlungsschritte verflochten, stärker koordiniert und schließlich vereinheitlicht worden sind zu einem ‚glatten Fluss'.

Allgemein lassen sich die menschlichen Aktionsformen zwischen zwei Extreme einordnen: einerseits das bewusste, gezielte Handeln, andererseits das Verhalten nach Reiz und Reaktion.

Abweichungen vom ersten Extremfall kommen zustande, wenn zwar das Ziel bewusst bleibt, jedoch die notwendigen Zwischenziele in einen einheitlichen ‚Fluss' eingebunden sind. Die Ausführung mit ihren Zwischenzielen bleibt unbewusst, kann jedoch gegebenenfalls wieder bewusst gemacht werden: Wenn sich beispielsweise ein Kellner entschließt, eine Weinflasche zu entkorken, dann vollzieht sich die Ausführung in einem schrittlosen ‚Fluss', der keine weiteren Entschlüsse erforderlich macht. Aus dem anfänglichen problemlösenden Handeln ist ein Handeln geworden, das routiniert ausgeführt wird. Soll eine Kellnerin einem Lernenden zeigen, wie das Entkorken ‚geht', muss sie sich erst besinnen. Der schrittlose ‚Fluss' muss in eine Schrittfolge mit den jeweiligen Zwischenzielen zurückverwandelt werden. Die Routinebildung ist zum Zwecke des Zeigens und der Kontrolle der Nachahmung rückgängig zu machen.

Abweichungen vom zweiten Extremfall, vom Verhalten nach Reiz und Reaktion, kommen zustande, wenn wir auf einen Reiz nicht mehr unmittelbar reagieren. Wenn uns etwas zweifelhaft oder fragwürdig erscheint, ist eine unmittelbare Reaktion schon ausgeschlossen. Wir ‚antworten' dann verzögert und regen so an, zu erwägen, was angebracht erscheint. Wir schaffen eine Distanz zwischen Reiz und Reaktion. Die ursprünglichen Verhaltensformen, die zwangsläufig ablaufen, werden aufgebrochen.

4.1 Gelingendes Handeln

Das Kaffeekochen liefert heißen Kaffee, das Einrichten einer Wohnung endet mit der Möblierung, der Hausbau mit dem bewohnbaren Haus. Solche Handlungen, die verändernd eingreifen und mit einem Werk enden, sind leicht zu vergegenwärtigen. Sie eignen sich deshalb besonders dazu, Eigenheiten des Handelns herauszustellen. Unterstützend wirkt dabei, dass sie deutliche Zwischenresultate aufweisen und die gegenständlicheren Werke (zeitlich begrenzten) Bestand haben.

Weniger greifbar und gegenständlich sind die Resultate, wenn nur Beschaffenheiten verändert werden. Reinigen wir beispielsweise den Teppich mit einem Staubsauger, so verändern wir den Teppich nicht, wohl aber seine Beschaffenheit: Aus dem schmutzigen ist ein sauberer Teppich geworden.

Betrachten wir nicht nur die Werke, sondern den stationenreichen Prozess, der zum Resultat führt, dann lassen sich (abseits der einzelnen Bedingungen für das Gelingen von Handlungen) grundlegende Sachverhalte des Handelns festhalten:

(1) Handeln ist zweckorientiert.

(2) Um Zwecke realisieren zu können, sind geeignete Mittel erforderlich.

(3) Dieser Einsatz vielfältiger Mittel führt zu Resultaten und Handlungsfolgen.

Zwecke (oder Ziele) geben an, was wir anstreben. Sie bezeichnen Sachverhalte, die wir erzeugen, erhalten, vermeiden oder gebrauchen wollen. Für das Erzeugen steht das Beispiel Kaffeekochen. Das benötigte Wasser und die Kaffeebohnen stellen wir nicht her. Letztlich handelt es sich um ein partielles Erzeugen. Das Erhalten findet beispielsweise statt, wenn wir durch Heizen die Raumtemperatur aufrechterhalten. Vermeiden betreiben wir, wenn wir ein Dach nutzen. Es schützt uns und vermeidet, dass wir dem Regen ausgesetzt sind.

Um Zwecke zu erreichen, sind Handlungselemente und -schritte, also geeignete Mittel, in einer bestimmten Abfolge erforderlich. Jeder gekonnte Schritt bringt uns dem Ziel näher; kein Schritt genügt sich selbst, sondern ist Mittel.

Der geeignete und gekonnte Mitteleinsatz insgesamt führt zu einem Resultat. Das Kochen endet beispielsweise mit dem heißen Kaffee. Mit dem Resultat sind oft weitere Sachverhalte verknüpft. Die Resultate haben Auswirkungen, Neben- oder Fernwirkungen. Das Heizen der Wohnung z. B. führt zu warmen Heizkörpern und bewirkt, dass die kalte Luft erwärmt wird. Erst mit dieser Folge des Heizens ist der Zweck realisiert. Ungewollte Neben- und Fernwirkungen entstehen, wenn z. B. Öl verbrannt wird, unter anderem etwa durch Abgase.

Zwecke richten das Handeln aus. Handeln wird also nicht verursacht, sondern hat Gründe. Aber es nimmt, wie schon bemerkt, kausale Vorgänge auf und steht unter kausalen Einflüssen. Kausale Vorgänge werden durch Handeln ausgelöst und sind in Grenzen steuerbar. Beispielsweise lösen wir beim Kochen mit dem Herd die Wärmezufuhr aus und bewirken so den Vorgang des Garens. Beim Waschen nutzen wir die chemische Wirkung des Waschmittels. Zweck, Mittel und Folgen fungieren als Leitbegriffe bei der Kennzeichnung des Handelns. Dabei ist zu beachten, dass diese Begriffe aufeinander bezogen sind: Mittel gibt es nur im Hinblick auf Ziele, und Folgen setzen den gezielten Mitteleinsatz voraus.

Handeln ist erfolgreich, wenn die Mittel zielorientiert eingesetzt werden und nur solche Folgen entstehen, die ursprünglich angestrebt wurden. Treten unbeabsichtigte Folgen auf, ist das Handeln nur teilweise erfolgreich. Verhalten hingegen stößt uns zu; es kann überhaupt nicht erfolgreich sein. Das stolpernde Fallen auf der Treppe beispielsweise kann allenfalls glimpflich verlaufen.

Bislang wurden Handlungen betrachtet, bei denen sich Ziel, Mittel und Folgen leicht unterscheiden lassen. Zwischen Zielbestimmung und Folgen liegen viele Schritte. Mittel werden für entfernt liegende Folgen eingesetzt. Das heißt: Was angestrebt ist, kann nur indirekt erreicht werden. Das ist nicht bei allen Handlungen der Fall.

4.2 Handlungen um ihrer selbst willen

Ein Sonderfall ist gegeben, wenn sich die Zweckbestimmung direkt auf die Ausführung mit ihren Resultaten bezieht. Zweck und Resultat liegen dann eng beieinander oder bilden nahezu eine Einheit. Das ist etwa der Fall, wenn wir eine Melodie pfeifen oder Spazierengehen und das Pfeifen keinen anderen Zweck als das Pfeifen, das Spazierengehen keinen anderen Zweck als dieses Gehen hat. Realisiert wird dabei eine Melodie oder ein Spazierweg, eine Tonfolge oder eine Wegschrittfolge, also in beiden Fällen eine zeitlich begrenzte Bewegung. Resultat ist ein Prozess, der nach einer bestimmten Zeitspanne nicht mehr gegenwärtig ist: Die Melodie verklingt, und der durchschrittene Weg ist nicht mehr direkt wahrnehmbar. Bei solchen Handlungen, die um ihrer selbst willen betrieben werden, fallen Zweck und Realisierungsprozess zusammen.

Entsteht dabei jedoch ein beständiges Werk, ändert sich die Lage. Das Werk lässt sich mindestens wahrnehmen und deuten und erhält so schon eine Mittlerrolle. Das ist etwa der Fall, wenn wir zeichnen. Die Zeichnung kann losgelöst vom Gestaltungsprozess betrachtet werden und fungiert so als Mittel, das gedeutet wird.

Wie Zweck und Mittel in Übergangsschritten auseinandertreten, sollen die folgenden Beispiele klarer zeigen: Tanzen wir um des Tanzens willen, gibt es zwischen Zweck und Mittel noch keine Distanz. Das ändert sich, wenn wir tanzen, um ein inneres Erleben auszudrücken oder um in Ekstase zu kommen. Zum eindeutig distanzierten Mittel wird das Tanzen schließlich, wenn wir es tun, um an Wettbewerben teilnehmen zu können oder damit Geld zu verdienen. Wir tanzen dann, um einen Zweck, der außerhalb des Tanzens liegt, zu erreichen.

Die Kennzeichnung des Handelns, das um seiner selbst willen betrieben wird, als Sonderfall verdeutlicht, dass eine solche Kennzeichnung auf das indirekte Handeln mit seiner entfalteten Zweck-Mittel-Beziehung angewiesen bleibt.

4.3 Scheiterndes Handeln

Wir kennen es nur zu gut: Beim Füllen eines Glases passiert es, dass wir Wein verschütten. Wenn Handeln misslingt, erreichen wir nicht das, was wir angestrebt haben. Es treten Folgen auf, die nicht beabsichtigt waren. Weshalb Handlungen misslingen, soll hier nicht im Einzelnen verfolgt werden. Wichtig ist in unserem Kontext: Wir machen dabei gelegentlich Erfahrungen.

Obwohl wir uns bemühen, den Zweck zu verwirklichen, verfehlen wir hin und wieder die beabsichtigten Folgen. Es lässt sich nicht leugnen, dass wir uns mit dem Hammer auf den Daumen geschlagen haben; es lässt sich nicht überdecken, dass wir mit dem Auto im Stau stehen. Etwas wirkt zwingend auf uns ein, das wir im Moment nicht abwenden oder uminterpretieren können. Wir spüren unabweislich Widerstände und verfehlen so, was wir anstreben wollten. Aber solche Handlungsversuche eröffnen die Chance, etwas Neues zu erfahren. Was auf uns einwirkt, ist zwar in Handlungen eingelagert, aber selbst nicht immer ein Handlungsprozess. Erfahrungen machen heißt primär: Weil wir zweckgerichtet handeln, erleben wir deutlich, was diese Aktivität hemmt oder gegen sie gerichtet ist, und was entgegensteht, unterscheiden wir von unserer eigenen Aktivität. Was widersteht, ist das ‚andere': nicht menschliche Aktivität, äußeres Geschehen, kausaler Vorgang (wie Blitz, Donner, Feuer ...). Was uns begegnet, wenn wir handeln, steht unseren Erwartungen entgegen. Auf spontane Weise geraten wir in eine experimentartige Situation. Die eigene gezielte Aktion hat jetzt mehr oder weniger Fragecharakter, und sofern sie gezielt ist, enthält sie damit auch Vermutungen über den Ausgang. Die beobachtbaren Auswirkungen lassen sich als Antworten verstehen, die (im Zusammenhang mit dem vorausgegangenen Agieren) unser Wissen über ein äußeres Geschehen erweitern.

Wenn wir handeln und dabei scheitern, erleben wir gelegentlich eindringlich und manchmal sogar schmerzlich, aufgeben zu müssen. Sind wir hingegen nicht zu stark verunsichert und lassen sich aufkommende Ängste in Grenzen halten, dann veranlasst misslingendes Handeln, das Handeln zu variieren oder in seiner Struktur zu ändern. Es beginnt ein neuer Handlungsversuch, bei dem sich möglicherweise Widerstände umgehen lassen. Aber genauso ist es möglich, dass uns neue Widrigkeiten begegnen. Erleben wir ‚nichts als' Widerstände und keine begünstigenden Umstände, geben wir auf. Der Versuch, neue Erfahrungen zu machen, wird abgebrochen. Anregend wirken nur solche Situationen, in denen Widrigkeiten partiell auftreten.

Nur partiell scheiterndes Handeln wirkt herausfordernd und ist damit besonders bedeutsam für das Lernen. Sind wir unsicher, ob Handeln gelingt, beginnen wir im günstigen Falle, ausgiebiger zu probieren, umfassender zu planen und zu erkunden. Der Experimentiercharakter der Handlungsansätze tritt damit deutlicher zutage. Diese Formen bahnen an, und zwar ein Experimentieren als noch ungesicherte Vorform des methodischen Experiments im Rahmen wissenschaftlichen Arbeitens.

Wirklichkeit ist immer erfasste Wirklichkeit, und das Erfassen geschieht mit großer Variationsbreite; es schließt also beispielsweise auch das Deuten ein. Erleben, Wahrnehmen, Erkennen sind selbst erfasste Prozesse und Resultate. Was wir erfassen, ist nicht vollständig unabhängig vom Prozess der Zuwendung und Auseinandersetzung, in dem die zuvor konstruierten Mittel eingesetzt werden. Aber die Resultate spiegeln auch nicht bloß die Eigenheiten der Person, die (eingreift und) erfasst. Die Resultate reichen darüber hinaus. In dieser Auffassung werden wir durch die Hinweise, die uns das Handeln liefert, bestärkt. Das Handeln greift über die Handelnden hinaus. Es reicht über das Selbst hinaus in eine mehr oder weniger vertraute Welt, zu der auch die Handelnden gehört. Handeln ist „Selbstüberschreitung“[9] und erweitert unter günstigen Umständen unsere Fähigkeit, zu handeln, und unsere Weltsicht.

4.4 Handeln zwischen Gelingen und Scheitern

Nicht jeder Hammerschlag beim Nageln trifft den Daumen, folglich scheitert nicht der gesamte Prozess des Nagelns. Selten wird eine Handlung vollständig gelingen, und genauso selten tritt der andere Extremfall auf: das vollständige Misslingen, wenn keine der beabsichtigten Folgen zu erzielen ist. In den meisten Fällen ist unser Handeln teilweise gelingend und misslingend. Wir kennen nicht immer alle Bedingungen, die für ein gelingendes Handeln bedeutsam sind. Dadurch entstehen Unzulänglichkeiten oder Störungen, die das Handeln nicht vollständig scheitern lassen, wohl aber verhindern, dass wir das Ziel reibungslos und vollständig verwirklichen.

Stellen wir für diesen Fall die Zielvorstellung und die Folgen gegenüber, so ergibt sich eine Verschiebung: Die eingesetzten Mittel sind nicht immer voll tauglich. Dadurch tritt nur ein Teil der beabsichtigten Folgen ein, und gleichzeitig erscheinen auch unbeabsichtigte Folgen. Handeln hat auch ungewollte Auswirkungen. Wechseln wir beispielsweise die Wohnung, dann lassen sich meistens mit dem Umzug nicht alle Zielvorstellungen realisieren; wir machen ‚Abstriche‘. Und schließlich zeigen sich später ungewollte Folgen, die nicht vorhersehbar waren.

Die eingeschränkte Tauglichkeit der Mittel und die unbeabsichtigten Folgen geben Anlass, das Handeln zu optimieren. Für jede Optimierungsphase gilt jedoch wiederum, dass sie möglicherweise nur eingeschränkt tauglich ist und Wirkungen mit sich bringt, die nicht beabsichtigt waren. Trotz der Korrekturschritte ist es also nicht in jedem Fall möglich, die angestrebten Folgen in realisierte zu überführen.

Langfristiges, wechselvolles Handeln entzieht sich weitgehend der eindeutigen Kennzeichnung und Beurteilung nach den Leitvorstellungen ‚Ziel, Mittel, Folgen‘. Ein solches Handeln, beispielsweise das Suchen eines geeigneten Hauses für einen Kauf, schafft schon mit den ersten realisierten Phasen gelegentlich neue Bedingungen und neue Sichtweisen auf Umstände, die vorher nicht zugänglich waren, jetzt aber auf die Zielbestimmung zurückwirken. Angesichts dieser Dynamik sollten jedoch die Grundbegriffe ‚Ziel, Mittel, Folgen‘ ihre orientierende Funktion nicht vollständig verlieren. Gerade weil das Handeln wechselvoll und rückwirkungsreich ist und deshalb unübersichtlich zu werden droht, sollten die Phasen transparent gehalten werden. Andernfalls besteht die Gefahr, in ein zielloses, unproduktives Fluktuieren zu geraten. Die Erwartung, Handeln revidieren zu müssen, sollte nicht davon abhalten, differenzierte (Teil-)Konzepte zu entwickeln, die den Wechsel dann auch deutlicher ablesbar machen.

Das wechselvolle Handeln mit seinen Rückwirkungen erübrigt nicht, bspw. eine Zielbestimmung zu erarbeiten: Globale und implizierte Zielvorstellungen sind zu

---

9 Whitehead 1984, S. 110.

entfalten und zu klären, damit für weitere Entscheidungen eine deutliche Ausrichtung gegeben ist und festgestellt werden kann, in welchem Verhältnis die einzelnen Teilziele zueinander stehen. Oft gibt es miteinander konkurrierende Teilziele, sodass die Förderung eines Teilziels die Verschlechterung eines anderen nach sich zieht.

Desorientierend wirkt es, wenn wir die genannten Grundbegriffe auf ‚alles und jedes' zu übertragen suchen. Die Begriffe erlauben keine allgemeine Orientierung, schon gar nicht für ‚das Leben selber'. Lebensbewältigung und Lebensentfaltung insgesamt sind kein Handeln, auch keine besonders lange Verkettung von Handlungen, von der wir sagen oder fragen können, was ‚der Zweck' sei. Lebensbewältigung und -entfaltung fassen wir als einen gesellschaftsbezogenen, singulären Prozess, der zum unverzichtbaren Untergrund des Handelns gehört, Handeln hingegen als einen Prozess, der prinzipiell wiederholbar ist. Erst vor dem Hintergrund der Formen menschlicher Zurückgezogenheit zeichnen sich die Formen der Aktivität, wie sie sich im Handeln äußern, in ihrer Besonderheit und Eigenheit ab.

4.5 Vielfalt der Handlungsprozesse

Einige Formen des Handelns sollen hier als typische Prozesse auswählend herausgestellt werden. Die zu den typischen Formen gehörenden Abweichungen und Varianten können nur gelegentlich berücksichtigt werden. Angeführt werden jedoch reduzierte Handlungsansätze, die spezifische Aspekte überbetonen und ‚Schwundformen' des Handelns; sie sollen auf Übergänge zu anderen Aktionsformen aufmerksam machen und den Blick für das, was als Grundform sinnvollen Handelns gelten kann, schärfen.

Im Hinblick auf die Zielbestimmung seien vier typische Prozesse unterschieden:

(1) Bleibt die Zielbestimmung selbstverständlich und wird sie übernommen, ohne zu reflektieren, so liegt hergebrachtes Handeln vor. Die ursprüngliche Zielbestimmung geht auf Autoritäten oder Traditionen zurück. Angepasstes Handeln stellt ebenfalls die Reflexion der Ziele zurück, lässt sich aber primär durch die äußeren Bedingungen der Handlungssituation leiten.

(2) Wird die Zielbestimmung aus dem Handeln ausgegliedert oder unabhängig vom aktuellen Handeln vorgenommen, liegt instrumentelles Handeln vor. Handeln verkürzt sich auf das Detailplanen und Ausführen. Vorgefasste Ziele ziehen eine Zweiteilung nach sich: einerseits das Ziel, andererseits die Mittel; personal gewendet heißt das: einerseits die Zielbestimmenden, andererseits die Ausführenden. Sie degradieren im Extremfall das Realisieren zum bloßen Befolgen oder Erfüllen. Starr vorfixierte Ziele verhindern, dass das, was beim Detailplanen und Ausführen erfahren wird, auf die Zielbestimmung zurückwirken kann.[10] Die Abgrenzung des instrumentellen Handelns verliert an Schärfe, wenn wir berücksichtigen, dass vorgefasste

[10] Otto Ullrich sieht instrumentelles Handeln primär im Zusammenhang mit der handwerklichen und handwerklich-technischen Tradition, die lediglich für die vorindustrielle Arbeit relevant sei, nicht

Ziele nicht willkürlich sein müssen, sich rechtfertigen lassen und auch verstehbar sind. Übergänge werden auch deutlicher sichtbar, wenn wir beachten, dass in komplexen Handlungsprozessen neben den Hauptzielen auch Unterziele (verschiedener Stufen) erforderlich sind. Ist die vorfixierte Zielbestimmung nur global gegeben, gehört die Entfaltung der Ziele zu einem Handeln, das nur noch eingeschränkt als instrumentell gelten kann. Diese übersichtliche, besonders in Arbeitsverhältnissen anzutreffende Form des Handelns ist gelegentlich herausgestellt worden, und zwar mit dem Anspruch, sie verkörpere eine Grundform des Handelns. Wegen der abgetrennten Verständigung über Ziele kann sie jedoch nur als begrenzt dienliche Sonderform gelten.

(3) Die deutlich abgegrenzte, klar formulierte Zielbestimmung als Einstieg in das Handeln ist ein Extremfall. In der Regel sind die (ersten) Intentionen diffus; es besteht lediglich ein Unbehagen, das Handeln veranlasst. Ist mehr Transparenz notwendig, ist zu einem Zielklärungsprozess überzugehen. Dabei werden die Bedingungen der Handlungssituation und die vorreflexiven Neigungen aufgenommen und zu einem Zielkonzept mit Teilzielen entwickelt. Sind Zielbestimmungen im Rahmen von kollektivem Handeln, von Mithandeln und Weiterhandeln zu rechtfertigen, dann ist Verständigung über Ziele erforderlich – also kommunikatives Handeln.

(4) Einen Schritt handlungsnäher ist die Zielklärung, wenn sie im Wechselspiel mit Handlungsversuchen und handlungsnahen Experimenten erfolgt. Eine ähnliche Wirkung kommt zustande, wenn die Mittelwahl aufgenommen wird, auch wenn das zunächst eher beiläufig geschieht. Ausgenutzt wird hier der Umstand, dass Mittel anregen, für neue Aufgaben- und Problemstellungen eingesetzt zu werden. Verfügbare Mittel eröffnen die Möglichkeit, abseits der ursprünglichen Verwendung neue Einsatzweisen zu konzipieren. Manche Zielklärungen lassen sich nicht distanziert kognitiv betreiben. Sie vollziehen sich eher im Handeln und brechen so die Gegenüberstellung von Zielen und Mitteln auf. Viele Probleme zeigen sich erst im Prozess oder erwachsen aus dem Handeln. Vorher waren sie noch nicht sichtbar, erst im Handeln werden sie bei sensiblem Vorgehen fassbar. Die Klärung und die Bestimmung von Zielen erfolgen, anders als beim instrumentellen Handeln, in direkter Abhängigkeit vom Handeln und besteht darin, die Unzulänglichkeiten, die Probleme erstmals zu fassen, einzugrenzen. Ob so bestimmte Ziele zu revidieren oder schließlich aufzugeben sind, zeigt sich in der Regel erst in den darauffolgenden Phasen, die in dichter Folge Prüf- und Korrekturschritte einschließen.

Noch extremer handlungsbezogen ist die Zielklärung beim künstlerischen Gestalten oder in Teilphasen technischer Erfindungsprozesse, sofern sich das Ziel erst am Ende des Schaffensprozesses mit dem Werk selbst zeigt. Den Anfang leiten noch unspezifische Intentionen, die mit dem Fortgang des Schaffens selbst differenziert werden. Zielbestimmung und Werk fallen zusammen oder stehen mindestens in einem Prozess enger wechselseitiger Beeinflussung.

jedoch die wissenschaftlich betriebene Technik zu erschließen vermöge. Dazu fehle das wissenschaftsnahe, analytisch-systematische Wissen. Vgl. Ullrich 1979, S. 53, 202.

Solche Zielklärungen, bei denen sich Ziele und Mittel nicht mehr dualistisch gegenüberstehen, gehören zum aufgabenlösenden, problemlösenden und kreativen Handeln. Entgegen herkömmlichen Vorstellungen ist zu betonen: Kreatives Handeln ist nicht auf das künstlerische Schaffen oder das geniehafte, wissensbestimmte Handeln eingeschränkt.

Unzulänglichkeiten, Mängel und Probleme sind keine Sachverhalte, die individuell willkürlich festzulegen sind. Leitend wirken dabei unter anderem Normen und Wertvorstellungen, aber auch Erfahrungen, wie sie aus erfassten Hemmnissen und Widerständen durch Umkonstruieren vorausgegangener Erfahrungen gewonnen wurden. Die Problemsicht, so unterschiedlich sie im Einzelnen ausfallen mag, ist nicht willkürlich und schon gar nicht etwas, was allein durch die handlungsferne ‚Sache' bestimmt wird, die wir nur aufzufassen hätten.

Das problemlösende Handeln erfordert kreative Akte, weil ein Weg, vielleicht mit Umwegen, als Lösung zu finden ist. Kreatives Handeln ist umfassender angelegt: Es beginnt damit, ein Problem allererst wahrzunehmen und abzugrenzen und geht dann dazu über, für das erstmals sichtbar gemachte Problem Lösungen zu finden.

Das hergebrachte Handeln (s. 1) übernimmt Ziele und weitgehend auch die Mittel. Ziele und Mittel bilden nahezu eine (unreflektierte) Einheit. Die Zielbestimmung im instrumentellen Handeln (s. 2) bricht diese Einheit auf. Das instrumentelle Handeln stellt die Ziele dem ‚eigentlichen' Handeln voran und schafft so eine Distanz und Gegensätzlichkeit zwischen Ziel und Mittel. Bewusst reduziert wird diese Distanz, wenn die Zielbestimmung handlungsnäher erfolgt und so Beziehungen zwischen Zielen und Mitteln aufgenommen werden. Das ist im Rahmen des problemlösenden und kreativen Handelns (s. 4) der Fall.

Weitere typische Formen des Handelns mit ihren einseitigen Akzenten zeichnen sich ab, wenn wir den Blick auf die Realisierung (auf den Mitteleinsatz) richten. Verläuft die Verwirklichung primär als sture Umsetzung, als streng gerichtete Ausführung, dann fragt sich, welche Prinzipien dabei leitend sind und welche Alternativen zur bloßen Umsetzung notwendig sind.

(5) Das wertbestimmte Handeln versucht dasjenige, was als wertvoll eingeschätzt wird, direkt umzusetzen. Dabei besteht die Gefahr, dass das, was aus der Situation heraus erforderlich ist, zu kurz kommt. Dieses Handeln ist oft unflexibel und verfolgt selten, welche Auswirkungen sich dabei einstellen. Allein die Wertrealisierung dominiert: Was ‚gut ist', muss betrieben werden, ohne Rücksicht auf die Auswirkungen.

(6) Ähnlich verhält es sich beim affektbestimmten Handeln. Die Folgen werden selten reflektiert, und die wertorientierte Ausrichtung spielt nur eine geringe Rolle oder fällt ganz aus. Die Affekte wirken leitend, lassen aber nicht genügend Freiraum, zu erwägen, welche Schritte angemessen sind.

Handeln ist kein blinder Aktionismus, kein willkürliches, unzusammenhängendes Agieren. Aber es ist auch nicht so einheitlich, so streng zentriert und prinzipienbestimmt, dass es sich allein als ‚reiner Ausfluss' hoher Werte oder eindeutiger Affekte interpretieren ließe. Handeln ist keine bloße Entäußerung von dem, was wir zuvor innerlich entwickelt haben. Es ist nicht ausschließlich zielbestimmt – ohne Rücksicht auf die Situation, ohne Rücksicht auf Vorleistungen, ohne Rücksicht auf das äußere Geschehen und die Auswirkungen des Handelns.

(7) Was zuletzt bemerkt wurde, gilt auch für das wissensbestimmte Handeln, das dem Wissen die alles entscheidende Leitfunktion zuweist. Ausgangspunkt ist die Vorstellung, Menschen hätten unbegrenzte kognitive Fähigkeiten, die sich früher oder später allem bemächtigen. Erkenntnis wird idealisierend als handlungsfern aufgefasst und dem Handeln vorgeordnet. Zielklärung und -bestimmung, Planen und Ausführen, Kontrolle und Einschätzung der Folgen werden durch Wissen bewerkstelligt, insbesondere ersetzt das Wissen die wertende Stellungnahme. Handeln verkürzt sich hier zur Anwendung von Wissen. Probleme sind nur vorläufig nicht zu lösen. Und grundsätzlich unlösbare Probleme gibt es nicht. Etwas anders gewendet heißt das: Solange eine wertorientierte Zielbestimmung notwendig ist, solange eine dialogische Anlage des Handelns mit ihren engen und weiten Korrekturphasen erforderlich ist, zeigt sich darin nur, wie beschränkt unser Wissen noch ist.

Dass Erkenntnis erst im Handeln gewonnen oder durch Handeln angestoßen wird und dass Erkennen als spezifisches Handeln schon wertorientiert ist, findet in einer solchen Konzeption keinen Platz.

(8) Ziele fungieren als unverzichtbare Wegweiser. Sie können jedoch nicht alle folgenden Schritte des Handelns determinieren, sollen die Handlungssituation und die Erfahrungen aus den übrigen Handlungsphasen nicht restlos überspielt werden. Hier ist Ergänzung notwendig, und zwar durch eine Dialogkomponente. Erforderlich ist also ein dialogartiges Handeln. Es nimmt die Erfahrungen aus dem Handeln auf; es erlaubt deshalb insbesondere, Ziele zu korrigieren und fallenzulassen. Planungen sind dann keine bloßen Umsetzungen mehr; sie lassen sich revidieren, etwa angesichts von Schwierigkeiten, die sich bei der Ausführung ergeben, oder angesichts der Neben- und Fernwirkungen. Dieser Handlungstyp stellt sich darauf ein, sich in dynamischen Situationen verändern zu müssen – auch im Hinblick auf die äußere Gegenständlichkeit und das wechselvolle äußere Geschehen.

Dialogartiges Handeln sollte nicht dazu führen, vorschnell Phasen abzuändern. Das Resultat wäre in vielen Fällen ein unproduktives Schwanken zwischen Alternativen, bei dem keine Alternative streng verfolgt und ausgeschöpft werden würde. Ziele und Pläne müssen nachdrücklich verfolgt werden. Das gehört zum dialogartigen Handeln; nur dann können wir auch klar umrissene Erfahrungen machen, die gegebenenfalls Korrekturen veranlassen.

Zieldominantes Handeln, sei es wert-, affekt- oder wissensbestimmt (s. 5, 6 und 7), verleitet (beim Mitteleinsatz) zu einem unflexiblen Umsetzen. Abhilfe schafft hier das dialogartig angelegte Handeln (s. 8).

Im Hinblick auf die Folgen des Handelns lassen sich vereinfacht drei Typen unterscheiden:

(9) Handlungsweisen, bei denen die Folgen weitgehend unbeachtet bleiben, sind schon genannt worden. Bei ihnen dominiert die Zielbestimmung, insbesondere die unbeabsichtigten Folgen werden vernachlässigt.

(10) Handlungen, bei denen die Neben- und Fernwirkungen eingeschätzt werden, führen zu einer kritischen Position und regen an, modifizierte und neue Handlungen zu entwickeln. In dem Maße, wie Mithandeln, Weiterhandeln und Unterlassen erwogen werden, wird schon im Vorfeld eine Dialogkomponente aufgenommen.

(11) Schließlich ist auch noch ein Fall zu erwähnen, bei dem es gar nicht zum Handeln kommt: Gelegentlich werden die Folgen so gescheut, dass selbst Versuche, etwas zu verwirklichen, unterlassen werden. Solche Ansätze befassen sich allein mit der Zielbestimmung, sie räsonieren nur. Sie beschränken sich darauf, auf beklagenswerte Zustände zu verweisen, und stellen denen Zustände gegenüber, wie sie eigentlich sein sollten. Sie ringen um die ‚einzig richtigen' und ‚guten' Ziele, scheuen jedoch die Folgen der Realisierung. Resultat bleibt der Appell, die ‚gute Idee'. Das Ziel bleibt Wunsch, Vorstellung, Projekt ohne Ansatz zur Verwirklichung. Es bleibt für sich und wird nicht einmal daraufhin geprüft, ob es durchführbar sein könnte und schon gar nicht der umstandsvollen Realisierung ausgesetzt. Als Folge müsste vielleicht das Ziel modifiziert werden, verlöre dann aber seinen idealen Status.[11]

Bisher sind einige Handlungsformen angeführt worden, die sich unter der Perspektive der Begriffe ‚Ziele, Mittel, Folgen' abzeichnen. Unter anderen Gesichtspunkten treten weitere Formen hervor: Schon jetzt sei auf den Umstand verwiesen, dass Handlungen erstmals, mehrmals und äußerst häufig vollzogen werden. Das wirkt sich auf das Gefüge der Handlungen aus und schafft so weitere Formen, die teilweise zu den genannten Formen in Beziehung stehen oder sich decken.

---

11 Bei Jürgen Habermas ist nachzulesen, wie dieser Begriff in ein weitgespanntes Problemfeld eingebunden ist. Hier wird er ohne diesen komplexen Kontext eher als Rede- oder Sprachhandeln verstanden. Vgl. Habermas 1970, S. 168. Ferner: Habermas 1968.

5 Handlungstypen: Problemlösendes, geläufiges und gewohntes Handeln

Unter genetischem Blickwinkel soll zunächst dargestellt werden, wie diese Handlungstypen auseinander hervorgehen und aufeinander angewiesen sind.

Unternimmt jemand eine weite Bahnreise das erste Mal selbstständig und kennt das Bahnreisen nicht, dann ist eine solche Reise mit vielen Unsicherheiten und problemhaltigen Situationen verbunden. Gibt es Anlass, diese Reise zu wiederholen, reduziert sich die Unsicherheit. Ungewissheit entsteht beispielsweise auch dann, wenn wir in einer unbekannten Gegend wandern und uns verlaufen, obwohl wir eine Karte verwenden. Ist uns das schon mehrmals passiert, hält sich die Unsicherheit in Grenzen. Wir können dann auf geeignete Handlungsweisen zurückgreifen. Helfen sie jedoch nicht weiter, entsteht wieder eine neuartige Situation, die zur Problemlösung herausfordert.

5.1 Erstmaligkeit, Wiederholung und Routinebildung

Erstmaliges Handeln verläuft in unsicherer Weise. Es fordert unsere ganze Aufmerksamkeit und nötigt uns dazu, neue Handlungsweisen auf- und auszubauen. Ohne ‚tastende' Versuche, ohne Irrwege, ohne verschlungene Windungen, ohne umfangreiche Korrekturen ist das meistens nicht zu leisten: Erstmaliges Handeln erfordert Problemlösungen.

Beim wiederholten Handeln, beim zweiten und dritten Mal, muss nicht mehr mit der prinzipiellen Lösung gerungen werden, aber die Lösung lässt sich meistens noch verbessern: Irrwege können ausgeschieden, Umwege und zu weitläufige Windungen lassen sich verkürzen. Wiederholungen ermöglichen es, Lösungen zu bereinigen und zu vereinfachen. Es entsteht dadurch insgesamt ein Ablauf, der sich leichter verwirklichen und erinnern lässt.

Weitere Wiederholungen wirken bestätigend: Aus dem problemlösenden Handeln entsteht ein Handeln mit einem gekonnten, stabilen Ablauf, ein geläufiges Handeln. Bei hoher Mehrmaligkeit gehen wir schließlich dazu über, unser Handeln zu automatisieren: Aus dem geläufigen bildet sich gewohntes Handeln.

Heute können wir alle eine Schleife binden, aber wir erinnern uns auch: Trotz Anleitung mussten wir beim ersten Mal probieren, studieren und wieder variieren, um den ersten Vollzug recht und schlecht zu bewerkstelligen. Auch der nächste Versuch, aus viel zu kraftvollen Schritten unbeholfen zusammengesetzt, oft stockend, neu ansetzend, ließ sich nur in fragiler Weise zu einer Abfolge fügen. Höchstens Teilphasen konnten mehr oder weniger koordiniert werden, aber am konsolidierten Vollzug insgesamt mangelte es noch.

Routinebildung ruht auf Vorleistungen. Aufgabe- und problemlösendes Handeln geht voraus, ebenso – darauf basierend – das geläufige Handeln. Und ohne hohe Mehrmaligkeit besteht kein Anlass, das geläufige Handeln zu einem gewohnten Handeln zu verschleifen.

5.2 Entwicklung und ihre praktische Ordnung

Was beim erstmaligen Handeln noch unsicher entsteht, wird bei der anschließenden Wiederholung gebraucht – zur besseren Koordinierung und schließlich zur Konsolidierung; geläufiges Handeln entsteht. Was damit erreicht ist, geht als Mittel oder Material in die Routinebildung ein. Eine Umkehrung ist unmöglich: erst geläufiges, dann problemlösendes Handeln – das geht nicht. Hier zeigt sich wiederum die praktische Ordnung; jetzt allerdings auf einer Makroebene von Entwicklungsgeschichten im Handeln. Wie schon bemerkt, die praktische Ordnung gibt keine Sachgesetzlichkeit und kein Naturgeschehen wieder. Im Zentrum stehen vielmehr zielorientierte Entwicklungs- und Aufbauprozesse mit ihrer spezifischen Ordnung: Wenn wir unser Handeln erweitern, dann ist jede neue Form zunächst problem- oder aufgabenlösend, Wiederholungen erzeugen konsolidiertes, geläufiges und schließlich gewohntes Handeln.

Nicht jedes Handeln wird wiederholt. Folgt die Wiederholung in einem zu großen Abstand oder entfällt sie ganz, so erfolgt ein Abbau. Was erstmals aufgebaut wurde, zerfällt in seine Bestandteile, und was erstmals durch Ausbau zustande kam, fällt auf die Grundform des Ausbaus zurück.

Treten im Vollzug geläufigen und gewohnten Handelns unerwartete Schwierigkeiten auf, entsteht eine neue Problemsituation, die wiederum zu erstmaligem Handeln herausfordert.

Problemlösendes Handeln ist nicht einschrittig, nicht linear, sondern stellt eher ein verwickeltes Gefüge von Abläufen dar. Nicht ‚alles und jedes' in diesem Gefüge ist neu, nicht jede Teilphase ist erstmalig aufzubauen. In der Regel enthält ein Gefüge auch Phasen geläufigen und gewohnten Handelns. Ohne solche entlastenden Rückgriffe auf schon Gekonntes ist kaum eine Lösung denkbar. Erst der Umstand, geläufiges Handeln in neuem Zusammenhang wiederzuverwenden, ermöglicht es, Neuheit insgesamt zu bewältigen.

5.3 Unterschiede in den Handlungstypen

5.3.1 Ausgangssituation und Zielbestimmung

Zur weiteren Kennzeichnung der drei Handlungstypen sei noch ein Blick auf die Handlungssituation, die Zielbestimmung, die Planung und Ausführung sowie die Beurteilung geworfen. Welche Unterschiede zeigen sich in diesen Teilbereichen?

Die Ausgangssituation problemlösenden Handelns ist unbestimmt. Einerseits besteht etwa ein Unbehagen angesichts von Unzulänglichkeiten, andererseits ist zweifelhaft, was zu tun ist. Oder legt die Ungewissheit nicht eher ein Unterlassen nahe?

Problemlösendes Handeln beginnt mit einer Problemklärung und Zielbestimmung. Auf angemessene Vorprägungen kann dabei meistens nur teilweise zurückgegriffen werden. Nur wenige Klärungsschritte sind erforderlich, wenn es sich um nahezu offensichtliche Probleme handelt, beispielsweise um begrenzte Mängel. Ähnlich überschaubar ist es, wenn wir im Handlungsfluss plötzlich gehindert oder ‚gebremst' werden oder es nicht ‚so geht' wie vorgesehen. Gelegentlich jedoch erweitert sich die Problemklärung zu einem windungsreichen Prozess, der unsere kreativen Fähigkeiten beansprucht. Das ist etwa der Fall, wenn sich aus Handlungsabläufen und -versuchen erst allmählich eine deutlichere Problemwahrnehmung herausschälen lässt. Der kreative Akt manifestiert sich in einer neuen Sicht, in der erstmaligen Bestimmung einer Aufgabe oder eines Problems.

Im Hintergrund solcher Klärungen steht das, was uns in andauernden Situationen bedrückt und bedrängt, was auf uns lastet und uns beschränkt oder uns nur unbehaglich ist. Was in der aktuellen Situation eine Aufgabe ist, wird nicht durch die äußeren Bedingungen definiert. Die Klärung ist mehr als eine Analyse der ‚Sachen', aber auch etwas anderes als ein individuelles, willkürliches Bestimmen.

Problemlösendes Handeln setzt voraus, dass wir die Problemlage klären und darauf basierend Ziele erarbeiten. Beim geläufigen Handeln ist dieser Prozess schon vollzogen. Allenfalls ist noch auszuwählen, welches geläufige Handeln zu betreiben ist oder welche Abwandlungen die Situation erfordert. Das gewohnte Handeln ist in selbstverständlicher Weise mit Zielen verbunden. Dass die Ziele ‚richtig' und ‚gut' sind, steht außer Frage, sie gehen im gewohnten Handeln auf und sind deshalb gar nicht mehr ohne Weiteres bemerkbar. Das hat Konsequenzen: Wer die Sphäre des Handelns allein unter der Perspektive des häufig auftretenden, geläufigen und gewohnten Handelns betrachtet, verliert leicht aus den Augen, dass das Handeln einschließt, Aufgaben und Probleme zu sehen und wertorientiert Ziele zu erarbeiten.

5.3.2 Planen und Ausführen

Problemlösendes Handeln verlangt ein dialogartiges Vorgehen. Das schließt Handlungsversuche, aber auch Vorgehensweisen nach vorausgehendem Entwurf ein. Die bloße Umsetzung eines vorweg bestimmten Plans ist meistens nicht angebracht. Sie ist zu unflexibel und verhindert eine dichte Folge von Kontrollen, aktuellen Entscheidungen und Korrekturen. Stattdessen liegt ein vorsichtiges, verzögertes Ausführen nahe, das gegebenenfalls durch erneutes Planen unterbrochen wird. Jeder Schritt ist zu prüfen. Abweichungen durch ungünstige Umstände oder unvorhergesehene Widerstände erzwingen neue Entscheidungen, zur Not sogar Modifikationen der Zielbestimmung.

Im Rahmen des geläufigen Handelns hingegen müssen Planungen nur abgerufen werden. Die Ausführung vollzieht sich reibungslos; Unterbrechungen durch Störungen sind weniger wahrscheinlich. Allenfalls Einzelheiten sind ab und zu umzuplanen.

Im Rahmen gewohnten Handelns gibt es keinen Anlass zu planen, also gibt es auch nichts auszuführen. Dominant ist allein der vertraute, stereotype Ablauf. Mit zunehmender Übung verschleifen sich die Einzelschritte zu einem fließenden Vollzug.

5.3.3 Beurteilen

Problemlösendes Handeln gelingt, wenn Schritte in direkter Folge geprüft und korrigiert werden, und zwar nach Kriterien, die entsprechend der Problemlage situationsbezogen neu zu formulieren sind. Die Endprüfung darf sich nicht darauf beschränken, festzustellen, in welchem Umfang die Ziele verwirklicht werden konnten. Die Beurteilung ist weiter zu fassen und sollte berücksichtigen, welche Auswirkungen sich unabhängig vom Ziel noch zeigen. Nur dann lassen sich angemessen Anschlusshandlungen konzipieren. Problemlösendes Handeln ist nicht ‚richtig' oder ‚falsch', aber problemlösend oder scheiternd. In der Regel lassen sich jedoch nur Zwischenzustände erreichen, die innerhalb der Extreme liegen.

Im Zusammenhang des geläufigen Handelns sind die Auswirkungen leicht einzuschätzen. Die Kontrollen werden nach vorgeprägten Mustern und Kriterien vollzogen.

Beim gewohnten Handeln scheint jede Kontrolle vollständig auszufallen, eine Prüfphase zeichnet sich jedenfalls nicht ab. Das Prüfen geschieht jedoch sensomotorisch im Ablauf und ist eng mit den produktiven Akten verknüpft: Abweichungen werden noch im Tätigkeitsfluss bemerkt und im laufenden Vollzug korrigiert.

Nur bei dieser entlastenden Form des Handelns ist es allenfalls sinnvoll, von ‚richtigen' oder ‚falschen' Handlungen zu reden. Aber aufschlussreich sind solche Kennzeichnungen nicht. Sie besagen dann lediglich, dass ein Handeln vom Üblichen, vom Gewohnten, vom fixen Vorbild abweicht.

Eine Endkontrolle ist beim gewohnten Handeln nicht notwendig; das Gleiche gilt für das Planen, Entscheiden und Zielbestimmen. Das heißt aber nicht, dass gewohntes Handeln ziel- und planlos zu betreiben ist. Ohne Ziel und Plan wäre es gar nicht zu einem gewohnten Handeln gekommen. Ziel und Plan gehören zu jenen frühen Entwicklungsstadien, aus denen das gewohnte Handeln hervorgegangen ist.

6 Handlungsketten

Größere, komplexere Handlungsgefüge lassen sich als Handlungsketten und Gefüge aus Handlungsketten vereinfacht kennzeichnen. In eine solche Betrachtung gehen die Vorleistungen ein, die zusammen mit dem aktuellen Handeln selbst wieder Vorleistungen für zukünftiges Handeln bilden.

Um die Übersichtlichkeit zu wahren, ist in den folgenden Abbildungen ein Handlungsgefüge durch einen Pfeil dargestellt. Solche Vereinheitlichungen erleichtern es, auf weitere Gefügebildungen (auf Gefüge aus Gefügen) aufmerksam zu machen und sie selbst wiederum noch übersichtlich darzustellen. Im Übrigen lässt sich die Vereinheitlichung von Fall zu Fall in Teilbereichen rückgängig machen.

6.1 Zweck und Unterzweck in Handlungsketten

Zwecke lassen sich in der Regel nur indirekt erreichen. Damit wir beispielsweise essen können, muss gekocht werden, und Kochen setzt Einkaufen voraus. Primär geht es um das Essen, aber damit es dazu kommt, sind Vorleistungen erforderlich.

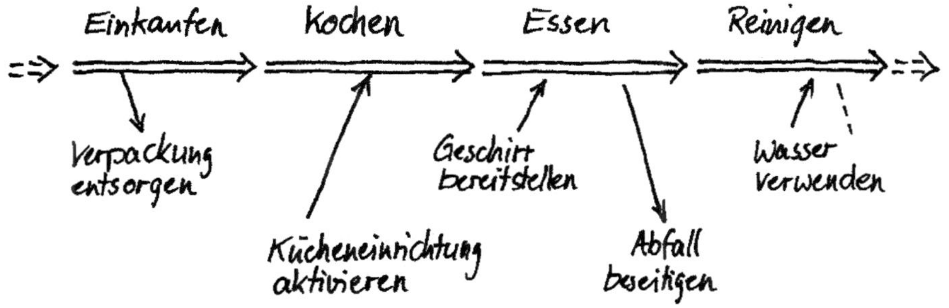

Abb. [6]-1: Handlungskette im Ausschnitt aus dem Handlungszusammenhang alltäglichen Besorgens. Die Vernetzungen der Kette sind hier nur angedeutet. Die Teilresultate der Phasen werden nicht besonders vermerkt, um übersichtlich zu bleiben. Der einzelne Pfeil kennzeichnet ein Handlungsgeflecht.

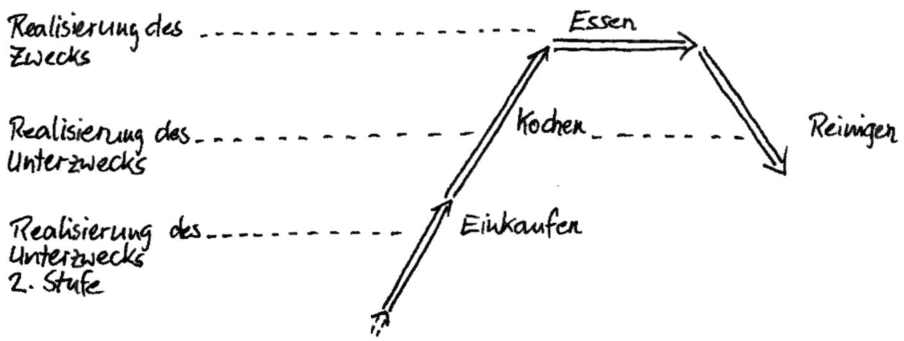

Abb. [6]-2: Zweck und Unterzweck in der Handlungskette aus Abb. [6]-1. Handeln zielt auf Nutzung, auf den befriedigenden Gebrauch (Konsum). Das übrige Handeln

dient dazu, diesen zentralen Gebrauch zu ermöglichen. Die vor- und nachbereitenden Phasen sind gegenüber dem Gebrauch untergeordnet. Sie sind deshalb gegenüber dem Gebrauch in Stufen abgesenkt dargestellt.

Die Verwirklichung des Zwecks hängt, wie schon mehrfach bemerkt, davon ab, dass zunächst Unterzwecke und gelegentlich Unterzwecke von Unterzwecken verwirklicht werden. Dadurch entstehen Handlungsketten mit einer praktischen Ordnung. Ein Beispiel zeigt Diagramm [6]-1: Einkaufen und Kochen bereiten das Essen vor. Zur Nachbereitung gehört es, den Abfall zu beseitigen und das Geschirr zu reinigen (vgl. Abb. [6]-2).

Die Handlungsgefüge einer Kette stehen nicht gleichberechtigt nebeneinander. Alle Bemühungen zielen letztlich auf den befriedigenden Gebrauch. Indem wir gebrauchen, nutzen, konsumieren, wird der eigentliche Zweck erreicht. Die Vor- und Nachphasen sind in verschiedenen Stufen untergeordnet. Mit ihnen werden Unterzwecke oder Unterzwecke der zweiten Stufe verwirklicht.

Mit der Unterscheidung von Zweck, Unterzweck und Unterzweck zweiter Stufe wird herausgehoben, dass das Handeln ein Zentrum in einem Umfeld hat. Im Mittelpunkt steht das Bemühen, den Zweck zu verwirklichen. Die vorangehenden und nachfolgenden Handlungen umlagern das Zentrum und dienen dazu, Unterzwecke zu verwirklichen.

6.2 Aktuelles Handeln innerhalb einer Kette

Was wir aktuell betreiben, steht in einem Umfeld, es gibt ein ‚Davor' und ‚Danach' (vgl. Abb. [6]-3). Wir konzentrieren uns auf einen Ausschnitt im Umfeld. Darin befindet sich, was wir deutlich sehen und im Moment differenziert betreiben. Was daran angrenzt, sehen wir beiläufig und blasser oder, wenn es sich um eine entferntere Phase handelt, fast gar nicht mehr. Ein solches Vorgehen entlastet und fördert die gestaffelte Konzentration.

Mit der voranschreitenden Ausschnittsverlagerung rücken andere Phasen ins Zentrum. Was zuvor zentral war, sinkt zum weniger beachteten Umfeld ab. Ist beispielsweise das Einkaufen die aktuelle Aufgabe, so gehört das Kochen und Essen zu den nachfolgenden, das Bereitstellen von Geld zu den vorhergehenden Phasen. Augenblicklich sind diese Phasen weniger bedeutsam und werden deshalb in der grafischen Darstellung abgesenkt wiedergegeben (vgl. Abb. [6]-3).

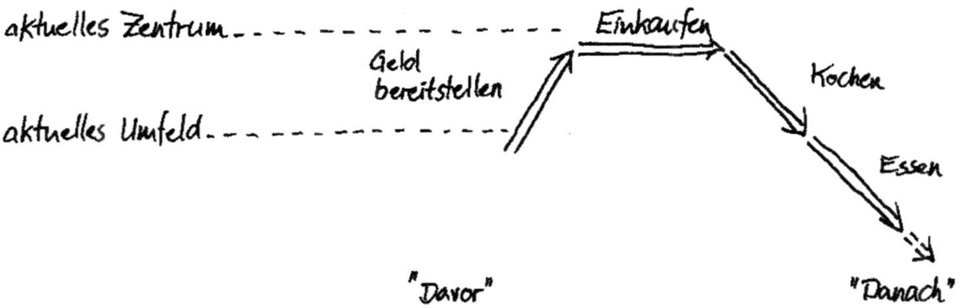

Abb. [6]-3: Aktuelles Handeln im Umfeld: Das Einkaufen steht als momentan zentrale Phase an oberster Stelle. Realisiert wird ein Unterzweck (2. Stufe) der Kette ‚Essen'. Was zeitlich vorangeht und nachfolgt, ist in Stufen abgesenkt dargestellt (vgl. Abb. [6]-2).

Das aktuelle Handeln ist situationsgebunden und individuelle Ausprägung von typischen Abläufen. Was dem aktuellen Handeln vorausgeht, muss nicht so detailreich und individuell erinnert werden. Die Konzentration auf Zwischenresultate reicht oft aus. Auch das Handeln, das dem aktuellen folgt, muss nicht in allen Einzelheiten antizipiert werden. Oft reicht es, eine Grundstruktur zu vergegenwärtigen, um das aktuelle Handeln erfolgreich zu beenden. Zu strenge Konzentrationen fördern jedoch zu ausschließlich Teilresultate und verlieren das Gesamtresultat aus den Augen.

6.3 Übergänge in Handlungsketten: Aus verwirklichten Unterzwecken werden Mittel

In vorausgehenden Phasen werden Resultate geschaffen, die als Mittel in die nachfolgenden eingehen. Realisierte Unterzwecke sind Mittel im anschließenden Prozess. Die Übergänge, die in den Diagrammen dieses Kapitels nicht ausdrücklich dargestellt sind, haben gleichsam zwei Seiten: Das Kaufen endet mit der gekauften Uhr, der Unterzweck ist erfüllt. In der anschließenden Phase des Gebrauchs fungiert die gekaufte Uhr als Mittel.

Ein Zweck kann in der Regel durch verschiedene Mittel erfüllt werden. Wollen wir uns beispielsweise an einem entfernten Urlaubsort erholen, so gibt es verschiedene Wege, um zum Zielort zu gelangen, und soll das Auto benutzt werden, müssen andere Vorbereitungen getroffen werden als bei einer Bahnfahrt. Welcher Weg einzuschlagen ist unter gegebenen Umständen, muss im Rahmen des Planens entschieden werden. Nur dann können wir unsere Fähigkeiten konzentriert einsetzen; das kurzfristige unproduktive Schwanken zwischen verschiedenen Wegen entfällt. Wie geeignet der eine oder andere Weg ist, wird beim Planen einzuschätzen gesucht. Letztlich zeigt es sich erst beim Realisieren, wie geeignet ein Mittel ist.

Und auch ein Mittel lässt sich verschieden in Ketten einbeziehen: Die hergestellte Zeitung lesen wir, aber wir benutzen sie auch, um etwas einzuwickeln oder um den Boden zu schützen, etwa bei Malerarbeiten in der Wohnung (vgl. Abb. [6]-4). Den

Stuhl nehmen wir gelegentlich als kleine Leiter, was ursprünglich so nicht an erster Stelle beabsichtigt war.

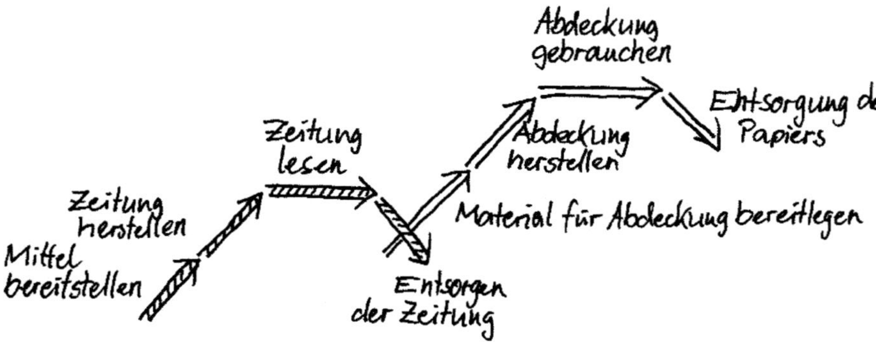

Abb. [6]-4: Die Weiterverwendung einer Zeitung als Gefügebildung aus Handlungsketten: In der zweiten Handlungskette wird der eigentliche Gebrauch der Zeitung umgedeutet und in einen zweiten (situationsgerechten) Gebrauch überführt. Die Verknüpfung der Ketten erfolgt über die Phase der Entsorgung, das heißt, das Entsorgen schlägt um in ein Bereitstellen von Material für die Abdeckung im Zuge von Malerarbeiten.

Der spezielle Fall der ausgedehnten Weiterverwendung verzögert den Prozess des Entsorgens – ein Umstand, der unter ökologischen Gesichtspunkten zu fördern ist.

7 Verknüpfungen von Handlungsketten

Erweitern wir unseren Blick, so bemerken wir, dass Handlungsketten, wie Handlungsgefüge auch, nicht allein stehen. So erfordert das Essenkochen einen Herd, und der ist hergestellt, transportiert, gekauft, aufgestellt und angeschlossen worden. Ähnlich verhält es sich, wenn wir das Kochen vorbereiten, wir benötigen Geschirr, Messer …

In Abbildung [7]-1 sind alle solche Verknüpfungen von Ketten angegeben, die über die Phase der Bereitstellung von Mitteln erfolgen. Entsprechende Darstellungen ließen sich für die Herstellung angeben, und Herstellen beinhaltet immer auch den Gebrauch von Werkzeugen und Geräten. Diese und andere Beispiele zeigen, dass das Gebrauchen auf verschiedenen Ebenen geschieht. Es gibt den direkten lebensdienlichen Gebrauch (im Beispiel das Essen und Wohnen). Er ist an oberster Stelle dargestellt (vgl. Abb. [7]-1 und -2). Als Basis dafür sind in Stufen vorgelagerte Gebrauchsformen erforderlich. Hier handelt es sich um indirekt lebensdienlichen Gebrauch.

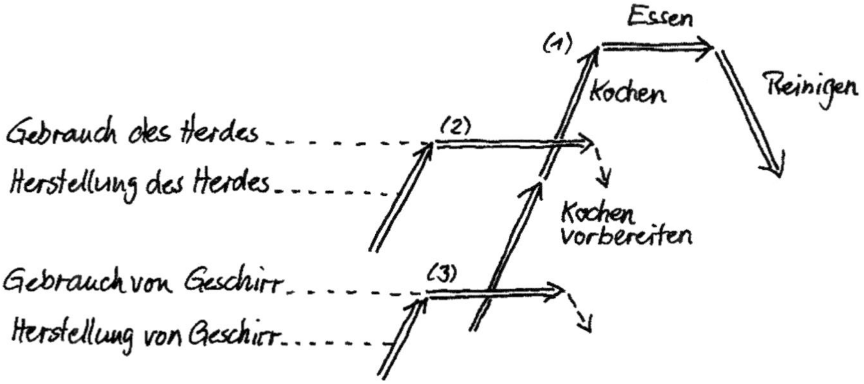

Abb. [7]-1: *Verknüpfung von Handlungsketten am Beispiel ausgewählter Produktwerdegänge. Der Gebrauch von Geschirr (3) und des Herdes (2) ermöglicht die Essenszubereitung (1). Wie die Verknüpfung, hier als bloße Kreuzung markiert, im Einzelnen zustande kommt, müsste eine differenziertere Handlungsdarstellung zeigen.*

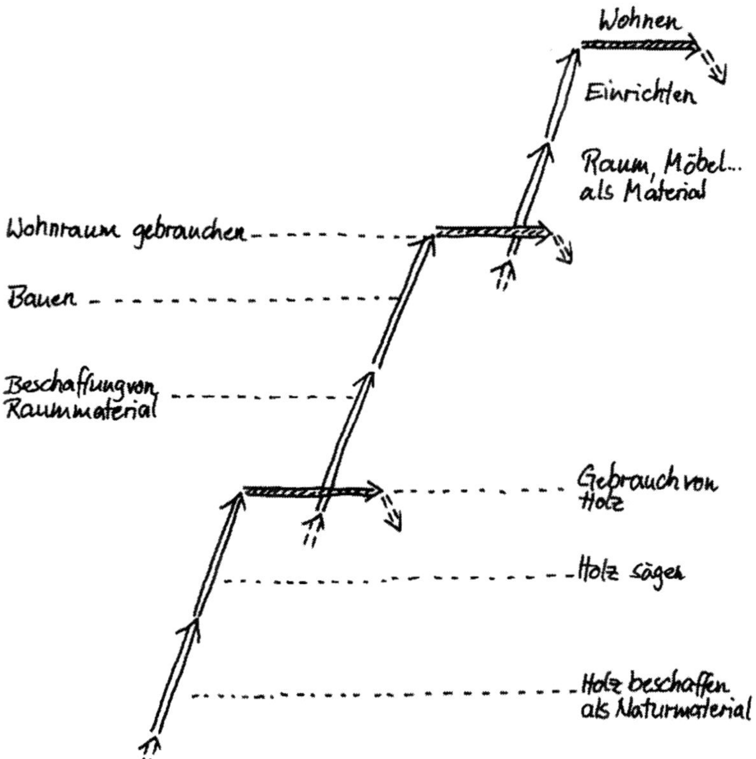

Abb. [7]-2: *Ausgewählte Verknüpfungen von Handlungsketten. In jeder Phase der Werdegänge wird etwas gebraucht. Dargestellt sind jedoch nur Gebrauchsformen*

bei der Bereitstellung von Mitteln: Zur Vorbereitung des Einrichtens ist es unter anderem notwendig, Wohnraum verfügbar zu haben, zum Bauen wird Holz gebraucht ... Wohnen ist unmittelbar lebensdienlich; die darunter angegebenen Gebrauchsformen bilden die Basis dazu. Sie stellen den innertechnischen Gebrauch dar.

Die Diagramme (vgl. Abb. [7]-1 und -2) verdeutlichen in Auswahlschritten einen Übergang. Die alltägliche Lebensbewältigung mit ihren Formen lebensdienlichen Gebrauchens stützt sich auf spezialisiertes Handeln, besonders auf herstellendes Handeln. Für die technische Sphäre im Alltag heißt das: kein unmittelbarer lebensdienlicher Gebrauch ohne Vorstufen, ohne mittelbaren lebensdienlichen Gebrauch, ohne innertechnischen Gebrauch, also ohne handwerkliches und damit technisches Handeln.

Der unmittelbar lebensdienliche Gebrauch ist nicht direkt vollziehbar. Vielmehr ist heute ein verzweigtes Gefüge von Handlungsketten erforderlich: Vorbereitung der Herstellung, Herstellung, Nachbereitung des Gebrauchs als Entsorgung. Im Zuge der kulturellen Entwicklung werden die Gefüge umfangreicher und das Umweghandeln immer länger. Das hat die Folge, dass dem eigentlichen, dem lebensdienlichen Gebrauch, Gebrauchsformen zweiter, dritter usw. Ordnung vorausgehen. Das zieht Herstellungen zweiter, dritter usw. Ordnung nach sich, und das Gleiche gilt für die Formen der Vor- und Nachbereitung.

8 Handeln erweitern

Wie sich Handeln erweitern lässt, kann hier nicht annähernd gründlich verfolgt werden. Das Folgende hat daher lediglich den Charakter einer elementaren Beispielsammlung, auf die dann wieder zurückgegriffen werden kann, wenn es um Anleitung, um eigenständige Planung und Handlungshilfen geht.

Wie können wir uns neue Handlungsweisen aneignen? Wie bauen wir ein neues Handlungsschema auf? Zur ersten Orientierung sei wiederum auf das Beispiel des Entkorkens einer Weinflasche zurückgegriffen. Wer den Korkenzieher benutzen kann, weiß, dass der Korkenzieher mit Druck in den Korken der gehaltenen Flasche einzudrehen ist (vgl. Abb. [2]-3). Er kann das Handlungsschema ‚flüssig' ausführen, es jederzeit wiederholen und übertragen. Das Übertragen (als erste Schritte, um den Vollzug zu verallgemeinern) wäre z. B. erforderlich, wenn nur andere Typen von Korkenziehern verfügbar sind. Ist jedoch lediglich bekannt, dass ein Korkenzieher zu drehen ist, dann bedarf es weiterer Schritte, um zu einem gelingenden Hineindrehen zu gelangen (vgl. Abb. [8]-1 bis -3).

Abb. [8]-1: Ausgangsschema als Handlungswissen. Dieses Schema erlaubt noch kein erfolgreiches Handeln. Dazu muss es ausgebaut werden.

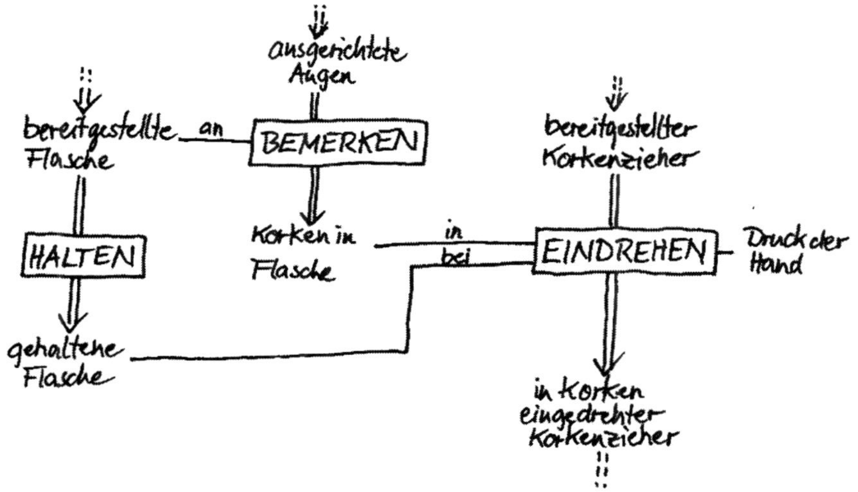

Abb. [8]-2: Erfolgreiches Handlungsgefüge als Ausbau des Schemas der Abbildung [8]-1.

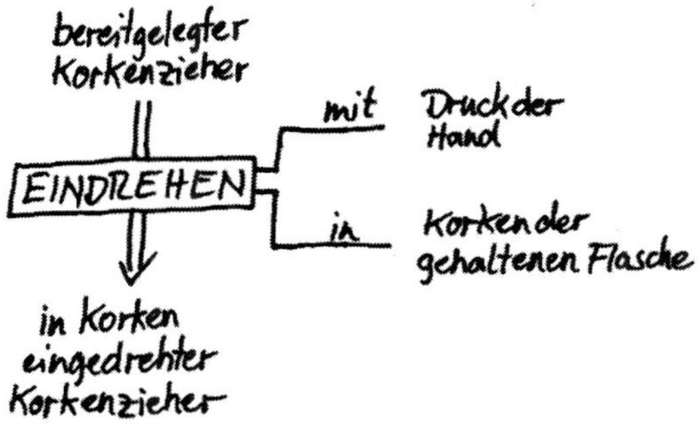

Abb. [8]-3: Durch wiederholte Übung vereinfachtes Handlungsgefüge (vgl. Abb. [8]-2). Resultat ist das partiell vereinheitlichte Handlungsschema ‚Eindrehen'.

Zunächst sollen im Sinne eines Überblicks zwei Vorgehensweisen näher betrachtet werden: zum einen das Probieren in verschiedenen Ausprägungen, zum anderen das

Vormachen und Nachahmen. Diese Formen der Erweiterung des Handelns schließen als Kleinphasen auch das Problemlösen und Planen als inneres Vorstellen ein.

8.1 Probieren

Wie lässt sich das Handlungsschema ‚Eindrehen' erweitern, sodass es zu einer Verbindung von Korkenzieher und Korken kommt, um anschließend den Korken herausziehen zu können? Das bloße Drehen genügt nicht (vgl. Abb. [8]-1). Wir müssen Varianten konzipieren und ausprobieren (vgl. auch Abb. [8]-4).

Die Variante, drückend zu drehen, scheint erfolgversprechend. Das Ausprobieren zeigt: Die Flasche fängt an, sich mitzudrehen. Die gelungenen Anfangsschritte lassen sich nur fortsetzen, wenn erfasst wird, dass die Flasche festzuhalten ist.

Wenn wir uns aufgrund des Vorwissens bewusst sind, probieren zu müssen, werden die ersten Versuche schnell vollzogen sein. Es überrascht dann auch nicht sonderlich, zu bemerken, dass die ersten Probierschritte nicht erfolgreich sind. Wir erwarten zunächst in gleichem Maße Erfolg und Misserfolg. Wenn dann allerdings nach vergeblichen Versuchen sich die ersten erfolgreichen Schritte zeigen, dann aber die Flasche erneut beginnt, sich mitzudrehen, erleben wir deutlicher, dass es ‚nicht geht'. Wir sind für einen Augenblick irritiert und suchen nach einem Ausweg auf der Basis unseres Handlungswissens. Solange die Flasche stand, war das erste Eindrehen erfolgreich. Also müssen wir die Flasche weiterhin zum Stehen bringen, wir müssen sie fester halten. Wir verfahren also nach dem einfachen Prinzip: mehr vom Gleichen.

8.1.1 Ideenfindung im Kleinen

Um ‚kleine' Varianten zu finden, genügt es nicht, wahrzunehmen, was geschieht. Das gezielte Wahrnehmen hilft dabei, zu bestimmen, was uns behindert, aber letzten Endes sind im Verbund mit dem Vorwissen ‚Ideen im Kleinen' zu finden. Erst sie erlauben neue Probierakte, die über das, was vorhanden ist und praktiziert wurde, hinausgehen. Diese im Probiergeschehen kaum bemerkten Ideen im Kleinen haben den Charakter von kleinen Entwürfen mit hypothetischen Zügen. Gelingt das anschließende Ausprobieren, gewinnen wir daraus in unauffälliger Weise Bestätigung.

Wie dicht hier Wahrnehmung und Ideenfindung im Kleinen beieinanderliegen, zeigt ein Detail: Deuten wir wahrnehmend die asymmetrische Spitze der Korkenzieherwendel als Hinweis, den Korkenzieher schräg auf dem Korken anzusetzen, dann ist damit schon ein Entwurf im Kleinen erreicht. Eine solche Deutung enthält einerseits einen kreativen Zug, geht aber andererseits auch auf Erfahrungen zurück, die wir beispielsweise im Umgang mit Nadeln und anderen spitzen Gegenständen gewonnen haben.

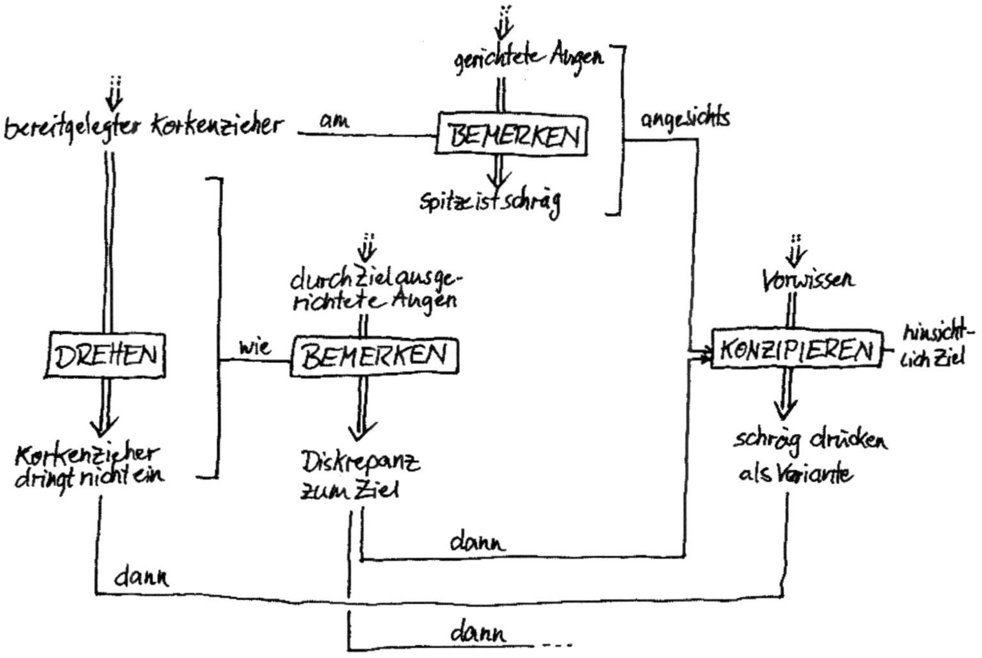

Abb. [8]-4: *Erste Probierakte beim Eindrehen eines Korkenziehers in den Korken. Die Variante ‚schräg eindrehen' ist ebenfalls erfolglos. Das Konzipieren geschieht nicht handlungsfern, sondern angesichts der vorhandenen Bedingungen und Mittel einerseits und andererseits zielbezogen.*

8.1.2 Phasen im Probieren

Mit etwas mehr Distanz zum vorangegangenen Beispiel lässt sich ein allgemeinerer Ablauf festhalten.

(1) Zunächst meinen wir zu wissen, wie etwas geht, oder wir sind schon fortgeschrittener und haben von vornherein Zweifel, wie etwas zu bewerkstelligen ist.

(2) Diese Einstellung richtet die Wahrnehmung aus. Dadurch wird vieles zum Beiwerk, das nicht weiter zu beachten ist.

(3) Das Ausführen oder anfängliche Probieren führt oft dazu, dass wir innehalten oder abbrechen müssen. Wir spüren, dass uns etwas hindert oder widersteht. Die bisherigen Annahmen werden erschüttert oder widerlegt, Zweifel entsteht, Zweifel wird verstärkt.

(4) Wir sind überrascht oder irritiert und suchen nach einem Ausweg oder Umweg, der uns dem Zweck, dem Ziel, näher bringt.

(5) Die zu entwickelnden Varianten sind keine Abbilder der Handlungssituation, sondern kleine Planungs- und Entwurfsschritte, die im Verbund mit dem Handlungswissen gefunden werden. Sie lösen das Überraschungsmoment auf, können jedoch

Zweifel noch nicht überwinden. Den Varianten, den Entwurfsschritten im Kleinen, haftet noch Unsicherheit an, ob sie zum Gelingen insgesamt beitragen.

(6) Erst das Verfolgen der Entwurfsschritte, das Ausprobieren, schafft Sicherheit. Der Zweifel, wie zu verfahren ist, wird damit überwunden – Erfahrung entsteht.

8.1.3 Zielorientierung und Widerständiges

Sinn hat das Probieren nur, wenn wir etwas erreichen wollen, wenn wir ein Ziel vor Augen haben. Dafür lohnt es sich erst, sich anzustrengen. Anstrengung zieht aber nicht notwendig ein Gelingen nach sich. In der Handlungssituation ist nicht immer alles, was notwendig ist, verfügbar, überschaubar und voraussehbar. Deshalb erleben wir oft widrige Umstände, fehlendes Ausweichen oder einen direkten Widerstand in recht suggestiver Weise. Widrigkeiten und Widerstände im Handeln provozieren vermehrte und erneute Anstrengung, wenn wir nicht vom Ziel ablassen. Halten wir an unserem Wollen fest, gilt, vereinfachend gesagt: Widerstand provoziert variierende Anstrengung, und ohne gewollte Anstrengung erleben wir keinen Widerstand, kein Misslingen.

8.2 Probieren – aber innerlich

Probieren müssen wir, wenn wir beim Autofahren einen Reifenschaden erleiden und gezwungen sind, nach Jahren erstmals wieder ein Rad zu wechseln. Probieren ist notwendig, wenn wir ein Bild aufhängen wollen, jedoch unsicher sind, ob schon ein wirkungsvoller Platz gefunden ist. Probieren ist beim Einrichten einer Wohnung erforderlich, wenn die Vorplanung nicht das gewünschte Resultat zeigt oder die Raumwirkung nicht so ausfällt wie gedacht. Ehe wir jedoch einen schweren Schrank verschieben, versuchen wir – in Anwesenheit des Schranks – uns vorzustellen, wie der Schrank in einer anderen Raumecke wirken könnte und wie er dort nutzbar wäre.

8.2.1 Verinnerlichung

Wir versuchen, das Resultat des Verschiebens innerlich vorwegzunehmen. Kommen wir dazu, einzuschätzen, dass der vorgesehene Ort für den Schrank geeignet ist, dann gehen wir dazu über, uns vorzustellen, in welchen Schritten und mit welchen Hilfen (Rollen, Matten, Traggurte) wir das Verschieben bewerkstelligen. Wir stellen uns nicht nur das Resultat des Verschiebens vor, sondern auch den Ablauf und planen dabei eventuell Zwischenstationen ein. Das Verschieben geschieht innerlich, in Gedanken. Das erlaubt es, vorauszusehen. Wir sind nicht äußerlich aktiv, sondern vollziehen nur die Steuerungsakte innerlich und begegnen so den möglichen Schwierigkeiten schon in der Vorstellung. Wir bemerken dann etwa, dass andere Möbel oder Bücherkisten zuvor aus dem Wege zu räumen sind. In diesem Probieren wird ein Ablauf im Sinne eines gedanklichen Planes konzipiert.

8.2.2 Bestätigung durch Ausprobieren

Wie sich ein solcher Plan bewährt, muss sich noch zeigen. Zunächst können wir nicht sicher sein, ob der Schrank am vorgestellten Ort einen ‚besseren' Platz hat. Zudem wissen wir auch nicht sicher, ob der innerlich ausprobierte Weg sich so verwirklichen lässt. Erst wenn wir nach Plan verschieben, sehen wir klarer und können die Auswirkungen studieren. Wir prüfen, und zwar zum einen den innerlich konzipierten Plan und zum anderen auch uns selbst. Wir bemerken, was wir in solchen Situationen allein durch Vorstellung leisten können.

8.2.3 Äußerlich – innerlich

Handeln ist ein gezieltes Geschehen, in das das menschliche Wollen, Wahrnehmen, Denken, Können und Erkennen eingehen und das weder rein äußerlich noch rein innerlich verläuft. Die Aufteilung in eine äußere und innere Seite ist vereinfachend und folgt partiell kulturell geprägten Abgrenzungen.

Beim äußeren Probieren sind die Handlungselemente gegenständlich verfügbar und direkt wahrnehmbar, sodass die Ideenfindung eng daran anschließen kann. Das Material und die ausprobierenden Akte regen an, Ideen im Kleinen zu entwickeln und sofort wiederum auszuprobieren. Die gewöhnlich so bezeichneten inneren und äußeren Prozesse sind intensiv verflochten.

Deutlicher scheinen sich die beiden Seiten oder Aspekte des Handelns zu unterscheiden, wenn wir zum inneren Probieren übergehen. Die Vorstellungen (der Schrank in der leeren Ecke) und das gedankliche Vorwegnehmen von Aktionen (auf diesem Weg den Schrank verschieben) heben sich deutlich vom Ausprobieren und Ausführen ab. Was im Handeln angestrebt und gedanklich geplant wird, wirkt nicht rein innerlich, und was ausgeführt wird, beschränkt sich nicht auf Äußerliches. Gedachtes ist von Gemachtem beeinflusst, und Gemachtes von Gedachtem durchdrungen. Ziele und Pläne lassen sich als Steueraspekt des Handels verselbstständigen und verinnerlichen. Das Gleiche gilt jedoch nicht für die andere Seite: Das Ausführen für sich zu nehmen, ist nicht sinnvoll, und die besinnungslose, rein körperliche Bewegung, abgehoben von aller Leiblichkeit und gedanklicher Begleitung, spielt in Zusammenhängen des Handelns schließlich gar keine Rolle mehr.

Erst konzipieren, dann ausführen – das entspricht der praktischen Ordnung; erst ausführen, dann konzipieren – das verstößt gegen sie. Allenfalls lässt sich dieser Übergang als Ausschnitt deuten, der das Ende einer Handlung zeigt, die zum Umkonzipieren, zum Modifizieren Anlass gibt.

8.3 Probieren mithilfe handlungsnaher Darstellung

Beim Einrichten einer Wohnung versuchen wir, uns vorzustellen, wie ein Schrank in einer noch leeren Raumecke wirken könnte und wie er dort zu nutzen wäre. Wir versuchen, das Resultat des beschwerlichen Schrankschiebens innerlich vorwegzunehmen. Was wir uns dabei vorstellen, ist im besten Falle eine innere Gestalt, eine innerlich aufgebaute Darstellung, die zum Zwecke des Probierens gegenwärtig gehalten und später schnell vergessen wird. Um eine solche Vorstellung aufzubauen, orientieren wir uns an vorhandenen Anhaltspunkten: Wir sehen den Schrank, der bereitsteht, verschoben zu werden; wir sehen die noch nicht verstellte Raumecke und müssen daraus eine neue Sicht aufbauen: jener Schrank in dieser Raumecke. Diese Verknüpfung ist vorzustellen. Wir müssen etwas innerlich sehen, was es noch nicht ‚gibt'. Nur die Handlungsbeteiligten (der Schrank, die Raumecke) sind äußerlich gegenwärtig.

8.3.1 Anzeigehandlung, ein Beispiel

Trotz dieser günstigen Ausgangslage bleibt Zweifel, ob die Vorstellung des Verschieberesultats so ausgeprägt ist, dass die Auswirkungen vorweggenommen werden können. In dieser Lage greifen wir gelegentlich zu Anzeigehandlungen, benutzen also handlungsnahe Zeichen: Wir nehmen eine Latte oder einen Gliedermeterstab und halten sie so, dass damit eine Begrenzung des Schrankes angezeigt wird. Wir versuchen, die innere Vorstellung durch anzeigende Gegenstände (Zeichenträger) zu konkretisieren. Wir stützen unsere Vorstellungen durch Anzeiger (vgl. Abb. [8]-5). Das wirkt entlastend, und wir können uns darauf konzentrieren, die räumlichen Auswirkungen vorstellend zu erfassen.

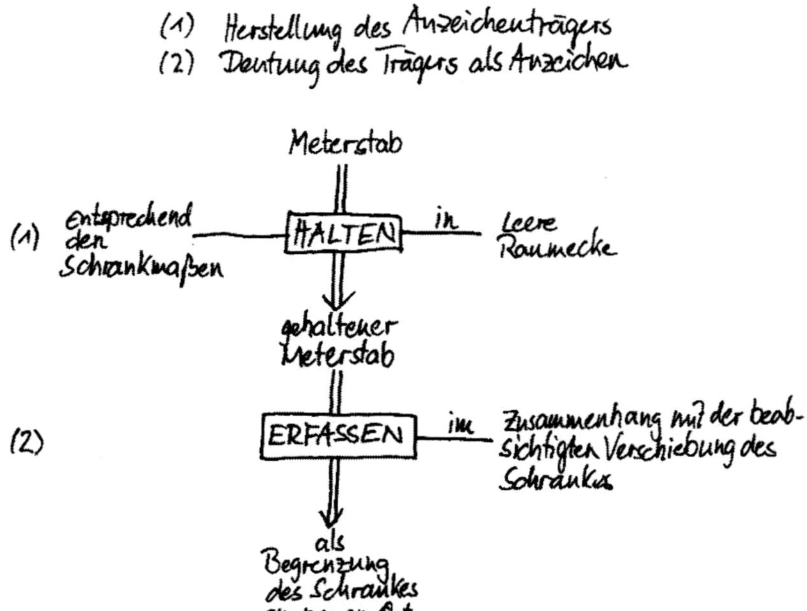

Abb. [8]-5: Anzeigehandlung: Sie erübrigt das äußere Probieren und stützt das vorgestellte Probieren. Sie nimmt Züge des äußeren und inneren Probierens an. Einerseits bedarf es eines Anzeichenträgers (der spezifisch gehaltene Meterstab), andererseits ist das Handlungsresultat als Anzeige zu deuten (Grenzen des Schrankes).

8.3.2 Anzeichengestütztes Probieren

Ein solches anzeichengestütztes Probieren nimmt eine Mittelstellung ein: Äußeres Probieren ist zu beschwerlich, wir müssten den Schrank versuchsweise verschieben. Allein inneres Probieren auf der Basis vorweggenommener Vorstellung ist zu unsicher. Wir greifen zu Hilfen, zu Anzeichen, die das Verschieberesultat, die Begrenzung des Schrankes am neuen Aufstellungsort, anzeigen. Die Vorstellungen werden in einigen Zügen vergegenständlicht, und zwar durch den leicht handzuhabenden Meterstab. Dadurch ersparen wir uns zunächst die volle Vergegenständlichung; wir brauchen den Schrank nicht versuchsweise zu verschieben. Gleichzeitig verlassen wir uns nicht auf die Vorstellung. Wir stützen die innere Darstellung durch eine äußere, die wenige, aber prägnante Züge des Schrankes in der neuen Raumlage anzeigt. An die Stelle der Herstellung (hier Verschiebung) tritt die erstellte Darstellung. Was so angezeigt wird, bekommt für Augenblicke Dauer und erlaubt so, einzuschätzen, ob es sich lohnt, den schweren Schrank zu verschieben.

8.3.3 Aufbau von anzeigenden Darstellungen

Ausgangssituation ist eine Aufgabe, ein Problem: Soll der Schrank verschoben werden? Das effektive Verschieben ist zu aufwendig, die reine Vorstellungsbildung des Resultats zu unsicher. Wir entscheiden uns weder für das versuchsweise Probieren als Herstellung noch für das versuchsweise Probieren als Vorstellung. Von beiden Seiten wird noch ‚etwas gebraucht': Um das Resultat andeutend vorwegzunehmen, wird (in meist unauffälliger Weise) eine Darstellung entworfen. Mithilfe der Gegenständlichkeit aus der Umgebung wird ein Anzeichenträger als ein Mittel erstellt (Meterstab); mithilfe der Vorstellungen, die durch Umgebungswahrnehmungen gestützt sind (Schrank am neuen Ort), lässt sich das Anzeichen deuten (Begrenzung des Schranks am neuen Ort). Die Darstellung basiert auf drei Bestimmungen. (1) Notwendig ist ein gegenständlicher Anhalt, ein Anzeichenträger, leicht manipulierbar. (2) Der Träger vermittelt etwas, er zeigt an; (3) aber nicht ‚einfach so' von sich aus, sondern aufgrund eines Kontextes, einer Aufgabe, eines Ziels und der daraus erwachsenden Vorstellungen, die als Deutungshilfen fungieren (vgl. Abb. [8]-5).

Ein so dargestelltes Resultat hilft, sich zu entscheiden, wie die Aufgabe zu lösen ist, und hilft auch dabei, einen Planungsschritt zu konzipieren.

8.4 Vormachen und Nachahmen

Das gelegentlich mühsame Probieren können wir uns ersparen, wenn uns jemand zeigt, ‚wie es geht'. Wir bekommen so einen Überblick über die Schrittfolge beispielsweise beim Radwechsel am Auto oder beim Reparieren des Fahrradreifens. Wir kennen dann z. B. die Schritte, die notwendig sind, um einen Schrank so aufzustellen, dass die Türen nicht klemmen. Ob uns jedoch ein Übertrag auf einen ähnlichen Fall gelingt, bleibt fraglich.

8.4.1 Was nicht wahrzunehmen ist

Was demonstriert wird, muss für den anderen zugänglich sein. Aber nicht alles, was für das Gelingen einer Handlung bedeutsam ist, kann hinreichend aufgenommen werden. Der Ausgangszustand, die Handlungsteilnehmer (die Werkzeuge und Hilfsmittel), die Zwischenzustände und das Resultat lassen sich leicht wahrnehmen. Schwerer fassbar sind die erforderlichen Wahrnehmungsakte, schnelle Bewegungsabläufe, der Kräfteeinsatz und insbesondere deren Steuerungen. Wir sehen beispielsweise, wie vorführend eine Zwiebel geschnitten wird oder wie die Feile benutzt wird, um eine scharfe Kante zu beseitigen. Aber dieses Erfassen bleibt lückenhaft. Wir müssen selbst herausfinden, wie Bewegungsschritte zu steuern und zu koordinieren sind und in welcher Form auf wahrgenommene Abweichungen zu antworten ist.

8.4.2 Eigenständiges Probieren und Variieren

Mit dem Vormachen sind in der Regel nicht alle Handlungsschwierigkeiten beseitigt. Nicht jeder gesehene Handlungsschritt ist auch schon durchführbar. Wir kennen das vom Schwimmen und Skifahren. Das beabsichtigte Resultat ist bekannt. Wir haben den Bewegungsablauf gesehen, können ihn aber noch nicht als koordinierte Teilbewegungen realisieren. In dieser Situation hilft nur das eigene probierende und variierende Handeln. Die gezeigte Bewegungsstruktur, die Reihenfolge der Schritte, muss noch individuell angeeignet werden. Durch Variieren im Kleinen ist ein gezeigtes und erfasstes Handlungsgerüst im Einzelnen noch eigenständig auszubauen.

Misslingt das Nachahmen, so wird der Vormachende aus seinem Verständnis und der aktuellen Wahrnehmung des Nachmachens heraus erneut gezielte Hinweise geben. Das hilft einerseits beim Nachahmen, ändert aber andererseits nichts an dem Umstand, dass letztlich nur durch das eigene gezielte, variierende Agieren ein gekonnter Handlungsablauf zu erarbeiten ist.

Nachahmen ist also kein besinnungsloses Tun, kein mechanisches Manipulieren und auch kein engschrittiges Nachvollziehen, das zwangsläufig zum Ziel führt. Es erschöpft sich nicht darin, eng gefasste Vorschriften zu befolgen oder nur auszuführen, was äußerlich angeordnet wurde. Vom Handlungszusammenhang isoliertes Vormachen und Nachahmen erschweren nicht nur selbstständiges Tun, sondern schließen die Zielsetzung als erste Phase des Handelns und handlungsbestimmende Phase aus und verdecken so letztlich dessen Sinnorientierung. Nachahmen erfordert immer auch ein eigenständiges, probierendes Handeln in Kleinphasen und setzt damit eine akzeptierte, verständige Zielsetzung voraus. Nachahmen ist deshalb ein Nachschaffen, ein Nachkonstruieren.

8.4.3 Vorführen

Soll etwas vorgeführt werden, was dem Zeigenden schon zur Routine geworden ist, dann bedarf es einer Vorleistung: Der Zeigende muss den routinierten und flüssigen Ablauf in eine gegliederte Schrittfolge zurückverwandeln. Er muss sich die Zwischenziele neu vergegenwärtigen und jeweils rekonstruieren, auf welchen Wegen sich die Zwischenziele erreichen lassen. Erst ein solches Bewusstmachen und entsprechendes Gliedern und Dehnen im Vormachen schafft die Bedingungen, die ein verständiges Nachschaffen ermöglichen. Die sprachliche Begleitung sollte diesen Gliederungsvorgang stützen. Der Zeigende kann dann auch leichter gezielte Hilfen geben, sollte das Nachahmen fehllaufen oder zu ergänzen sein. Verständnisbasis im Prozess des Vor- und Nachmachens ist der Zweck, der Zweck der gesamten Handlungskette.

9 Problemlösen – handlungsnah

Was machen wir, wenn wir durch Probieren und Variieren keinen Erfolg haben? Wie kommen wir aus der ‚Klemme', wenn niemand da ist, uns einen Ausweg zu zeigen? Um solchen Fragen ohne umfangreiche Vorbemerkungen nachgehen zu können, sei auf eine Fabel verwiesen. Sie stammt aus einem Lesebuch von 1818.[12]

9.1 Der kluge Star – ein Beispiel

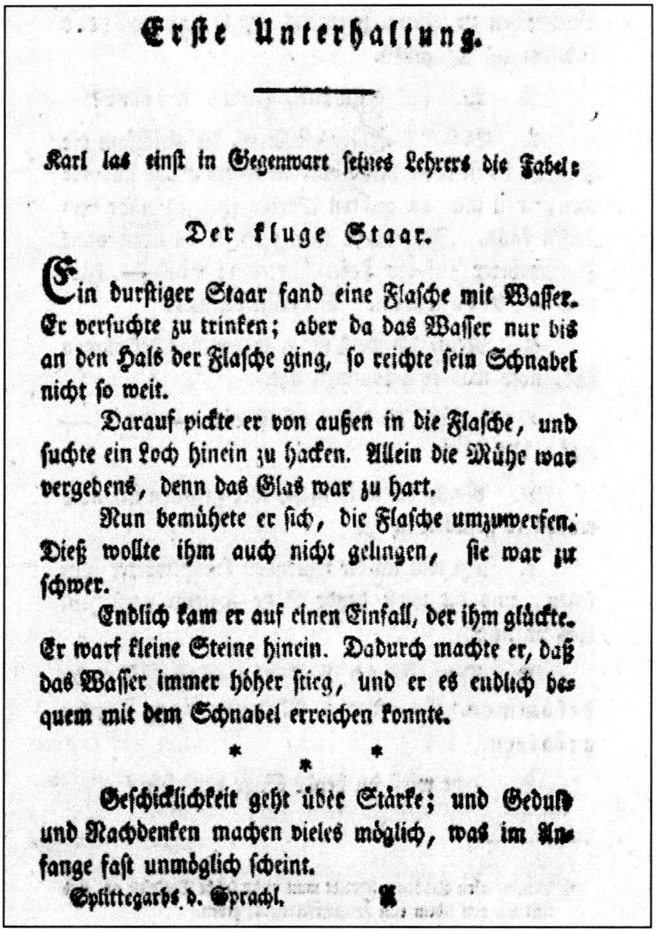

Erste Unterhaltung.

Karl las einst in Gegenwart seines Lehrers die Fabel:

Der kluge Staar.

Ein durstiger Staar fand eine Flasche mit Wasser. Er versuchte zu trinken; aber da das Wasser nur bis an den Hals der Flasche ging, so reichte sein Schnabel nicht so weit.

Darauf pickte er von außen in die Flasche, und suchte ein Loch hinein zu hacken. Allein die Mühe war vergebens, denn das Glas war zu hart.

Nun bemühete er sich, die Flasche umzuwerfen. Dieß wollte ihm auch nicht gelingen, sie war zu schwer.

Endlich kam er auf einen Einfall, der ihm glückte. Er warf kleine Steine hinein. Dadurch machte er, daß das Wasser immer höher stieg, und er es endlich bequem mit dem Schnabel erreichen konnte.

* * *

Geschicklichkeit geht über Stärke; und Geduld und Nachdenken machen vieles möglich, was im Anfange fast unmöglich scheint.

Splittegarbs d. Sprachl. A

Abb. [9]-1: Faksimile der Sage.

Das Ziel ist klar: Der „Staar" will Wasser trinken. Der Ausgangszustand steht ebenfalls fest. Die Flasche ist nicht so voll, dass er das Wasser erreichen kann. Das Ziel lässt sich nicht direkt erreichen. Zwischen Ziel und Ausgangszustand besteht eine Diskrepanz. Aber der „Staar" kennt einen Weg, der den Ausgangszustand mit dem

---

[12] Splittegarb 1818, S. 1. Für Lizenz: https://opacplus.bsb-muenchen.de/title/BV001486892.

Ziel verbindet. Er pickt in üblicher Weise die Flasche an, um so ein Loch zu schaffen – und scheitert. Der Widerstand mobilisiert eine Variante, die schon nicht mehr so üblich ist. Er versucht, die Flasche umzuwerfen – und scheitert wieder. Er erfasst nebenbei, wie die Flasche beschaffen ist: Sie ist hart, schwer und standfest. Entscheidend ist jedoch, dass bis jetzt keine Handlung zu einer Lösung geführt hat. Ein „Einfall" hilft weiter. Er wirft kleine Steine in die Flasche und löst damit einen kausalen Vorgang aus. Der Wasserspiegel in der Flasche steigt und ist damit für den „Staar" erreichbar.

9.2 Lösungsweg

Die Lösung ist nicht direkt zu erreichen, sondern in einer Abfolge von Zwischenschritten.

9.2.1 Umweg als Lösung

Wie der „Staar" zu seinem Einfall kommt, bleibt unklar. Wir erfahren nur, dass er dem „Staar" „glükte". Er findet einen anderen Weg, abseits vom Üblichen, vom Geläufigen. Ursprünglich wollte er etwas aus der Flasche herausholen – ohne Erfolg. Erst ein entgegengerichteter Zwischenschritt führt zum Ziel. Statt direkt etwas herauszuholen, muss erst etwas hineingegeben werden. Der „Staar" nimmt einen Umweg im Sinne eines Zwischenschrittes in die entgegengesetzte Richtung in Kauf. Das setzt voraus, sich von der ursprünglichen Intention zu lösen. Er nimmt aber, wenn auch entfernt, Züge des zweiten Lösungsversuches auf. Schon bei diesem Ansatz spielt ein ausgelöster kausaler Vorgang eine entscheidende Rolle: Das Umwerfen der Flasche sollte bewirken, dass das Wasser herausläuft.

9.2.2 Klären der Problemlage

Problemsituationen entstehen bei begrenzter Ungewissheit und begrenzter Kenntnis. Sie sind zwischen zwei Extremfällen angesiedelt, einerseits volle Ungewissheit, andererseits volle Kenntnis: Weitreichende Ungewissheit erlaubt nicht einmal eine Problemsicht, die Verwirrung und Unübersichtlichkeit sind zu groß. Der entgegengesetzte Grenzfall tritt auf, wenn volle Umsicht und Voraussicht bestehen. In diesem Fall taucht ein Problem gar nicht erst auf.

In Problemsituationen müssen die begrenzten Kenntnisse dazu verwendet werden, die Problemlage einzugrenzen. Es ist zu klären, welche Zwecke anzustreben und welche Mittel verfügbar sind. Erst dadurch klärt sich gleichzeitig, was ungewiss ist, was als Lösung aus- und aufzubauen ist. Primär ist die Lösung von zwei Seiten aus, von den bekannten Grenzen aus, zu entwickeln: Der geklärte Zweck ist durch Mittel zu realisieren, und die verfügbaren Mittel sind dem Zweck entsprechend einzusetzen. Letztlich stellt die Lösung eine Verbindung (eine gefügte Einheit) von Zweckbestimmung und Mitteleinsatz dar.

9.2.3 *Diskrepanz zwischen bekanntem Ziel und verfügbarem Material*

Bei der Lösungserarbeitung im Spannungsfeld zwischen Zweck und Mittel treten zwei Unterprobleme allgemeiner Art auf. Einerseits ist die Zweckbestimmung durch Unterzwecke zu entfalten. Dabei können Widersprüche oder Konkurrenzverhältnisse auftreten. Sind sie nicht vollständig auflösbar, können nur Lösungen im Sinne eines bewusst gewählten Kompromisses erreicht werden. Das zweite, allgemeinere Unterproblem bezieht sich primär auf die Mittelseite. Der Mitteleinsatz bei der Lösungsfindung ist daraufhin zu kontrollieren, ob sich anfängliche Umwege oder unnötiger Aufwand reduzieren lassen. Gegebenenfalls ist noch zu optimieren.

Im einfachsten Problemfall sind das Ziel und die Mittel bekannt. Zwischen beiden klafft hier jedoch eine ‚Lücke'. Von der Seite der verfügbaren Mittel ist fraglich, wie die Mittel zielorientiert einzusetzen, zu verknüpfen sind. Vom Ziel her gesehen sind differenzierend Unterziele zu finden, die sich mit dem Verfügbaren realisieren lassen. Erfolgreiches Handeln vermag durch eine Schrittfolge oder ein Gefüge beides zu verbinden. Misslingt ein solcher Brückenschlag zwischen Ziel und verfügbaren Mitteln, ist stärker zu variieren. Zunächst bezieht sich das auf die verfügbaren Mittel. Ihr Repertoire ist zu erweitern, geeignetere Handlungselemente müssen gesucht oder erstellt werden. Scheitern die Versuche in dieser Richtung, ist zu variieren, woran bei allen bisherigen Lösungsversuchen gleichbleibend festgehalten wurde: die Zielvorstellung. Mit der Variation des Ziels geben wir den Anspruch auf, das ursprüngliche Ziel zu realisieren. Wir schränken uns ein, um wenigstens eine reduzierte Lösung oder eine Teillösung zu bewerkstelligen – vielleicht in der Hoffnung, in weiteren Anläufen eine verbesserte Lösung zu finden.

Umfassendere Leistungen im Problemlösen sind erforderlich, wenn Ziel und Mittel noch nicht bestimmt sind. Eine ‚Lücke' zeichnet sich dann noch gar nicht klar ab. Es fehlen die ‚Ränder', um von beiden Seiten her Lösungsansätze entwickeln zu können. Vielgestaltige Handlungsentwicklung ist notwendig, wenn aufgrund einer globalen Zielvorstellung nur eine diffuse Problemsituation gesehen wird. Die Problemklärung besteht dann darin, in Schritten erst zu einer Zielbestimmung zu gelangen. Darüber hinaus ist zu klären, wie die (äußere) Ausgangslage beschaffen ist. Die Lösungsfindung beginnt in diesem Falle also einerseits mit der genaueren Zielbestimmung, andererseits mit der Vergegenwärtigung, was als Mittel verfügbar ist. Dadurch wird das Problem erst herausgestellt. Anders gewendet heißt das: Die Lösungserarbeitung beginnt mit der Problemklärung.

9.2.4 *Lösungsansätze – Variationen, Gefügebildungen*

Wie die Lösungsidee aufgebaut oder gefunden wird, bleibt gewöhnlich verborgen. (Dieser Umstand veranlasst immer wieder überhöhende Interpretationen: Wir sprechen von der „glücklichen Tat" und in weniger alltäglichen Situationen von der „höheren Eingebung", von der Tat mit geniehaften Zügen.) Leichter sind die Bedingungen zu fassen, die einen Lösungsaufbau fördern. Zunächst versuchen wir, in geläufiger Weise vorzugehen. Scheitern wir dabei, klärt sich die Problemlage. Der erlebte

Widerstand ermöglicht es, situativ eingebundene Erfahrungen zu machen, die das Problem verdeutlichen und eingrenzen. Steigern wir unsere geläufigen Vorgehensweisen, setzen wir beispielsweise mehr Kraft, mehr Ausdauer ein, beobachten wir von mehreren Seiten aus, dann ist damit auch immer verbunden, dass wir situativ erkunden, also Rückwirkungen erfahren. Variieren wir schließlich unser Vorgehen, bemerken wir auch auf neue Weise, wie die Problemsituation beschaffen ist. Wir aktivieren unser Handlungswissen, wir schöpfen es aus, soweit wir es als geeignet ansehen, und stoßen an eine Grenze. Was wir als geeignet angesehen haben, führt nicht zum Ziel. Jetzt muss sich der Blick weiten: Was gehört noch zur Situation? Welche Mittel sind noch verfügbar? Welche zunächst unbeachtete Vorgehensweise lässt sich einsetzen?

Einfall und Einsichten tauchen plötzlich auf. Grundlegend ist dabei, was wir aktuell und rückliegend erfahren haben. Zudem sind wir auf unser Handlungswissen angewiesen. Helfen Abweichungen und Varianten im Handeln nicht weiter, dann sind wir, prinzipiell gesehen, auf Neukombinationen angewiesen. Das können situationsangemessene neue Zusammensetzungen von gekonnten Handlungen sein. Eine zweite Möglichkeit besteht darin, eine gekonnte Handlungsweise angemessen umzustrukturieren. Im ersten Fall liegt der kreative Akt im neuen Verknüpfen bekannter Handlungsweisen, im zweiten Fall im Abwandeln vorhandener Verknüpfungen, die über die begrenzte Variation hinausgehen.

9.2.5 Das Sehen des Problems als kreativer Akt und die Zielbestimmung innerhalb des schrittweisen Verwirklichens

Nicht alle Problemsituationen sind so geartet, dass sie sich in distanzierter Weise klar eingrenzen lassen. Manche Problemsituationen sind so neuartig, dass unsere gewohnten Klärungsweisen nicht greifen. Selbst das ‚Sehen' des Problems ist dann schon ein kreativer, innovativer Akt. In solchen Fällen gibt es keine eigentliche Lösungsfindung, aber Versuche, Korrekturen, Entwürfe und Verwertungen. Schon die klare Zielbildung ist problemhaltig und stützt sich in wechselnder Weise auf Interessenausrichtungen und situationsbezogene Erfahrungen aus Realisierungsversuchen. Entscheidungen und Kontrollen verlaufen weniger eindeutig und geschehen in vorläufiger Weise. Die schrittweise Hauptzielbestimmung geht mit den Realisierungsversuchen einher. Dementsprechend gibt es auch kein eindeutiges Ende des Entwurfs- und Versuchsprozesses. Erst mit dem Abbruch des Prozesses tritt das Realisierte deutlich zutage. Jetzt zeigt sich rückschauend auch ein Ziel. Die Lösungsschritte, die Umwege und ‚Holzwege' sind, werden evident. In solchen Fällen gibt es keine voll gegliederte Zielbestimmung vor ‚allem' Handeln. Die Zielbestimmung entwickelt sich mit den Schritten der Verwirklichung.

9.2.6 Problemlösen allein im Konzipieren und Entwerfen

Ein solches Problemlösen geschieht vor aller Ausführung. Es stellt ein handlungsfernes Vorgehen dar und stützt sich primär auf ein Repertoire von sprachlichen Wissensformen und bildlichen Darstellungen. An die Stelle der gegenständlichen Handlungselemente und verfügbaren Materialien treten jetzt Vorstellungen und Darstellungen. Konzipieren und Entwerfen geschehen mithilfe von Stellvertretern, mithilfe von repräsentierenden Formen (mit Zeichen), mit Wissensformen, die auf indirekten Wegen aus dem Handeln stammen. Ein solches Vorgehen erfordert deshalb vom Entwerfer ein hohes Maß an Vorleistungen. Die repräsentierenden Entwurfshilfen haben Werkzeugcharakter, müssen also erst im Sinne des Umweghandelns erarbeitet werden.

10 Planen als gedankliches Vorwegnehmen

Planen ist notwendig, wenn geläufiges und gewohntes Handeln nicht verfügbar sind. Es setzt eine Zielklärung und -bestimmung voraus und basiert auf vergegenwärtigtem Wissen, auf Wissen in sprachlicher Form. Planen lässt sich als ein längeres inneres Probieren verstehen, als ein gedankliches Erwägen, als ein versuchsweises Durchlaufen von vorgestellten Handlungsabläufen. Wir probieren in der Vorstellung aus, was getan werden könnte, und versuchen, uns die Konsequenzen vor Augen zu führen. Leitend ist dabei die Frage, ob wir uns dem Ziel nähern.

Kernpunkt der Planung ist, was zu tun ist – im ‚Kopf'. Ist ein produktiver Schritt entworfen, ist zweierlei zu klären: zum einen, welche Bedingungen vorhanden sein müssen, damit der produktive Schritt vollzogen werden kann. Zum anderen ist gedanklich zu sondieren, wie zielnahe das Resultat ist. Aus diesen Grundverhältnissen lassen sich Vorgehensweisen beim Planen entwickeln (vgl. Kap. 10.2.1: Planen von oben und Kap. 10.2.2: Planen von unten).

Planen besteht nur selten im Entwurf eines Handlungsschrittes. In der Regel sind Handlungsketten erforderlich. Auch sie haben an äußeren Bedingungen anzuknüpfen und enden schließlich im gelingenden Fall mit zielnahen Resultaten.

10.1 Zielklärung

Ziele richten das Handeln aus. Sie geben als entwickelte Zielbestimmungen dem Handeln Orientierung. Aus diesem Grunde musste auf die Zielbestimmung schon an verschiedenen Stellen eingegangen werden.

Zunächst sollen mehr oder weniger wiederholend drei miteinander in Beziehung stehende Formen der Zielklärung erläutert werden: (1) die (handlungsferne) Zielbestimmung vor aller Ausführung, (2) die (handlungsnahe) Bestimmung angesichts der Mittel und Materialien und (3) die schrittweise Zielkonkretisierung mit der Ausführung, also innerhalb des Prozesses der Verwirklichung.

10.1.1 Zur Zielbestimmung vor aller Ausführung

Geht es beispielsweise um den Urlaub, setzt die Zielbestimmung oft mit noch diffusen Vorstellungen ein: Wir haben etwa den Wunsch, Abstand vom Alltag zu gewinnen; wir wollen uns, mehr als es der Alltag erlaubt, bewegen; wir wollen etwas ‚anderes sehen' … Solche Regungen aktualisieren in unausgesprochener Weise kulturell geprägte Bilder, aber auch individuelle Urlaubserfahrungen.

Die Zielbestimmung bleibt global, solange wir nur bestimmen, was wir bemängeln oder vermeiden wollen, solange wir bei Negationen stehen bleiben (etwas ‚anderes sehen', ‚anderes tun' – ‚nicht nach Sylt'). Die Negation weist nur einen Sachverhalt zurück, lässt aber viele andere Möglichkeiten zu. Notwendig ist aber eine positive Bestimmung, die festhält, was wir anstreben.

Die Zielklärung verlangt Entscheidungen, die zu einer Differenzierung führen. Was anfangs diffus oder global war, muss in ein Gefüge von Zielkomponenten einmünden. Was wollen wir im Urlaub hauptsächlich unternehmen? Welche sportlichen Tätigkeiten sind geeignet? Wo wollen wir den Urlaub verbringen? In welcher Gegend? Wie gewichten wir Reiseberichte in der Presse oder von Bekannten? Wie sind die Angebote von Reiseveranstaltern einzuschätzen? Wie kann die Finanzierung gesichert werden? Wären die Fragen nicht durch die beabsichtigte Handlung miteinander verbunden, ließen sich Schritt für Schritt Antworten als Zielkomponenten oder Unterziele erarbeiten. Das ist aber leider nicht immer der Fall.

Intentionen und Interessen treten selten allein auf. Was ist dann zu tun? Sind die Interessen unabhängig voneinander, dann lassen sie sich leicht zu einem gegliederten Gesamtkonzept zusammenfügen (das angestrebte Radfahren lässt sich mit dem Wandern vereinbaren). Unproblematisch ist auch der Fall, wenn die Intentionen untereinander abhängig sind, also eine in der anderen enthalten ist (wollen wir etwa ein Luxushotel buchen, dann ist sicher auch gewährleistet, jederzeit angenehme Raumtemperaturen im Hotel zu haben – die umfassendere Intention stützt die Teilintention. Zwischen diesen Extremfällen (Unabhängigkeit, Abhängigkeit) liegen die konflikthaltigen Fälle: Intentionen stehen in Konkurrenz zu anderen; die beiden genannten lassen sich nicht zugleich ohne Abstriche verfolgen (einerseits wollen wir in einem ‚guten' Hotel übernachten, aber andererseits auch den finanziellen Rahmen nicht zu sehr ausweiten). Erreichen wir die eine Intention (den Geldbeutel schonen), dann verfehlen wir die andere (ein ‚gutes' Hotel); die Einlösung einer Komponente ist mit einer Verschlechterung der anderen verbunden. In solchen Fällen ist es notwendig, Kompromisse zu schließen oder eine Rangordnung aufzustellen, die angibt, welche der Intentionen bevorzugt werden soll. Das setzt erneut Entscheidungen voraus, eventuell sogar Entscheidungen über Maßstäbe, nach denen zu entscheiden ist.

10.1.2 Zur Zielbestimmung angesichts der Mittel

Zielbestimmungen sollten sich nicht darin erschöpfen, bloße Wünsche zu artikulieren – etwa in tiefer Kluft zu den ‚widrigen Umständen'. Durchführbare Zielbestimmungen nehmen die Umstände, die äußeren Bedingungen, die verfügbaren Handlungselemente in ihre Erwägungen auf, also etwa zeitliche und finanzielle Bedingungen. Die Mittel (und Materialien) enthalten aber auch Anregungen, wenn wir in der Lage sind, einförmig fixierte Sichten auf Beschaffenheiten aufzubrechen; wenn wir in den Mitteln ein Repertoire von Verwendungsweisen repräsentiert sehen; wenn wir sie als anzeigende Darstellungen deuten. Durch solches Vorgehen entsteht eine mittelnahe Zielbestimmung. Sie verliert von Anfang an die Mittel der Realisierung nicht aus den Augen und nimmt die Mittel gelegentlich als Anstoß, sie umzudeuten, sodass neue Einsatzmöglichkeiten offensichtlich werden.

Dass Handeln primär durch Handeln angeregt wird, ist schon mehrfach betont worden. Insbesondere wenn wir die Folgen der Zwischen- und Endresultate wahrnehmen und einzuschätzen suchen, entwickeln sich aus den bemerkten Unzulänglichkeiten und begünstigenden Umständen Impulse, neue oder modifizierte Zielbestimmungen vorzunehmen. Das schließt neben dem Revidieren auch ein, Handlungen aufzugeben. Ein solches Handeln ist keine Verwirklichung innerlich vorfixierter Ziele, sondern erwächst aus der handelnden Auseinandersetzung mit dem, was uns als widrig, bedrängend, belastend begegnet.

Bei diesem Vorgehen besteht zwischen Zielbestimmung und Mittelwahl ein produktives Wechselverhältnis: Entscheidungen über Mittel konkretisieren die Zielbestimmung, und die Mittel regen zu Zielreflexionen an. Mittel sind in diesem Verständnis nicht neutral. Erst durch eine handlungs- und mittelfremde Zielbestimmung werden Mittel auf Distanz gehalten, sodass sie schließlich den Zielen fremd gegenüberstehen. Erst ‚einsame‘ Entscheidungen über Ziele ziehen den puren Mitteleinsatz nach sich.

Mit der mittelnahen Zielklärung geht in der Regel in unauffälliger Weise und eher beiläufig eine andere Klärung einher: die genauere Sicht auf das ‚Andere‘, das Entgegengesetzte, auf die äußere Ausgangslage. Zwischen der Ausgangslage (z. B. dem Zustand vor der Reise) und dem Ziel (z. B. dem angestrebten Zustand) eröffnet sich jene Diskrepanz, die durch Planung überbrückt werden soll (vgl. Abb. [10]-1).

10.1.3 Zur Zielbestimmung mit der Ausführung

Dieses Vorgehen ist schon im Zusammenhang mit dem Problemlösen erläutert worden. Es bietet sich an, wenn neue Problemsichten erarbeitet werden, die ein innovationsreiches weiteres Vorgehen nach sich ziehen. Zielklärung, Planung und Ausführung sind kleinschrittig und dialogartig aufeinander bezogen und haben insgesamt einen experimentellen Charakter. Zielkonkretisierung und Werk fallen weitgehend zusammen. Deutlich tritt ein solches Vorgehen etwa beim künstlerischen Gestalten oder bei technischen Erfindungsprozessen zutage. Noch unbestimmte Zielimpulse regen die ersten Schritte an, bestimmen jedoch noch nicht das Werk. Was dann folgt, sind ‚tastende‘ Versuche in verschiedene Richtungen, sind Wagnisse und gezieltere Experimente mit einem zunächst offenen Ende.

10.1.4 Zur Auswahl von Zielen

Entscheidungen über Zielkomponenten oder Unterziele sind in den vorausgegangenen Formen enthalten (Soll der Urlaubsort mit der Bahn oder mit dem Auto erreicht werden?). Ohne bewusstes Entscheiden, gegebenenfalls nach explizit vereinbarten Maßstäben, kann kein überschaubares und leitendes Gefüge von Zielkomponenten oder Unterzielen erstellt werden. Bleibt die Zielklärung wie so oft unbestimmt, verlagern sich die Entscheidungen in die Phase der Planung und der Ausführung. Was in aktuellen Entscheidungen zurückgestellt wird, ist als Möglichkeit weiterhin verfügbar, steht also dann, wenn zu revidieren ist, wiederum für die Auswahl bereit.

Das geläufige Handeln enthält bereits klar umrissene Intentionen. Zu entscheiden ist dann lediglich, was in der gegenwärtigen Situation angemessen zu tun ist. Der Handlungs- und Zeitdruck erzwingt eine Auswahl. Nur wenn eine Intention in der Situation ohnehin dominiert, erübrigt es sich, Entscheidungen zu treffen. Geläufiges Handeln erfordert also keine Planung, ist jedoch als Teilmittel beim Planen unverzichtbar.

10.1.5 Hintergrund der Zielklärung

Vor jeder aktuellen Zielklärung wirken schon offen oder verdeckt emotional gefärbte Intentionen oder vage Bestrebungen ausrichtend. Das hat Gründe. Was wir im sozialen Zusammenhang erlebt und erfasst haben, ‚speichern' wir nicht nur in distanzierter Weise. Was wir festhalten, enthält auch, wie wir uns zum Erlebten gestellt haben. Insgesamt erwachsen daraus Einstellungen, Haltungen. Die Vorerfahrungen, die sich bei uns ‚Lage um Lage' abgesetzt haben, stützen auch unsere Vorstellungen, wie Zukünftiges sein sollte. Intentionen oder Interessen haben also ihre individuellen und typischen Vorgeschichten, die den Hintergrund bilden für aktuelle Zielklärungen.

Mit der Zielklärung erhalten unsere Wertvorstellungen eine Gelegenheit, aus ihrer eigenen Sphäre herauszutreten. Dadurch werden sie überhaupt erst wirksam; sie richten Verwirklichungen aus. Damit verbunden ist eine zweite Seite. Die Problemsituation lässt sich, falls wir sie hinreichend erkundet haben, nicht immer, aber manchmal verändern – nicht ‚einfach so', nicht willkürlich, aber ziel- und wertorientiert.

Die Zielklärung, wie weitläufig oder prägnant kurz sie im Einzelnen ausfällt, leistet einen ersten Brückenschlag: zwischen den Wünschen und gewachsenen Haltungen sowie den bestehenden Sachverhalten und Mitteln der aktuellen Situation. Sie ist schon der erste Schritt, eine Aufgabe zu bewältigen, ein Problem zu lösen. Zielklärungen haben ihre unauffälligen Fortführungen. Sie bestehen darin, dass der anschließende Mitteleinsatz unter anderem bewirkt, die Zielbestimmungen im Einzelnen auszulegen; der zielorientierte Mitteleinsatz konkretisiert die vorangegangenen Zielbestimmungen.

10.2 Vorgehen beim Planen

Der gelungene Plan hat einen Weg vom Ausgangs- zum Zielzustand aufzuweisen. Drei Arten des methodischen Vorgehens bieten sich dabei an, solche Wege zu konzipieren: Die Planung von unten, die Planung von oben und eine Kombination der beiden Vorgehensweisen (Gefügebildung). Die Planung von unten setzt beim äußeren Ausgangszustand ein und schafft günstige Bedingungen für weitere Planungsschritte in Richtung auf das Ziel. Die Planung von oben beginnt beim Ziel und beabsichtigt, günstige Unterziele zu bestimmen, die dem Ausgangszustand näher liegen. Diese beiden Vorgehensweisen stellen die reinen Fälle dar. Die praktischen Planungsverläufe nehmen meistens Züge beider Vorgehensweisen auf.

Nimmt man die Ausführung der Planung vergleichsweise in den Blick, so fällt auf, dass die Ausführung nicht so variabel ist. Sie muss der praktischen Ordnung folgen und deshalb immer beim Ausgangszustand beginnen. Es liegt folglich nahe, die Planung von unten als Vorwärtsplanen zu bezeichnen, die Planung vom Ziel her als Rückwärtsplanen.

Wie klein- oder großschrittig zu planen ist, lässt sich selten allgemein festlegen. Sicher ist lediglich: Großschrittiges, kursorisches Planen ist eher fähig, auf situative Veränderungen einzugehen. Es erfordert jedoch differenzierende Nachträge im Planen. Insbesondere müssen die in der groben Planung vernachlässigten äußeren Bedingungen verstärkt einbezogen werden. Kleinschrittiges, minutiöses Planen erspart solche Nachträge, erzwingt bei situativen Veränderungen jedoch Umplanungen, meistens angelegt als Kombination von Vorwärts- und Rückwärtsplanen.

10.2.1 Planung von oben

Eine Planung von oben setzt beim Ziel ein und bemüht sich um die jeweils vorausgegangenen Handlungsschritte: Wollen wir essen, so müssen wir kochen, damit wir dies können, müssen wir einkaufen, damit ... (vgl. Abb. [10]-1). Für die Urlaubsplanung heißt das, dass die Planung bei der bekannten Zielvorstellung oder bei einem Unterziel in der Nähe des Gesamtziels beginnt: Wie gelangen wir zum Urlaubsort? Wie transportieren wir die Kleidung und die übrigen Utensilien? Haben wir uns entschieden, mit der Bahn zu reisen, müssen wir uns zurückschreitend um den Transport des Gepäcks bemühen. Zunächst stellt der Transport lediglich ein Unterziel dar. Als nächster Schritt ist zu erwägen, durch welchen Handlungsschritt dieses Unterziel zu erreichen ist (vgl. Abb. [10]-2). Jeder Handlungsschritt hat seine Voraussetzungen. Wie diese erfüllt werden, ist Inhalt des folgenden Planungsschrittes. Wir schreiten also von geplanten Leistungen zu den dazu notwendigen Vorleistungen zurück.

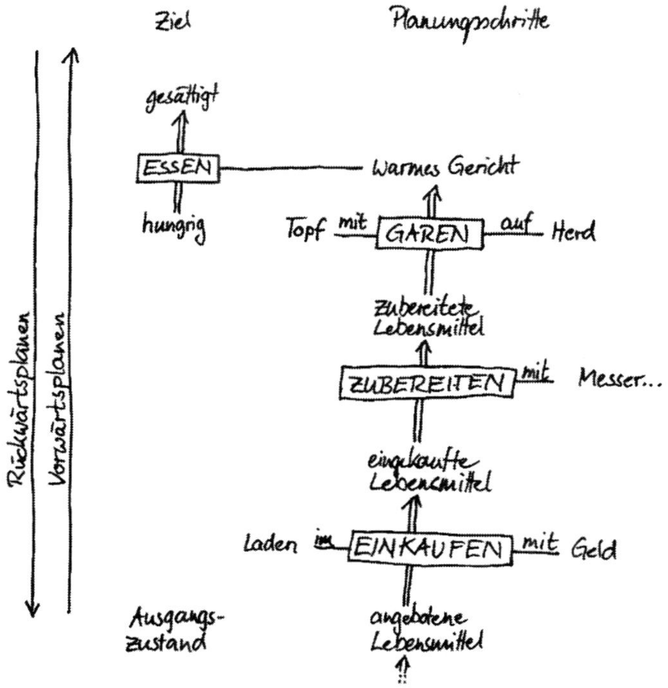

Abb. [10]-1: Rückwärtsplanen: von den Leistungen zu den Vorleistungen zurückgehen; Vorwärtsplanung: von den Vorleistungen in Schritten die angestrebte Leistung planend aufbauen.

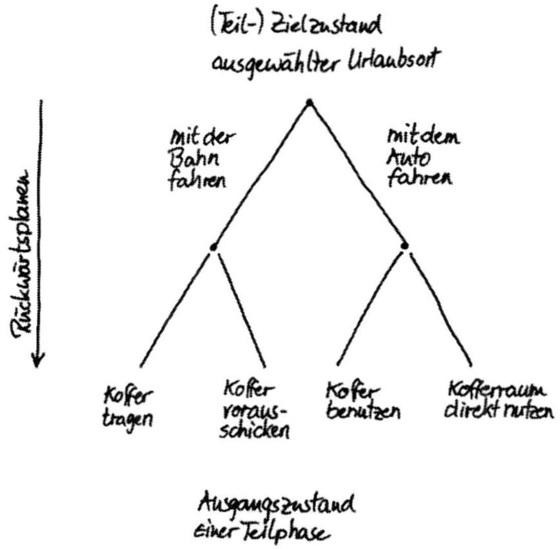

Abb. [10]-2: Planen von oben: Aus den möglichen Handlungen ist eine auszuwählen. Schließen sich die Möglichkeiten nicht gegenseitig aus, ist noch ein Planungsspielraum gegeben.

10.2.2 Planung von unten

Eine Planung von unten beginnt ebenfalls beim Bekannten, beim Ausgangszustand, (vgl. Abb. [10]-1) und versucht, durch vorgestellte Handlungsschritte Unterziele zu entwerfen, die nahe beim Ausgangszustand liegen und auf das Gesamtziel gerichtet sind. Wollen wir beispielsweise etwas essen, so orientieren wir uns. Wir schauen, was die Vorräte bieten und schreiten von hier aus voran. Für die Urlaubsplanung heißt das: Welche Kleidungsstücke werden gebraucht? Wie sollen sie verpackt werden? ... Bei der Planung von unten gehen wir primär von Handlungselementen aus. Von ihnen lassen wir uns anregen und entwerfen Handlungsschritte, die uns dem Gesamtziel näherbringen.

10.2.3 Gefügebildung

Ein zusammenhängendes vorgestelltes Handlungsgefüge entsteht, wenn sich die rückwärts und vorwärts erstellten Planungspassagen verbinden lassen. Damit ist ein Übergang zwischen den bekannten Zuständen (Ziel, Ausgangszustand) aufgebaut.

Planung von oben als Entwicklung eines vorgestellten Handlungsablaufs bedarf einer breit angelegten Handlungserfahrung. Die innere Konstruktion der praktischen Ordnung gelingt nur, wenn ein kognitives Repertoire von Handlungsweisen verfügbar ist und wenn Handlungsgerüste einsetzbar sind, die situationsbezogen ausbaubar und variierbar sind. Die Planung erstmaligen Handelns würde Problemlösen auf der Basis von Vorstellungen erfordern. Das führt in der Regel schnell dazu, dass wir überfordert sind, wenn wir nicht auf das äußere Probieren zurückgreifen können. Die reine Planung von oben gelingt eher, wenn das erstmalige, zweitmalige ... Handeln schon bewerkstelligt ist oder wenn sich die Erstmaligkeit auf enge Teilphasen beschränkt, sodass wir uns im Übrigen auf das geläufige und gewohnte Handeln stützen können.

10.3 Planung überprüfen durch Ausführung

Mit der Planung allein werden im Allgemeinen nicht alle Einzelaufgaben des Handelns bewerkstelligt. Die Planung bietet oft nur ein Handlungsgerüst, das beim Ausführen im Detail noch auszubauen ist. Manche Schwierigkeiten zeigen sich aber auch erst in der Ausführung. Die Ausführung ist deshalb niemals nur ein gedankenloser Vollzug der Planung. Sie bedarf der Handlungssteuerung und gelegentlich der Umplanung.

Alle Planungsschritte enthalten mehr oder weniger erfahrungsgestützte Erwartungen. Sie schließen also ein hypothetisches Moment ein. Daraus resultiert ein gewisses Maß an Unsicherheit, ob sich die Planung realisieren lässt. Unter diesem Gesichtspunkt fungiert die Ausführung als eine Phase, die es ermöglicht, die Planung zu überprüfen, und die es ferner ermöglicht, Planungsfähigkeiten zu testen.

10.4 Komplexe Planungsprozesse – ein Ausblick

Schwieriger gestalten sich Planungsprozesse, wenn beispielsweise Verkehrsprojekte, Stadtteilentwicklungen oder Steuergesetze zu planen sind. In solchen Fällen liegen komplexe Handlungssituationen vor. Sehr viele Bestände oder Beschaffenheiten sind zu berücksichtigen, aber auch sehr viele unterschiedliche Bestandsarten. Ferner gibt es in solchen Situationen einen hohen Grad an Vernetzung dieser Bestände. Beispielsweise gibt es Beziehungen zwischen Straßenverhältnissen und Gewerbeansiedlungen, zwischen Ausbildungsniveau und Firmenansiedlungen usw. Die planungsrelevanten Bestände bilden in der Regel ein Beziehungsgefüge mit mehr oder weniger stark ausgeprägten Kohärenzen.

Mangelnde Transparenz liegt vor, wenn die Handlungssituation noch Unbestimmtheiten enthält, die sich nicht ohne Weiteres beseitigen lassen. Manches, was für die Planung bedeutsam ist, bleibt verdeckt. So ist z. B. nur schwer einzuschätzen, wie sich angesichts von Straßenbaumaßnahmen die Grundstückseigentümer verhalten. Wie verändern sie ihre Einstellung mit den angebotenen Kaufpreisen?

Durch Veränderungen innerhalb des Planungszeitraumes kommt es zu weiteren Schwierigkeiten: Was gestern noch unproblematisch war, kann heute problemhaltig sein; die Situation erweist sich als dynamisch. Wie lassen sich solche Entwicklungsrichtungen erfassen?

Handlungssituationen, die komplex und vernetzt sind und bei einem bestimmten Maß an Dynamik auch noch mangelnde Transparenz aufweisen, überfordern schnell den Planer. Da die komplexen Planungsprozesse nicht mehr zur eigentlichen Thematik dieser Schrift gehören, genügt es, allein auf die Schwierigkeiten einer solchen Planung aufmerksam zu machen: Die Komplikationen steigern sich, wenn die Zielklärung unter dem Druck aktueller Probleme nicht genügend weit getrieben wird, sodass verdeckte Intentionen wirksam bleiben oder konkurrierende Zielkomponenten nicht hinreichend deutlich erfasst werden. Sie weiten sich aus, wenn in der Phase des Informierens zu wenig, zu viel oder zu einseitig Informationen gesammelt werden. Zu viel Informationen können den Überblick trüben und so Entscheidungsprozesse behindern. Zu wenig oder einseitig ausgewählte Informationen führen gelegentlich dazu, dass der Planung vereinfachte Vorstellungen zugrunde gelegt werden. Das situative Beziehungsgefüge wird auf eine einfache Struktur, einen linearen Zusammenhang beispielsweise vereinfacht (Umgehungsstraßen sind erleichternd für die Bewohnerinnen und Bewohner eines Stadtteils, Stauverlagerungen sind ‚nicht nachweisbar'). Solche Auffassungen sind handlungserleichternd, bergen jedoch die Gefahr in sich, zu schnell neue Probleme zu schaffen.

Die Vernetzung verbietet ein Schritt-für-Schritt-Planen. Wegen der wechselseitigen Beeinflussung im Beziehungsgefüge ist damit zu rechnen, dass sich Einzelschritte auf das Umfeld im situativen Gefüge auswirken. Für den folgenden Schritt liegen dann oft andere Bedingungen als erwartet vor. Beim Entwerfen ist also zu beachten, dass nicht nur die aktuell drückenden Teilprobleme bearbeitet werden. Es ist zu erkunden, welche Auswirkungen durch die Wechselwirkung wahrscheinlich sind, damit sie im Entwerfen schon berücksichtigt werden können.

Beim näheren Ausbau der Planungen dürfen die zeitlichen und örtlichen äußeren Bedingungen nicht außer Acht gelassen werden. Diese Bedingungen sind die letzten Konkretisierungsschritte der Ziele im Planungsprozess. Erst jetzt ist zu prüfen, in welchem Maße die Zielklärung in die Planung eingegangen ist. Um Korrekturen zu entwickeln, ist es erforderlich, die Folgen der Planung vorauszusehen. Da solche Planungen notwendig Ungewissheiten enthalten, ist immer nur ein Einschätzen möglich.

11 Schritte zur Verselbstständigung des Planens

11.1 Vorausgehendes und aktuelles Handeln – vom Bestand zum Auf- und Ausbau

Das Handeln erweitern ist kein linear verlaufender Prozess vom Probieren zum Planen als gedanklicher Vorwegnahme, kein direkter Übergang vom äußerlichen Nachahmen zum inneren Planen als dem, was eigentlich erreicht werden sollte.

Erweiterung und Differenzierung des Handelns gelingen, wenn eine gesicherte Basis vorhanden ist. Probieren, Nachahmen, handlungsnahes Problemlösen und Planen setzen geläufiges und gewohntes Handeln voraus. Die erweiternden, innovativen Momente, so begrenzt und unauffällig sie auch sein mögen, lassen sich nur bewältigen, wenn es einen gesicherten Bestand an gekonnten Handlungsweisen gibt.

Handeln erweitern hat, wie zuletzt schon angedeutet, aber noch eine zweite Seite – eine unsichere, ungewisse. Sie veranlasst beispielsweise dazu, zu probieren, und das schließt Ideenfindung im Kleinen ein. Selbst das Nachahmen ist kein besinnungsloser Nachvollzug, sondern erfordert auch eigenständiges Probieren.

Beim handlungsnahen Problemlösen treten die beiden Seiten schon deutlicher hervor. Das verfügbare äußere Material und das geläufige und gewohnte Handeln fungieren als Mittel. Aber das genügt nicht, wo eine Problemlösung ein innovatives Vorgehen erfordert, ein neues Variieren, neue Gefügebildung. Und auch darin zeigen sich, gleichsam auf einer zweiten Ebene, wiederum zwei Seiten: Das kreative Moment zeigt sich im neuen Variieren, im neuen Fügen; das gesichertere Moment tritt in der Grundform (die neu variiert wird) und in den Beständen (die neu gefügt werden) zutage.

Das Planen als gedankliches Vorwegnehmen, das Problemlösen auf der Ebene des Konzipierens und inneren Entwerfens – solche Leistungen haben ihre Vorleistungen: das Probieren, das Nachahmen, das handlungsnahe Problemlösen. Hier werden jene Handlungsweisen erarbeitet, die beim Planen als Vorstellen aufgenommen werden.

Sei es Planen oder Nachahmen, keine der genannten Formen der Handlungserweiterung ist separat zu lernen. Sie hängen zusammen, und jede Form hat ihre Vorformen, allerdings nicht so gradlinig, dass es mit dem äußeren Tun anfängt und beim gedanklichen Planen endet.

11.2 Anfängliche Formen des Planens – unauffällig, oft unbemerkt

Beim Nachahmen sind die gelegentlich notwendigen Phasen des Probierens integriert, sie bleiben deshalb unauffällig. Aber auch im Probieren sind konzipierende und produktive Akte so verschränkt, dass sie oft unbemerkt bleiben.

Das spezifische Problem beim Handeln mit gegenständlichem Material ist ein gezieltes und handlungsnahes Suchen, wie etwas ‚gehen kann'. Gelegentlich zeichnen sich bei diesem Vorgehen Kleinphasen inneren Probierens, also des Planens ab, die ebenfalls zunächst nicht direkt zugänglich sind. Das ist etwa der Fall, wenn nach neuen, noch nicht verfügbaren Materialien gesucht wird, um die Probiermöglichkeiten zu erweitern. Sind solche Materialien nicht sofort auffindbar, hilft unter Umständen ein gegenständlicher Vertreter oder eine gestische Handbewegung. Ihnen kommt in unauffälliger Weise Zeichencharakter zu. Der Vertreter dient dazu, anzudeuten, was noch nicht verfügbar ist. Der Griff zum Stellvertreter erzwingt im weiteren Verlauf ein fortgesetztes inneres Probieren, jetzt jedoch zeichengestützt. Die Kleindarstellung ist noch äußerst mittel- und handlungsnahe. Sie unterscheidet sich nur wenig vom sonstigen probierenden Handeln.

Die Kleinphasen und Übergänge zum inneren Probieren, zum Planen im Kleinen und die Übergänge zur Kleindarstellung als Hilfe sind zunächst unauffällig. Anfängliches Planen zeigt sich noch nicht isoliert, sondern ist in direkt veränderndes Handeln, in Prozesse des Nachahmens, Probierens und handlungsnahen Problemlösens eingebunden und deshalb nicht leicht zu erkennen. Wegen dieser engen Verbindung zum Handeln und der dabei dominierenden Gegenständlichkeit der Materialien bleiben die Anfänge des Planens, die Vorformen, oft unbeachtet.

Wird das separate Planen voreilig und aus der Könnerperspektive (z. B. der Erwachsenen) als eigentlich relevanter Modellfall genommen, dann erscheinen das erstmalige Nachahmen, das Probieren, das handlungsnahe Problemlösen, das Planen im engen Wechselverhältnis mit dem Ausführen, als defizitär. Im äußersten Fall resultiert daraus eine Missdeutung, wenn etwa alle Vorleistungen zum Planen als simples Hantieren, als bloß manuelle Betätigung aufgefasst werden. Planen benötigt außersprachliches Handlungswissen und sprachlich gefasstes Wissen. Es stammt aus den genannten Vorformen und dem dazugehörenden Sprechhandeln.

11.3 Planen zieht Ausführen nach sich und Verselbstständigung erfordert Koordination

Jede Kleinphase des eingebetteten Planens im Zusammenhang von Nachahmen, Probieren und Problemlösen zieht entsprechende Kleinphasen des Ausführens nach sich. Mit fortschreitender Eigenständigkeit von Planungsphasen zeichnen sich auch deutlicher die Phasen ab, in denen ausgeführt wird. In dem Maße, wie sich solche Phasen verselbstständigen, müssen auch die Verbindungen zwischen Planen und Ausführen bewusster geknüpft werden. Es muss ausdrücklich koordiniert, also ein wechselseitiger Bezug eingerichtet werden. Die Ausführung muss planungsgerecht und die Planung ausführungsgerecht erfolgen.

Die Anfänge des Planens sind handlungsnah; planende und ausführende Schritte sind eng verwoben. Etwas anders gewendet heißt das, dass planende Schritte in verzögerten, ausführenden Schritten angeregt und erwogen werden, und ausführende Schritte fungieren probierend als Planungsschritte. Die allmähliche Verselbstständigung von Planen und Ausführen im Entwicklungsprozess hat Vorzüge, insbesondere kann in der Planungsphase noch leicht revidiert werden. Dafür ist jedoch, als Gegenleistung, die gezielte Koordinierung der auseinandergetretenen Phasen von Planen und Ausführen zu erbringen.

12 Interaktion – Motorik und Sensorik, Handeln und Wahrnehmung

An dieser Stelle sollen einige Stadien in der Entwicklung des Zusammenspiels von Bewegung und Wahrnehmung modellhaft herausgestellt werden, und zwar unter dem Blickwinkel, was dieses Zusammenspiel hinsichtlich von Befragen, Sondieren, Erkunden und Handeln später ermöglicht. Die anthropologische Bedeutung der leiblichen Bewegung von Kleinkindern und die ersten Entwicklungsstadien sollen hier nicht erörtert werden. Auch Einzelfragen können nicht verfolgt werden: Wie kommt es dazu, dass ein Schwall von Bewegungen gegliedert wird? Wie grenzen sich elementare Bewegungsformen ab? Wie werden abgegrenzte Formen zusammenfügbar?

Das Zusammenspiel von Bewegung und Wahrnehmung erschließt den Aufbau von Handlungsweisen und ermöglicht die ersten Schritte, ein Welt- und Selbstverständnis aufzubauen. Damit ist auf die längerfristige Entwicklung verwiesen. Wie beginnt aber ein solcher Prozess? Ohne Einzelheiten zu benennen, lässt sich festhalten: Ehe es zu diesem Zusammenwirken kommt, vermitteln die noch unkoordinierten Bewegungen und Wahrnehmungen allenfalls einen Fluss veränderlicher Erscheinungen, einen Fluss von gelegentlich sich wiederholenden Erscheinungen, ohne zwischen sich selbst und einer äußeren Umgebung zu unterscheiden. Die Gliederung in zwei Bereiche, hier der eigene Leib, dort die leblosen Dinge, ist Resultat eines längeren, verzweigten Entwicklungsprozesses. Einige Phasen dieses Prozesses sollen im Folgenden aufgegriffen werden.[13]

12.1 Verknüpfungen von Bewegen und Wahrnehmen

Bewegungen für sich genommen sind hinsichtlich Bemerken, Erkunden und Handeln blind und bedeutungslos. Das Gleiche gilt für verstreute Wahrnehmungsakte. Gelingt es jedoch, Bewegung und Wahrnehmungsakte in Beziehung zu setzen, wird eine bedeutsame und entwicklungsfähige Einheit von Aktion und ihren Folgen, von Bewirken und Zurückwirken, von Bewegen und Erleiden (oder Erleben) geschaffen. Diese gegliederte Einheit enthält ansatzweise Eigenheiten eines Dialogs.

Bewegungen allein bilden nur den ‚Auftakt'. Verletzt sich beispielsweise ein Kind an einer Spitze oder Schneide, dann ist damit noch nichts erfahren. Erst die Verknüpfung dieser Aktion mit den erlebten Folgen, mit der Wahrnehmung des Schmerzes, führt dazu und veranlasst gelegentlich sofort oder verzögert weitere Aktionen.[14]

Damit es zu einem Zusammenspiel von Bewirken und Erleben im vorsprachlichen Alter kommt, darf die Aktion nicht mehr unter dem Zwang von Reizen stehen. Die Kopplung von Reiz und Reaktion muss schon aufgebrochen sein.

Vorausgehend und grundlegend ist auch das Ausdruckserleben. Wahrnehmungen lassen primär etwas heiter oder düster, erregend oder besänftigend, verlockend oder drohend erscheinen und legen so Ausdrucksbewegungen nahe. Das Ausdruckserleben bildet den Untergrund für spätere Wahrnehmungsformen, bei denen es schon deutlicher um eine Abfolge von Laut-leise-Verhältnissen, um ein Nebeneinander von Hell-dunkel-Beziehungen geht. Aber verdrängt wird das Ausdruckserleben dadurch nicht, allenfalls überlagert.

Damit es zu einem Ineinandergreifen von Motorik und Sensorik jenseits der Stufe des Ausdrucks kommt, ist es notwendig, dass die Bewegung tatsächlich ausgeführt

[13] Was hier dargestellt wird, geht in den Grundgedanken auf John Dewey und Susanne K. Langer zurück. Auch Arnold Gehlen hat hier für seine Anthropologie entscheidende Anregungen erfahren und sie konsequent weiterentwickelt. Wenn hier Teilresultate der Analyse von Gehlen aufgenommen werden, so ist damit keine Anerkennung der Ausgangsposition Gehlens verbunden. Eine gezielte Kritik dieser Position hat Heinrich Popitz vorgelegt in der Schrift „Technisches Handeln mit der Hand – Zur Anthropologie der Werkzeugtechnik", in: Popitz 1989, S. 40–73.

[14] John Dewey kennzeichnet dieses Zusammenwirken in treffenden Worten: „Die aktive Seite der Erfahrung ist Ausprobieren, Versuch – man macht Erfahrungen. Die passive Seite ist ein Erleiden, ein Hinnehmen. Wenn wir etwas erfahren, so wirken wir auf dieses Etwas zugleich ein, so tun wir etwas damit, um dann die Folgen unseres Tuns zu erleiden. Wir wirken auf den Gegenstand ein, und der Gegenstand wirkt auf uns zurück […]. Je enger diese beiden Seiten der Erfahrung miteinander verflochten sind, um so größer ist ihr Wert. Bloße Betätigung stellt noch keine Erfahrung dar […]. Erfahrung als Probieren umfasst zugleich Veränderung – Veränderung aber ist bedeutungsloser Übergang, wenn sie nicht bewusst in Beziehung gebracht wird mit der Welle von Rückwirkungen, die von ihr ausgehen. Wenn eine Betätigung hineinverfolgt wird in ihre Folgen, wenn die durch unser Handeln hervorgebrachte Veränderung zurückwirkt auf uns selbst und in uns eine Veränderung bewirkt, dann gewinnt die bloße Abänderung Sinn und Bedeutung; dann lernen wir etwas." (Hervorhebung im Original; Dewey 1993, S. 186–187)

wird und so auch die Wechselfälle geschaffen werden, die Wahrnehmung provozieren. Voraussetzung ist die Bewegung und damit auch jemand, der sich bewegt. Das heißt aber nicht (wie schon bemerkt), dass anfänglich schon ein Akteur als bewusstes Selbst im Kontrast zum ‚äußeren Gegenüber', zum Gegenstand, gegeben sein müsste.

12.2 Bewegen und Spüren

In Abbildung [12]-1 ist ein spezifischer Verbund von Bewegung und Wahrnehmung dargestellt. Das Strecken der Hand ist der ‚Auftakt', der mit Wahrnehmungen verknüpft ist: Über die Haut und die Muskeln lässt sich die Bewegung spüren und gleichzeitig sehen. Damit es zu einer Bewegungssteuerung kommen kann, müssen Bewegung und Wahrnehmung stärker koordiniert werden. Der Bezug von Aktion und Folgen muss enger geknüpft werden (vgl. Abb. [12]-3). Nach erfolgter Koordination des Ablaufs gelingt es beispielsweise, mit dem Blick des gerichteten Auges der Hand zu folgen; auch die Umkehrung gelingt: mit der Hand dem Blickverlauf nachgehen (vgl. Abb. [12]-3).

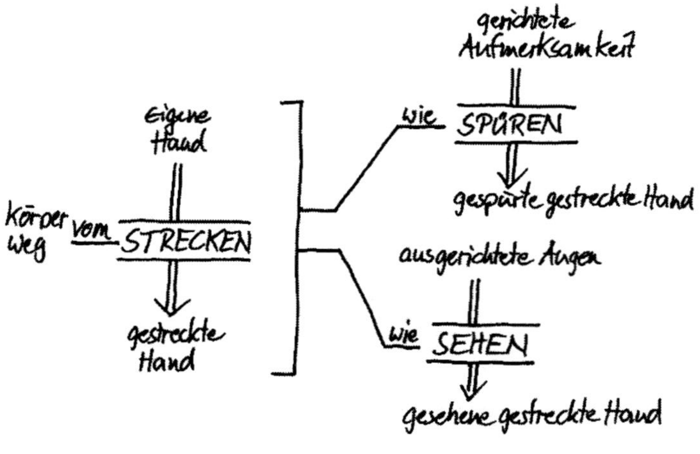

Abb. [12]-1: Spüren und sehen, wie sich die Hand streckt. Die Wahrnehmung der Bewegung bezieht sich auf den gesamten Bewegungsablauf. Die Klammer soll diesen Umstand verdeutlichen. Das Strecken als Bewegung ist durch einen offenen Kasten gekennzeichnet. Diese Form ermöglicht es, die Bewegung vom Handlungsschema zu unterscheiden.

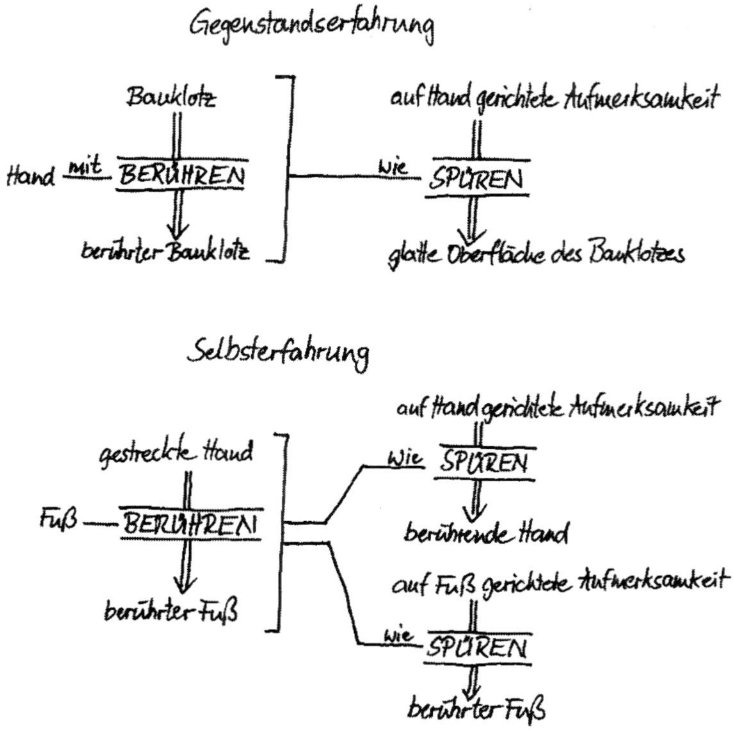

Abb. [12]-2: Anfängliche Gegenstands- und Selbsterfahrung unterscheiden sich grundlegend. Beim Berühren von Gegenständen spüren wir deren Eigenheiten; beim Berühren des eigenen Körpers kommt eine Doppelung zustande. Wir spüren die berührte Leibstelle und die berührende Hand.

12.3 Selbstberührung und Miterleben

In Abbildung [12]-2 sind Fremd- und Selbstberührung gegenübergestellt. Die Bewegungen unterscheiden sich nur geringfügig, zum einen das Berühren des Bauklotzes, zum anderen das Berühren des eigenen Fußes. Die damit verbundenen Wahrnehmungsakte weisen hingegen grundlegende Unterschiede auf: Berührt das Kind den Bauklotz, spürt es beispielsweise, dass die Oberfläche glatt ist; berührt es eine andere Person, etwa die Mutter, spürt es die Wärme der Haut; berührt es hingegen sich selbst, spürt es die Berührung zweifach: Es spürt die eigene Hand und den Fuß. Diese zweifache Auswirkung zeichnet die Selbstberührung gegenüber der Fremd- oder Gegenstandsberührung aus.

Wie Kinder im vorsprachlichen Alter sich von anderen und von den sie umgebenden Gegenständen unterscheiden, wie sie ihr Selbst von der Außenwelt abheben, geht auf einen verzweigten Prozess mit vielen Unsicherheiten zurück und ist mit solchen Einzelverweisen nicht klärbar. Sicher aber ist in diesem schrittreichen Ablöseprozess die Doppelung des Spürens beim Selbstberühren eine entscheidende Komponente.

Wie kommt es vor allen sprachlichen Formulierungen, dass Kinder das Konzept eines beständigen Gegenstandes entwickeln? Kinder im vorsprachlichen Alter sind außergewöhnlich hilfebedürftig und auf Herausforderndes angewiesen. Das erfordert einen starken sozialen Zusammenhalt – ohne Mitmenschen, ohne gemeinschaftliches Leben keine Entwicklung. Den sozialen Kontakten kommt deshalb eine grundlegende Bedeutung zu. So erstaunt es auch nicht, dass Erfahrungen mit anderen und die Selbsterfahrung (einsetzend etwa auch mit der Selbstberührung) eine zentrale Rolle spielen, wenn es um die Gegenstandsvorstellung geht. Im sozialen Felde beginnt am deutlichsten eine variable Beziehungsstiftung (berühren, streicheln, schlagen, fangen …), das heißt eine soziale Interaktion. Hier beginnt die Verknüpfung von Bewegung und Erleben und findet ihre Fortführung beim unbelebten ‚Gegenüber'. Der Versuch, Schritte der variabel gewordenen sozialen Interaktion auf das Unbelebte zu übertragen, rückt auch ein aktives Moment dieses Unbelebten ins Zentrum – das ‚Gegenüber' ‚will nicht', es ‚hindert', es ‚widersteht'. Was so erlebt wird, fordert heraus, die Koordination von Bewegen und Wahrnehmen (zu etablieren oder) zu intensivieren und so die Steuerung der Bewegung besser bewerkstelligen zu können. Das schließt auch die bedeutsame Koordination von Hand und Auge bis zur Ausbildung eines dialogartigen Kreisprozesses ein (vgl. Abb. [12]-3 mit Abb. [12]-5).

In Abbildung [12]-4 ist (im oberen Teil) ein Verbund von Drücken und Spüren dargestellt, der die Nähe zum Interaktionsverhältnis verdeutlicht: Eine elastische Kugel oder ein Ball wird gedrückt und dann losgelassen. Zu spüren (oder zu sehen) ist dabei, wie der Ball abgeflacht wird und diese Veränderung wieder zurückgeht. Was zu bemerken ist, erscheint als ein ‚Gegenüber' mit Eigenheiten. Das eigene Drücken und Loslassen wird gleichsam beantwortet. Der Ball erscheint als widerständig, als geradezu aktiv; er lässt sich nur auf ein bestimmtes Maß eindrücken und springt dann, wenn losgelassen wird, auf seine Kugelform zurück. Der Ball bekommt damit Züge eines (unabhängigen) Interaktionspartners.

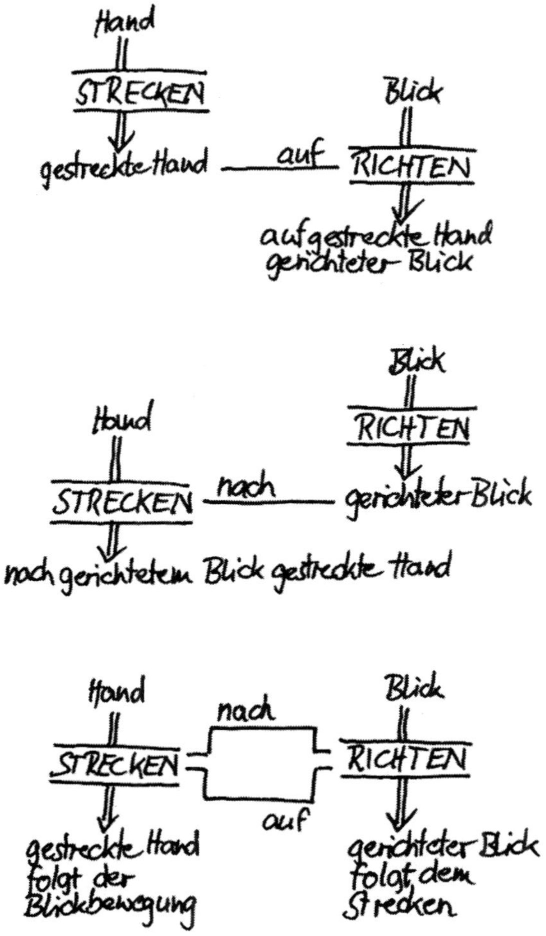

Abb. [12]-3: Koordination von Strecken der Hand und Sehen. Oben: Der Blick richtet sich auf das Bewegungsresultat, die gestreckte Hand. Mitte: Die Hand streckt sich zu der Stelle, auf die der Blick gerichtet ist. Unten: Engere Koordination, bezogen auf die Bewegungen selbst. Die Streckbewegung folgt der Blickbahn, die Blickbewegung der Streckbahn (ohne dabei Kontinuität zu erreichen).

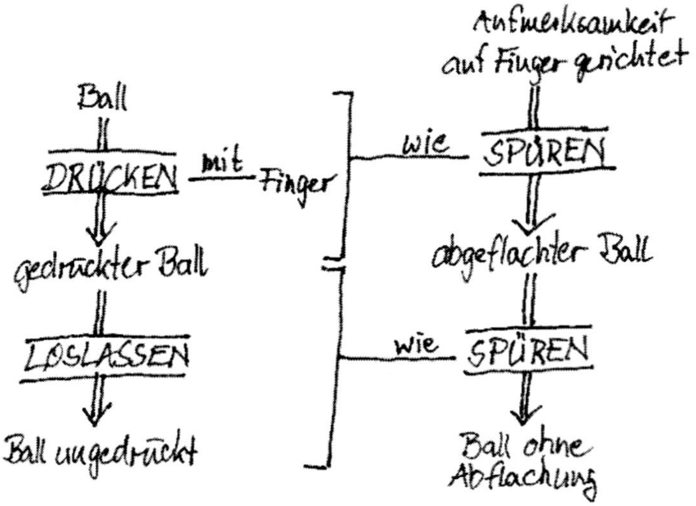

Abb. [12]-4: Dialogartiges Zueinander von Bewirken und Rückwirken: Das Drücken des Balls führt zu einer Abflachung. Die Auswirkung lässt sich gleichsam als Antwort spüren. Das Loslassen bewirkt, dass die Abflachung zurückgeht – eine zweite Antwort gleichsam. Was bewirkt wird, lässt sich auch sehen. Die Resultate werden dann auf zwei Wegen bemerkt und wirken so bestätigend (vgl. Abb. [12]-5).

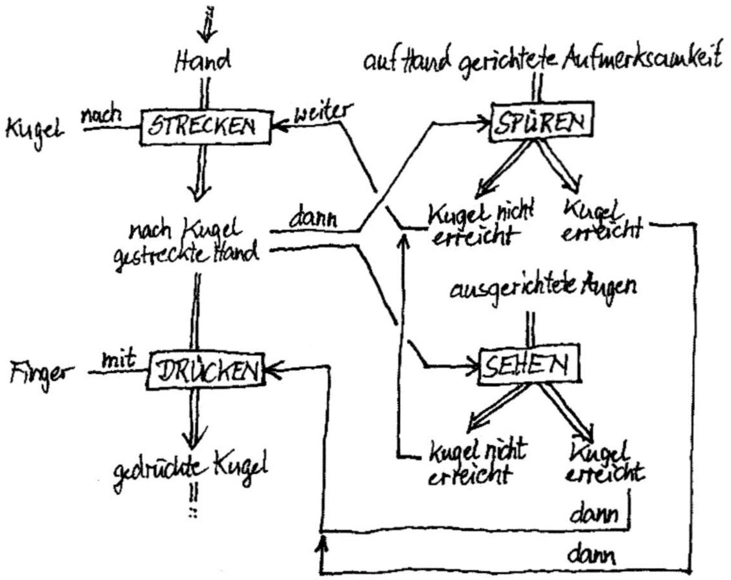

Abb. [12]-5: Handlungskreis mit doppeltem Zugang: Das Resultat des produktiven Aktes ‚Strecken' wird auf zwei verschiedenen Wegen festgestellt (Tast- und Sehsinn). Ist die Kugel noch nicht erreicht, muss weiter gestreckt werden; ist sie erreicht, kann zum Drücken übergegangen werden.

Soziale Interaktionen und Selbsterfahrungen ermöglichen über die Wechselprozesse von Bewegung und Erleben erste Umgangs- und Gegenstandserfahrungen. Was sich dabei über längere Zeiträume niederschlägt, eröffnet die Chance, die ersten Schritte zu einer Selbst- und Gegenstandssicht zu vollziehen. Die frühen Beziehungsstiftungen zwischen Bewegung und Wahrnehmung als Interaktionen befördern fundamentale Unterscheidungen: einerseits das deutliche Erleben der eigenen Aktion, andererseits im Kontrast dazu den Umstand, dass sich etwas in unserer Umgebung ohne eigenes Zutun ereignet (spätere Beispiele dafür: der vor uns hinfallende Dachziegel, Blitz und Donner ...); einerseits ein deutliches Erleben, passiv zu sein, und wenn uns dann andererseits dabei etwas zustößt, kann es nicht auf eigenes Agieren zurückgehen. Nur auf der Basis einer solchen Unterscheidung kann sich Handeln zu bewussteren Formen entwickeln, und zwar als Ineinandergreifen dieser Seiten: Im Handeln sind wir uns dann gewiss, etwas zu bewerkstelligen, aber es geschieht in einer spezifischen Situation mit ihren konkreten Bedingungen und relativ eigenständigen Handlungselementen. Wir nehmen dabei etwas auf, was ohne unser eigenes Zutun entstanden ist. Und gelegentlich binden wir in die aktiven Handlungsabläufe Prozesse ein, die wir zwar auslösen, welche dann aber ohne unser Zutun (kausal) ablaufen. Dies ist der Fall, wenn wir etwa Gegenstände fallen lassen, werfen, bleichen ... Was wir bewerkstelligen, kann erfolgreich oder erfolglos sein, kann als verdienstvoll und schuldbeladen eingeordnet werden. Aber solchen Beurteilungen liegen nicht isolierte ‚Idealvorstellungen' zugrunde, sondern Wertungen. Sie verknüpfen ‚Idealvorstellungen' und Überlegungen etwa zur Durchführbarkeit oder mit praktischen Varianten.

12.4 Doppelter Zugang

Die Verknüpfung von produktiven Akten mit Orientierungsakten stellen einfache Formen der Auseinandersetzung mit der Umgebung dar. Manche Folgen dieser zugreifenden, eingreifenden Akte lassen sich auf verschiedenen Wegen wahrnehmen: Das Strecken der Hand können wir spüren und sehen (vgl. Abb. [12]-1); das Drücken des Balls führt zu Wirkungen, die wir ebenfalls auf diesen beiden Wegen bemerken können (vgl. Abb. [12]-4). Ein solcher doppelter Zugang macht uns sicher, weil damit eine wechselseitige Bestätigung verbunden ist.

12.4.1 Gegenstände – Resultate dialogartiger Prozesse

Der doppelte Zugang stärkt die Vorstellung einer unbelebten, von uns unabhängigen Gegenständlichkeit. Diese Vorstellung enthält eine Vereinfachung mit förderlichen und verdeckenden Zügen. Zunächst betrachten wir, was oft unbeachtet bleibt: Wir bemerken, grundsätzlicher gesehen, nicht einfach Qualitäten, die allein den Gegenständen zukommen, sondern solche, die von unserer eigenen Aktion abhängig sind. Durch wiederholtes Drücken bemerken wir, dass der Ball abflachbar ist und beim Loslassen wieder zurückspringt. Wir erfahren also nicht allein das ‚Sosein' der Gegenstände. Die Resultate sind eher als Tatsachen zu deuten, und zwar in dem Sinne, dass ‚Taten' den Zugang zu ‚Sachen' schaffen. Die Sachen haben wir also streng genommen nicht für sich. Die Taten lassen sich als Aktionen mit Probier- oder Fragecharakter fassen, den Anschlusswahrnehmungen kommt dann Antwortcharakter zu. Ist uns ein Tatbestand durch verschiedene Sinne zugänglich, liegt gleichsam eine Doppelantwort vor, die Täuschungen unwahrscheinlicher macht (vgl. Abb. [12]-5).

Die Antworten haben jedoch keinen Selbstzweck im dialogischen Zueinander von Aktion und Wahrnehmung. Sie ermöglichen wiederum neue Aktionen. Sie gelingen oft leichter, wenn wir von der vereinfachenden Vorstellung ausgehen, es lägen Gegenstände vor – unabhängig von den eigenen Aktionen. Wir lassen die jeweiligen Vorleistungen unbeachtet und können uns so leichter auf das aktuelle Handeln konzentrieren.

12.4.2 Ohne Interaktionen keine Beschaffenheiten

Aktionen und die damit verbundenen Rückwahrnehmungen erschließen die Gegenständlichkeit, die Form, die Härte, die Schwere … Aktionen zeigen, wie formbar, zerbrechlich, feucht, rau, spröde … Gegenstände sind, wie sie sich abgrenzen oder verbunden sind mit ihrer Umgebung. Die Bauklötze beispielsweise erweisen sich im Greifen als verschiebbar, als abhebbar. Die Tischfläche oder der Fußboden, auf dem die Bauklötze liegen, ist hingegen unverrückbar. Die Klötze lassen sich manipulieren, der Boden und die Tischplatte nicht; sie dienen deshalb als Untergrund für die Bauklötze.

Bestimmte Aktionsformen heben spezifische Beschaffenheiten hervor. Durch Ritzen mit dem Fingernagel oder Drücken lässt sich die Härte feststellen; sie lässt sich nicht sehen, ebenso die Schwere. Aber wenn wir etwas aufgreifen und halten, zeigt sie sich.

In älteren Darstellungen wird dieses Abhängigkeitsverhältnis noch klar herausgestellt. So schreibt beispielsweise Johann Beckmann in seinem „Entwurf der algemeinen Technologie“ von 1806:

> „Die Gewalt, welche zur Zerteilung nötig ist, ist nicht bei allen Körpern gleich. Die, welche eine größere Gewalt fordern, werden harte, und die, wobei eine geringere hinlänglich ist, weiche Körper genannt. – Solche, deren Theilen man allerlei Lagen geben kann, ohne dass dadurch ihr Zusammenhang aufgehoben wird, heißen zähe, dehnbare oder geschmeidige Körper; dahin gehören weiches Wachs, weicher Thon, und die Metalle, welche sich fletschen oder strecken lassen, welche sich zu Blech schlagen und zu Draht ziehen lassen. – Körper, welche nicht zähe oder geschmeidig sind, heißen spröde Körper. Von diesen trennen sich mehre Theile, als worauf die Gewalt unmittelbar wirkt; dahin gehören gläserne, tönerne Gefäße und andere sehr zerbrechliche Sachen [...]. Es gibt Körper, welche dem Drucke oder der Beugung nachgeben, und dadurch ihre Gestalt ändern lassen. Einige von diesen behalten diese Gestalt, auch nachdem die Gewalt auf sie zu wirken aufgehört hat; andere aber nehmen ihre alte Gestalt wieder an, sobald das, was sie drückt oder beugt, zu wirken aufhört. Letztere heißen elastische Körper.“[15]

[15] Beckmann 2011 [1806], S. 25–26.

Vorrangig bei dieser Zuwendung ist nicht das ‚fertige', aktive Selbst oder die davon isolierte Welt. Primär ist die Interaktion. Wir wirken auf etwas ein und kennzeichnen die Auswirkungen vereinfacht als Eigenschaften; der Körper ist elastisch oder spröde …, und das soll ihm ‚eigen' sein.

Die Interaktion macht offenkundig, welche Beschaffenheit ein Körper gleichsam als Antwort zeigt und erweitert damit gleichzeitig unseren Kenntnisstand. Die Interaktionen erschließen die Welt und das Selbst; sie ermöglichen einen Erfahrungszuwachs, der das Selbst und die verfügbare Welt modifiziert.

12.4.3 Dialogartiges Spiel mit kausalen Vorgängen

Welche Geduld und Ausdauer Kinder im Wechselspiel von Aktion und Bemerken haben, zeigt sich beispielsweise, wenn sie immer wieder Bauklötze aufheben und loslassen, sodass sie fallen und aufschlagen. Anreiz bieten die variierenden Geräusche; motivierend wirkt, etwas bewirken zu können, das ‚allein' vonstattengeht; Anreiz bietet auch zu erkunden, wie weit und wodurch das Fallen zu steuern ist. Das Loslassen ist noch in Grenzen steuerbar. Was dann geschieht, läuft als kausaler Vorgang ab und ist damit dem Nachsteuern entzogen. In solchen noch wenig streng gerichteten Probier- und Erkundungsprozessen nehmen Kinder tätig wahr und werden so vertraut mit ihrem Umfeld. Insbesondere sind damit Anlässe gegeben, die eigene Aktion von dem zu unterscheiden, was sich ohne eigenes Zutun ereignet.

12.4.4 Gegen die sensualistische Auffassung

Das Zusammenspiel von Aktion und Wahrnehmung erschließt die Umgebung und ermöglicht Orientierung. Die sensualistische Auffassung isoliert die Sinneswahrnehmung weitgehend, trennt sie also vom Handeln ab. Sie vernachlässigt damit, dass nur das, was wir aufgreifen und begreifen, sich umfassend untersuchen lässt, und zwar zunächst mit jenem Sinn, der uns die evidentesten Resultate nahelegt – mit dem Tastsinn. Das gilt in besonderer Weise für die Frühformen des Erkennens.

Etwas bewirken und bemerken, was dabei geschieht, und später spezifischer das Handeln und Erkunden, das Handeln und das wirtschaftliche Wissen bleiben aufeinander angewiesen. Daran ändert sich auch dann nichts, wenn in späteren Phasen zahlreiche Zwischenschritte das Zueinander indirekter gestalten.

12.5 Übergang zur gerichteteren Aktion

Die ersten Begegnungen, die nicht nach Reiz und Reaktion oder nach anfänglich aufgebauten Gewohnheiten verlaufen, geschehen nicht zufällig, sondern sind bedürfnisgeleitet. Wird dadurch etwas erreicht, was auffällig oder angenehm ist, provoziert es dazu, Wiederholungen zu versuchen. Gelingt dies, dann ist damit eine Beziehung geknüpft zwischen Aktion und ihrem Bemerken. Weitere Wiederholungen führen zu einem konsolidierten Ablauf. Was vorher bedürfnisorientiert in Gang kam, kann nach diesem Koordinieren und ‚Einschleifen' schließlich gesteuert werden, etwa mit der impliziten Erwartung, den früheren Effekt einer Aktion wieder zu erreichen.

12.5.1 Fragegeleitetes Erkunden

Mit den Erwartungen werden die Aktionen implizit annahme- und fragegetragen, und mit zunehmend klareren, vorausgreifenden Vorstellungen werden die Aktionen gerichteter. Sie erhalten dann ausdrücklicher einen Probier- und Versuchscharakter: Kann ich den Arm so strecken, dass ich den Ball erreiche? Ist der Gegenstand eindrückbar? Die vorausgegangenen Interaktionen stärken das Steuern der Aktion und legen differenziertere Formen nahe und fordern dazu heraus, Erwartungen und vorausgreifende Vorstellungen zu verbreiten und zu entfalten.

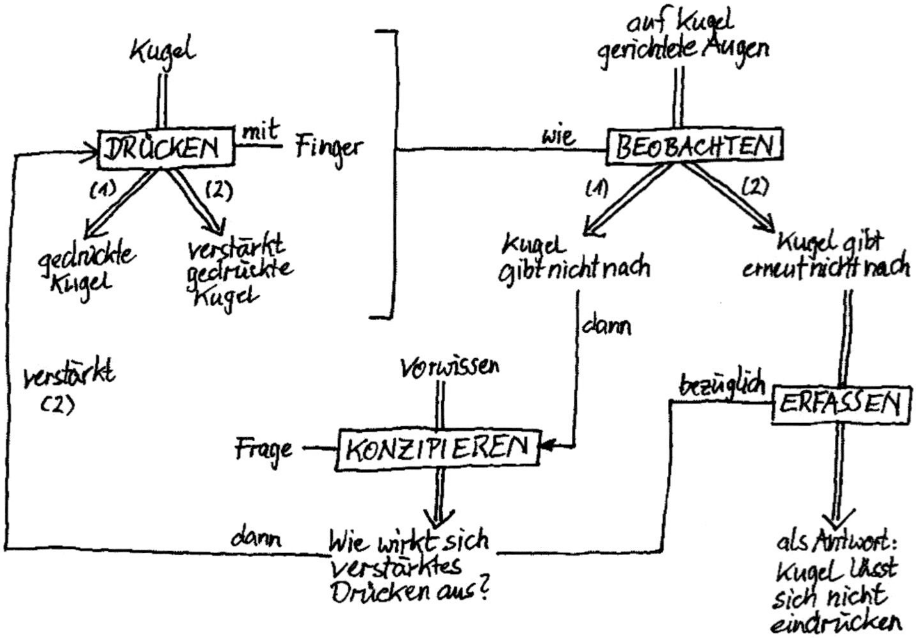

Abb. [12]-6: Fragegeleitetes Erkunden nach ersten ungezielteren Handlungsschritten. Mit (1) und (2) werden der erste und zweite (dritte ...) Durchgang unterschieden.

12.5.2 Wiederholungen – Schemabildung

Häufige Wiederholungen etwa von Strecken, Spüren und Sehen (vgl. Abb. [12]-1) oder Drücken, Spüren und Sehen (vgl. Abb. [12]-3) erlauben über geläufige Koordinierungen des Ablaufs hinaus eine partielle Vereinheitlichung. Aus dem Ablauf von Bewirken und Zurückwirken entsteht dann eine Einheit, beispielsweise das einfache Handlungsschema ‚Strecken' oder ‚Drücken', das dann die prozessuale sensorische Begleitung und Kontrolle einschließt. Das ist zu betonen, weil die übliche Benennung der Handlungseinheit daran nicht mehr erinnert. Eine solche Einheit steht für den Aufbau neuer Handlungsabläufe zur Verfügung. Gilt die Aufmerksamkeit diesem Aufbau als Koordination von Handlungsschemata, so treten die im Handlungsschema enthaltenen (und zu deren Realisierung notwendigen) Orientierungs- und Kontrollvollzüge zurück; sie werden durch ihre Einbindung unmerklich. Die neue Gefügebildung ist jedoch selbst wieder (auf höherer Stufe) auf Orientierungs-, Sicherungs- und Kontrollakte zur Stützung der produktiven Akte angewiesen.

Unter dem Gesichtspunkt des Aus- und Aufbaus von Handlungsgefügen sind Unterschiede zu treffen. Ein Gefüge von motorischen und sensorischen Akten, das oft gelingend zu wiederholen ist, lässt sich zu einer gewissen Einheitlichkeit ‚verschleifen', zum Handlungsschema. Scheitert der Einsatz des Handlungsschemas, dann ist zu einem anderen Schema überzugehen oder das benutzte ist zu variieren. Das setzt voraus, die erzeugte Einheitlichkeit aufzubrechen, und zwar zugunsten eines neuen, offenen Dialoges, zugunsten reichhaltiger Interaktionsformen.

Auf solche Formen verweist Adam Heinrich Müller im Kontext ästhetischer Erwägungen bereits 1808.[16] Er analysiert das Schmieden und bemerkt, dass alles Handeln ein Handelndes und ein Behandeltes voraussetzt, „mit anderen Worten ein Tätiges und ein Leidendes".[17] Auf das stärker dialogartige Zueinander kommt Müller unter den Begriffen „Gegentätigkeit" und „Wechselwirkung" zu sprechen. Zur Erläuterung stellt er zwei Abläufe exemplarisch gegenüber:

> „Wenn wir [...] einen Hammer auf eine Stange Eisen losschlagen lassen, so werden wir im gemeinen Leben keine Bedenken tragen, dem Hammer oder uns [...] Tätigkeit, hingegen dem geschlagenen und durch den Schlag gekrümmten Eisen Untätigkeit zuzuschreiben. Wenn wir nun mit gleicher Tätigkeit und Gewalt anstatt des Hammers die Faust auf die Stange niederfallen ließen, so würde ein sehr empfindlicher Schmerz uns an eine gewisse Gegentätigkeit des Eisens erinnern."[18]

Damit stellt Müller etwas heraus, was „tätigen Naturen, lebhaften Kindern, tüchtigen Handwerkern" längst geläufig ist: die „Gegentätigkeit des behandelten Stoffs [...];

---

[16] Müller 1808, S. 12.

[17] Ebd., S. 12, Anmerkung 4.

[18] Ebd., S. 13, Anmerkung 4.

sie wissen recht gut, dass ihr Spielzeug, ihr Handwerksmaterial sein Gegenleben, seine Gegenpersönlichkeit hat: sie sprechen mit ihm, sie leben mit ihm [...]".[19]

Diese variantenreichen Interaktionsformen dienen der Neubestimmung von Handlungsweisen. Wo diese sich über längere Zeitabschnitte hin bewähren, lässt sich die ‚lebendige' Vielfalt vereinfachen – zum Handlungsschema. Aus dem komplexen Ineinander von „Tätigkeit" und „Gegentätigkeit" wird etwas, was sich leicht reproduzieren lässt. Das „Gegenleben" vereinseitigt sich partiell zum Wechselverhältnis von „Tätigem" und „Leidendem". Resultat ist ein abkürzendes, leicht wiederholbares und zäsurloses Kleinvorgehen.

12.5.3 Zusammenhänge zwischen Beschaffenheiten

Haben wir das Zusammenspiel von fragender Aktion und antwortender Rückmeldung hinreichend wiederholt, dann stellt sich zum einen Sicherheit im Bemerken ein, und zum anderen werden wir auf Zusammenhänge aufmerksam: Was nass ist, glänzt oft, beispielsweise die Straße nach dem Regen; was glatt ist und glänzt, ist oft auch hart, beispielsweise das Material Stahl; was sehr dünn ist, ist auch zerbrechlich oder leicht formbar, beispielsweise Folien und Stoffe. Solche Abhängigkeiten sind für die schnelle Orientierung in der Umgebung von entscheidender Bedeutung. Sie ermöglichen die Anzeichenbildung und erübrigen so teilweise unmittelbar sondierende Aktionen: Wenn ich ‚sehe', dass etwas weich ist, brauche ich mich nicht zu nähern, um zu tasten. Der Fernsinn ersetzt den Nahsinn. Dazu später noch Näheres.

12.5.4 Erkunden

Beim anfänglichen Erkunden leiten oft zunächst unausgesprochene Erwartungen die Aktion. Die Fragen bleiben implizit, der Fragecharakter von Schritten bleibt dem Akteur unbewusst. In Abbildung [12]-6 ist ein Modellfall dargestellt: Erst nach einem Verlauf werden die Erwartungen durch explizite Fragen konkretisiert; erst nach halbwegs gezielten Beobachtungen kommt es zu einer expliziten Fragestellung und zur (gedeuteten) Antwort.

Ersichtlich ist hier nochmals: Die Gegenstände allein ‚belehren' nicht, Verständnis erfordert gerichtete Aufmerksamkeit, Handeln und speziell das Fragen. Wird anders gefragt und entsprechend anders agiert, erhalten wir auch eine andere Antwort – freilich keine willkürliche, keine, die allein vom Akteur abhängig wäre.

---

19 Ebd., S. 14, Anmerkung 4.

12.6 Zusammenfassung und Ausblick

(1) Im Wechselspiel von Aktion und Wahrnehmung unterscheiden sich Gegenstands- und Selbstberührung. Die doppelte Kontakterfahrung zeichnet die Selbstberührung aus und ist so eine der Stützen, um Ich und Außenwelt zu unterscheiden.

(2) Was wir von den Gegenständen bemerken, geht auf Aktionen zurück. Wir bemerken Tatbestände. Dabei spielen der Zugang über verschiedene Sinne und die Wiederholung eine bestätigende Rolle.

(3) Die Aktionsentfaltung ist verknüpft mit der Entwicklung von Erwartungen. Aus impliziten Erwartungen heraus bekommen Aktionen einen anfänglichen Fragecharakter; explizite Fragen artikulieren vorausgreifende Vorstellungen deutlicher und fordern zu gezielteren Aktionen heraus. Später werden daraus im Zusammenhang von Erkunden und Experimentieren Annahmen und Hypothesen oder im Zusammenhang von Handlungen Zielbestimmungen.

(4) Wahrnehmung ist zunächst keine distanzierte Betrachtung, losgelöst von Aktionen; kein isoliertes Erleben, Erleiden, kein passives Aufnehmen allein. Wahrnehmung setzt eine Ausrichtung und ein ‚Hinsehen' voraus. Sie dient nicht dazu, ein (neutrales) Bild der Umgebung zu gewinnen. Primär fördert sie (zunächst) die Orientierung und Kontrolle und erlaubt so Anschlusshandlungen.

(5) Das Zusammenspiel von Bewegen und Wahrnehmen geht in späteren Phasen in das gesteuerte und kontrollierte Handeln über, in das Handeln mit planerischer Seite und Ausführungsseite. Zwischenstationen dieser Entwicklung sind die sozialen Interaktionen, die auf das materielle Umfeld ausgeweitet werden, die Ausbildung von Handlungsschemata und die Etablierung von dialogartigen Kreisprozessen. Das schon speziellere Erkunden lässt sich als Anbahnung des Erforschens und Experimentierens auffassen.

(6) Was wir äußerlich handelnd realisiert haben, lässt sich später über das Vorstellen auf eine innere ‚Bühne' verlagern. Die realisierende Aktion wird ausgesetzt, allein die Orientierungs- und Kontrollakte, allein die Steuerungen dominieren. Was auf dieser Bühne geschieht, lässt sich gut überschauen und schnell ändern. Das Vorstellungsgeschehen legt inneres Probieren, Variieren und Planen nahe, allerdings um den ‚Preis', dass äußere Bedingungen des Handelns leicht übersehen werden. Solche Vorstellungen erlauben aber Versprachlichung, sie sind in Gesprächen zugänglich. Und sie erlauben ein nach innen verlagertes Handeln als Denken.

(7) Von einem Gegenstand, zu dem wir keinen Kontakt haben, können wir nichts bemerken. Damit ist nochmals daran erinnert, wie entscheidend die Interaktion ist. Wir vereinfachen, wenn wir Beschaffenheiten und Gegenstände als ‚rein objektiv' nehmen. Wir trennen dann unsere Erwartungen und Aktionsformen von den Resultaten. Wir isolieren das, was erfahren wird, und vergessen, wie es erfahren wurde. Eine solche Vereinfachung hat ihre Vorzüge – insbesondere im alltäglichen Umgang. Die feste Umgrenzung macht sicher und steigert die situationsunabhängige

Verfügbarkeit. Aber sie birgt auch Gefahren in sich und erzeugt gelegentlich Probleme. So lassen sich beispielsweise Härtegrade, die auf unterschiedlichen Wegen festgestellt wurden, nicht vergleichen. Die Vereinfachung verführt dazu, vorschnell ‚fertig zu werden'; Vorschnelles wird verfestigt. Das heißt auch, dass die Vernetzung der infrage stehenden Sachverhalte oft unterschätzt wird.

(8) Die Kreisprozesse von Bewirken und Zurückwirken erschließen nicht nur Einzelbeschaffenheiten, sondern auch Zusammenhänge zwischen ihnen. Solche sprachunabhängigen Kenntnisse fördern die Bildung von Anzeichen.

13 Anzeichenbildung

Dass wir zur Verständigung die mündliche und schriftliche Sprache verwenden und dabei im Wesentlichen auf Symbole zurückgreifen, ist allen bekannt. Ebenso bekannt sind die ikonischen Verständigungsmittel: die Bilder, Modelle, Diagramme ... Weniger auffällig, aber ebenso hilfreich sind die Anzeichen. Sie sind stärker situativ eingebunden und werden handlungsnah verwendet. Wegen dieser Eigenheiten ist bislang nur wenig beachtet worden, wie sie für die Förderung von Lernprozessen bewusst aufgegriffen werden können.[20]

Um einen ersten Einblick zu ermöglichen, ist es notwendig, zum entwickelten Wechselspiel von Aktion und Folgewahrnehmung zurückzukehren. Durch Tasten beispielsweise bemerken wir, dass ein Gegenstand nachgiebig weich ist. Wiederholungen bestätigen uns und lenken (gelegentlich) unsere Aufmerksamkeit auf einen anderen Sachverhalt: Was sich im Zugriff als weich anfühlt, wird gleichzeitig als glanzlos, als stumpf gesehen. Wir stellen (mit mehr oder weniger Berechtigung) einen Zusammenhang her, gestützt auf das wiederholte Wechselspiel von Bewirken und Rückwirken: Die Beschaffenheit ‚weich' korrespondiert mit der Beschaffenheit ‚stumpf'. Diese Ordnung im Detail lässt sich für weitere Orientierungsprozesse ausnutzen.

13.1 Übersehen und Mitsehen

Zunächst muss jedoch ein Blick auf Eigenheiten der Wahrnehmung gerichtet werden. Dass die Wahrnehmung kein bloßes Registrieren von dem ist, was unabhängig von aller Aktivität ‚vorhanden' ist, wurde schon herausgestellt. Wahrnehmung ist, vereinfacht gesagt, ‚ärmer' und ‚reicher' als das Resultat des Registrierens. ‚Ärmer' ist sie, weil wir manche Bestände übersehen, weil wir, in spezifischer Weise ausge-

---

[20] Auf die Anzeichenbildung hat in einer sehr ausdrücklichen Weise Susanne K. Langer aufmerksam gemacht, und zwar im Anschluss an das Programm der ‚Symbolisierung', wie es Alfred North Whitehead entworfen hatte. Vgl. Langer 1979 [1942], S. 61–85 und Whitehead 2000 [1927], S. 47.

richtet, selektiv wahrnehmen. ‚Reicher' ist sie, weil sie die zurückliegenden Wahrnehmungen berücksichtigt, weil sie mehr oder weniger deutend vorgeht und so einbezieht, was wir schon bemerkt, sondiert, erkundet und zu einem modellhaften Zusammenhang gefügt haben. Sehen erweist sich in dieser Kennzeichnung als ein Gefüge von Übersehen und Mitsehen, ohne dass die beiden Komponenten immer vollständig auseinanderzuhalten sind.

Für die vorausgegangenen Beispiele heißt das: Manches übersehen wir, lassen es beiseite; manches sehen wir, etwa die stumpfe Oberfläche, und ‚sehen' gleichzeitig die Weichheit. Und entsprechend: Wir sehen die glänzende Straße und ‚sehen', dass die Straße nass ist. Wir bemerken, was im aktuellen Sehen als sinnlichem Vorgang nicht enthalten sein kann. Wir sehen vielmehr im Kontext von dem, was sich als Erfahrung schon niedergeschlagen hat und nutzen so bemerkte Zusammenhänge und damit Ordnungen. Das ‚Mehr' im Sehen kommt durch die Anzeichen zustande. Es überführt das Sehen in ein deutendes Wahrnehmen.

13.2 Anzeichen in der Wahrnehmung

Das kontextbezogene Sehen führt beispielsweise dazu, dass wir nicht nur Linienanordnungen oder ein Nebeneinander von Farben erfassen, sondern z. B. ein Kinderspielzeug, einen Bauklotz. Wir kennen ihn aus zurückliegenden Auseinandersetzungen, aus Aktionsabfolgen, aus Handlungsabfolgen, als drehbares, stapelbares ... Gebilde, als Gebilde, mit dem gereiht und aufgetürmt werden kann, mit dem sich Wände und Burgen modellhaft bauen lassen. Wir sehen im Kontext zurückliegender Erfahrungen und sehen deshalb statt einer Vorderseite eines Bauklotzes ein voluminöses Gebilde, das auch eine Rückseite besitzt. Eine partielle Verdeckung eines Klotzes durch einen anderen ‚ergänzen' wir zu einem vollständigen Gebilde und sehen so kein Bruchstück eines Klotzes. Die Überschneidung von Klotzumrissen nehmen wir als Hinweis auf ein räumliches Neben- und Hintereinander. Was teilweise überdeckt ist, befindet sich dahinter. Wegen des Sehkontextes erfassen wir den Bauklotz auch als etwas, was vor dem Sehen schon vorhanden war. Wir erfassen ihn als wirklichen Gegenstand. Er hat sich in zurückliegenden dialogähnlichen Aktionsabfolgen als Interaktionspartner, als wirkend erwiesen (vgl. Abb. [12]-5).

13.3 Anzeichen, ein Mittel der Verständigung

Die Bildung von Anzeichen setzt den Aufbau (den Ausbau oder Umbau) von Zusammenhängen zwischen Beschaffenheiten voraus. Auf dieser Basis genügt es, Partielles zu sehen, das dann ergänzt wird. Ein Einzelsachverhalt steht für umfassendere Sachverhalte; der Anfang eines Prozesses steht für den Gesamtablauf; ein Teil steht für das Ganze, zeigt es an, deutet es an.

Diese Zeichenbildung benutzen wir auch für die bewussten Prozesse der Verständigung. Beispielsweise zeigen Finger, die zum Munde geführt werden, das Essen an. Im Rahmen einer Reparatursituation zeigt die Drehbewegung, die die handelnde Person mit den Fingern und der Hand ausführt, einer helfenden an, dass ein Schraubendreher zu reichen ist. Wird der Bohrer an eine bestimmte Wandstelle gehalten, eventuell sogar klopfend, so soll das anzeigen, dass hier ein Loch zu bohren ist. Ein Teil des gemeinten Prozesses, zum Beispiel der Anfang, deuten jeweils den Gesamtprozess an.

Die Anzeichenbildung im Wahrnehmen vereinfacht unsere Bemühungen, uns zu orientieren, allerdings nicht ohne ‚Preis'. Durch die Anzeichenbildung brauchen wir uns auf die aktuelle Situation mit ihrer Merkmalsvielfalt nicht voll einzulassen. Das ermöglicht den zügigen Überblick. Das Tasten beispielsweise ist überflüssig, wenn uns das Sehen schon die erforderlichen Merkmale anzeigt. Wir müssen dann auch nicht um ein Haus herumlaufen, um zu erfassen, dass eine Rückseite vorhanden ist. Diese Abhängigkeit von Vorleistungen ist ein Teil des ‚Preises'. Allzu leicht übersehen wir Beschaffenheiten, die für die Situation relevant sind. Wir sehen im Lichte zurückliegend erarbeiteter Zusammenhänge, und dies kann verdeckend wirken oder uns irreleiten, weil die herangezogenen Zusammenhänge zu kurz greifen oder in jenem Fall nicht zutreffen. Die nasse Straße muss nicht den gefallenen Regen anzeigen. Die Nässe kann auch von einem Wasserrohrbruch herrühren. Nur bemerkte Unstimmigkeiten und Brüche rütteln wach, schüren den Zweifel und führen im besten Falle dazu, dass wir uns andere Zusammenhänge zur Deutung der Situation vergegenwärtigen. Anders gewendet lässt sich festhalten: Die aktuelle Situation, das Hier und Jetzt in seiner Singularität angenähert zu erfassen, bedarf gezielter Anstrengung und gelegentlich der Unterdrückung von landläufigen Anzeichenbildungen.

Bedingungen der Anzeichenbildung zeigen die Diagramme der folgenden Abbildungen 1, 2 und 3 an Beispielen. Voraussetzung ist der gerichtete sinnliche Kontakt, das aktuelle Sehen etwa. Was aber letztlich erfasst wird, beeinflussen die unterschiedlichen, zur Deutung herangezogenen Erfahrungsbereiche. Angezeigte Beschaffenheiten beruhen auf Umgangserfahrungen (vgl. Abb. [13]-1), angezeigte Eignungen im Handeln gehen auf Bauerfahrungen zurück (vgl. Abb. [13]-2), angezeigte Aufgaben oder Zielbestimmungen stützen sich auf Erfahrungen mit Spielintentionen (vgl. Abb. [13]-3). Damit ist jedoch nur ein Ausschnitt aus möglichen Anzeichenbildungen angedeutet. So kann beispielsweise der gesehene Bauklotz auch andeuten, wozu er im Bauklotzspiel fähig ist, was er kann, was zum Scheitern führt.

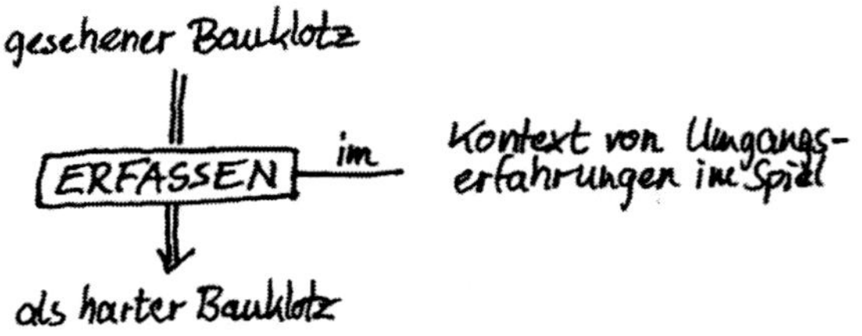

Abb. [13]-1: Anzeichenbildung im Rahmen des Spiels. Aufgrund der Umgangserfahrung wird das gesehene Gebilde als harter Bauklotz erfasst. Ähnliche Anzeichenbil-

dungen liegen vor, wenn wir allein durch Sehen feststellen, dass ein Gegenstand rau, faserig, spröde, schwer ... ist. Das Gesehene zeigt Beschaffenheiten an, die es unnötig machen, sich ausgiebiger mit dem Gegenstand zu befassen.

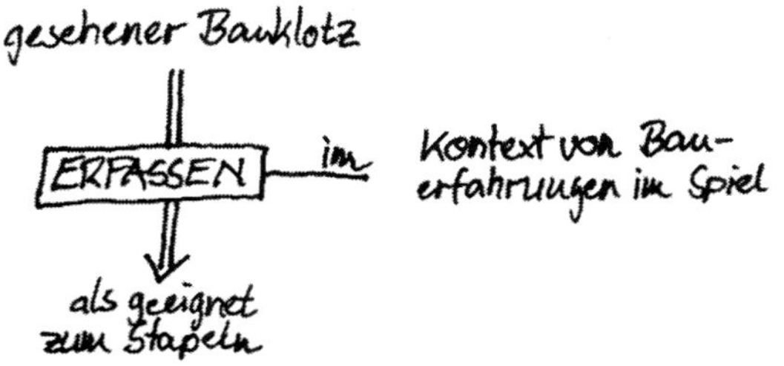

Abb. [13]-2: Anzeichenbildung im Rahmen des Spiels. Aufgrund zurückliegender Bauerfahrungen wird das gesehene Gebilde als geeignet erfasst, in das Handlungsschema ‚Stapeln' einzugehen. Das Gesehene zeigt, was mit dem Gegenstand gemacht werden kann. Kommen wir zu dem naheliegenden Resultat ‚stapelbar', liegt wiederum die Anzeige einer Beschaffenheit vor (vgl. Abb. [13]-1).

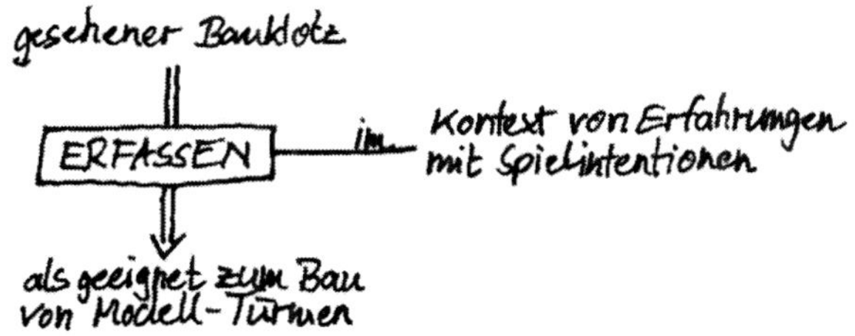

Abb. [13]-3: Anzeichenbildung im Rahmen des Spiels. Der gesehene Bauklotz wird als geeignet erfasst, im Modellturmbau verwendet zu werden. Das Material zeigt Verwendungsweisen oder Ziele an.

Die in der Anzeichenbildung enthaltene Deutung verläuft wenig bewusst oder unbewusst. Darum können wir sie beispielsweise im Bereich des Wahrnehmens auch nicht ohne Weiteres beeinflussen. In der Alltagseinstellung sind wir primär am momentanen Gelingen des Handelns interessiert und blenden deshalb die Anzeichenbildung weitgehend aus. Insbesondere bleibt verdeckt, dass jenes, was uns angezeigt wird, den Charakter einer Annahme hat. Nur in Zweifels- und Konfliktfällen kommen gelegentlich die hypothetischen Züge zur Geltung.

Die Anzeichenbildung ist eine der elementarsten eingebundenen geistigen Betätigungen. Dass sie durch Bild und Sprache variabel fortgeführt und erweitert werden kann, ist offensichtlich. Besonders bedeutsam ist, dass sich bildliche und sprachliche Zeichen deutlich herausstellen und auffällige Materialien fixieren lassen, sodass sie immer wieder in die Verständigung einbezogen werden können.

14 Instruktion und Konstruktion

Handeln lässt sich durch Instruktion und Konstruktion erweitern.

Instruktion beschränkt sich nicht auf Anleitung und passive Übernahme fertiger Konzepte, sie erschöpft sich nicht im Nachvollzug. Und Konstruktion ist keine freie, eigenständige Vorgehensweise, die sich nicht an situativen Bedingungen auszurichten hätte. Beide Formen, Handeln zu erweitern, sind angewiesen, und zwar zum einen auf einen Bestand an reproduzierbaren Handlungen und zum anderen auf einen selbstständig zu entwickelnden Aufbau (Umbau oder Ausbau).

Nur durch solche selbstständigen, ergänzenden Leistungen gelingt es, die zunächst fremde Anleitung in eine Aneignung zu überführen. Nur so können die fremden Strukturen der Anleitung das Vorwissen wirksam erweitern.

Die Instruktion allein bietet nur den Einstieg, der ungenutzt bleibt, wenn die Möglichkeiten der selbstständigen und modifizierenden Nachkonstruktion beschnitten werden. Bezüglich der Konstruktion lässt sich entsprechend festhalten: Sie läuft leer, wenn sie sich von ihrem Ausgangspunkt und ihrer Basis vollständig ablöst. Das ist der Fall, wenn sie die situativen Bedingungen nicht hinreichend aufnimmt, wenn die Integration in das Gekonnte und Gewusste keine Rolle spielt, wenn die Bewährung im weiteren Gebrauch belanglos wird. Insgesamt besteht dann die Gefahr, dass Konstruieren in ein Fabulieren übergeht.

Instruktion und Konstruktion scheitern vollständig, wenn die erforderlichen Eigenleistungen zu umfangreich sind. Für beide Prozesse gilt: Ist der Bestand an verfügbaren Handlungen zu gering oder sind die erforderlichen Aufbauprozesse zu weit gespannt, kommt es zu keiner Handlungserweiterung.

Wenn wir uns im Handeln autonom sehen, vergessen wir die situativen Bedingungen und die kulturell geprägten Vorleistungen. Und wenn wir abhängiges Handeln diagnostizieren, vergessen wir den auf der Basis von Anleitungen selbstständig zu vollziehenden Aneignungsprozess.

Wie schon unter dem Stichwort Vormachen und Nachahmen bemerkt, ist die Instruktion primär als Nachkonstruktion zu verstehen und steht somit in keinem direkten Gegensatzverhältnis zur Konstruktion.

14.1 Isolierte und integrierte Instruktion

Wenn die Instruktion zu einem ‚unverstandenen' Wissen führt, findet über die Anleitung hinaus keine eigentliche Aneignung, keine vollständige Nachkonstruktion in individueller Ausprägung statt. Und wenn die Instruktion nur ‚träges' Wissen hervorbringt, dann liegt in der Regel eine isolierte Instruktion vor. Vermittelt wird dann oft ein Wissen über Regelmäßigkeiten, ein Stück systematisches Wissen aus abgegrenzten Disziplinen, ein ‚reines' Wissen, das äußerst anwendungsfern geartet ist. ‚Reines' Wissen, Gesetzeswissen und Wissen über Regelmäßigkeiten stellen das Beständige und Verlässliche im vielgestaltigen Wechsel heraus. Diese Wissensform entzieht sich spezifischen Anwendungen, um allgemeiner eingesetzt werden zu können. Das hat Folgen. Die Anwendungen werden komplexer: Bei allen Anwendungen eines bestimmten allgemeinen Wissens liegt das Besondere der Aufgabe, das Spezifische der Problemstellung und damit alle Vielfalt im Anwendungsverhältnis. Jede dieser Anwendungen erfordert deshalb einen situationsspezifischen Aufbau. Dieser Aufwand wird jedoch oft gescheut, sodass alle Auffassungen wieder zur Geltung kommen. Allgemeines Wissen lässt sich nicht ohne variationsreiche Zwischenschritte und ohne Abfolge neu zu entwerfender Schritte anwenden.

Die Fragen der Anwendung lassen sich nicht gleichsam im Vorübergehen klären. Hier sollte nur so viel aufgegriffen werden, dass die Problematik der isolierten Instruktion in ersten Schritten erschlossen werden kann. Das angerissene Problemfeld ist an anderer Stelle wieder aufzugreifen.

Wie unsinnig isolierte Instruktionen sein können, zeigt sich deutlicher, wenn Methoden oder Fertigkeiten versuchsweise vermittelt werden – ohne Einbettung in einen situativen Zusammenhang, ohne Aufgabenstellung, ohne sinngebende Zielvorstellung. Wie solche Methoden oder Fertigkeiten zu gebrauchen sind, wie sinnvoll sie sind, bleibt auf diesem Wege unbestimmt, sodass oft die gewohnten Vollzüge dominant bleiben.

Im Hintergrund zu solchen Vorgehensweisen hält sich die traditionelle Auffassung, wonach Wissen, welcher Art es auch sei, den Zugang zum Handeln implizit mit erschließe. Unter dieser Leitvorstellung erübrigt es sich, die Anwendung als überhaupt problemhaltig zu sehen.

Sinnvoll eingelagerte Instruktionen halten den Bezug zum aktuellen Handeln aufrecht. Sie liefern einen Beitrag im Rahmen der Problemlösung und Aufgabenbewältigung und wirken deshalb nicht als Ballast oder ‚Stoff'.

14.2 Die Funktion integrierter Instruktionen

Wie bedeutsam das oft unterschätzte integrierte Instruieren ist, wurde schon betont. An einige Punkte sei hier nochmals verallgemeinert erinnert: Wir werden in eine bestehende, kulturell geprägte Welt hineingeboren, in eine Welt mit einem kulturellen Entwicklungsstand. Wir kommen als Hineingeborene lediglich ‚dazu' – und entwickeln unter anderem auch einen Sinn für effektives Handeln. Da scheint es nur lebensklug, sich auf das zu stützen, was kulturell erarbeitet wurde und sich in dieser und jener Weise bewährt hat.

Integrierte Instruktionen provozieren, gekonnte Schritte zu aktivieren, provozieren jedoch auch dazu, Schritte selbstständig zu erarbeiten. Anleitung, wie minutiös sie im Einzelnen auch betrieben wird, geht nicht von sich aus in Aneignung über. Notwendig ist ein eigenständiges Nachkonstruieren, und was dabei hilft, fördert auch das selbstständige Konstruieren. Anders gewendet heißt das: Was uns hilft, die Anleitung zu verstehen, fördert auch unser Bemühen, etwas neu zu konstruieren.

14.3 Die Problem- und Aufgabenorientierung

Die Problem- und Aufgabenstellung in überschaubaren Situationen ermöglicht ein sinnvolles Ineinandergreifen von Instruktion und Konstruktion. Nur dann, wenn es gezielten und begrenzten Zweifel gibt, wenn Fragen bestehen, wenn Schwebezustände zu entscheiden sind, liegt ein produktives Vorgehen nahe. Helfen geläufige Vorgehensweisen nicht weiter, müssen andere Strategien verfolgt werden, etwa das Probieren, das handlungsnahe Problemlösen, das Erkunden, Experimentieren, das Planen ... Kann auf einem dieser Wege oder auf einem Weggeflecht eine Lösung erarbeitet werden, dann sind damit Konstruktionsakte verbunden.

Genau dieser Rahmen schafft auch günstige Voraussetzungen für integrierte Instruktionen. Mit den situationsbezogenen Problem- und Aufgabenstellungen sind Bedingungen gegeben, die es erleichtern, Instruktionen partiell zu verstehen und partiell selbstständig auszubauen. Dieser Rahmen fördert die erweiternden, ergänzenden und lückenschließenden Akte der Nachkonstruktion. Solche integrierten Instruktionen eröffnen indirekt auch den Zugang dazu, wie hilfreich Handlungserweiterungen sein können, die auf kulturell geprägte Vorleistungen zurückgehen.

Das sinngerichtete und situationsspezifische Handeln ist gelegentlich Quelle von Erkenntnissen. Und manchmal türmen sich die Schwierigkeiten beispielsweise im Vollzug des Handelns auf. In solchen Situationen besteht die Chance, zu erfassen, wie sinnvoll Instruktionen verwendbar sind. Die Probleme und Fragen im aktuellen Bemühen erschließen dafür, wie notwendig die Instruktionen als Hilfen sind.

14.4 Zusammenwirken von Instruktion und Konstruktion

Was wir uns nachbauend angeeignet haben, dient aktuellen Zwecken, ist aber auch mit angemessenen Wiederholungen und Modifikationen längerfristig dienlich: Die Nachkonstruktion fördert die Konstruktion, und die Konstruktion erschließt den Zugang zu neuen Formen der Nachkonstruktion. Weil Einzelprobleme selbstständig gelöst werden, gelingt es, etwas nachzubauen, was einer höheren Schwierigkeitsstufe angehört.

Zusammenfassend lässt sich formelhaft festhalten: Ohne Nachkonstruktion keine effektive Instruktion; ohne Instruktion keine weiterführende, brauchbare Konstruktion. Beide Prozesse, Konstruktion und Nachkonstruktion, enthalten Rückgriffe auf kulturell geprägte Vorleistungen und erfordern aktuell erzeugte Leistungen. Nur die Förderung beider Prozesse, von angeeignetem und selbstständigem Handeln, schafft geeignete Voraussetzungen für weiteres Lernen und eröffnet die Chance, sich ein Instrumentarium zu erschließen, das selbstständige Handlungserweiterungen ermöglicht.

14.5 Instruktion, ein Darstellen

Anleitung vollzieht sich nicht so, dass etwas direkt hingenommen oder aufgenommen wird. Handeln und Wissen lassen sich nicht in fertiger Form übernehmen. Wer anleitet, ist deshalb gezwungen, eine Situation zu schaffen, die zu eigenständigem Handeln herausfordert, zum nachbauenden Aneignen.

Wer instruieren will, kann keinen Zwang ausüben wollen. Er muss darstellen, und derjenige, an den sich die Instruktion richtet, muss darin ein Verständigungsverhältnis sehen. Das ist selbstverständlich, solange die Instruktion sprachliche Mittel verwendet. Wie liegen jedoch die Verhältnisse, wenn handelnd instruiert wird? Wie zeigen sich in einem solchen Fall die Darstellung und die Bemühung um Verständnis?

Im Instruieren fungiert der Handlungsakt nicht nur als bloßer Handlungsakt; das Material ist nicht bloß Material, das Werk als Resultat nicht bloß Werk … Der Handlungsakt, die Aktfolge, das Material, das Werk – sie stellen dar, sie geben also etwas zu verstehen und fordern so beim anderen dazu heraus, ein eigenes Verständnis im Sinne der Nachkonstruktion aufzubauen. Akt, Material, Werk … werden im Kontext des gezielten Instruktionsverhältnisses zu Darstellungselementen. Und durch den gleichen Kontext wird der Verständigungsprozess desjenigen, der instruiert wird, ausgerichtet und getragen. Was bei der Instruktion vom Handlungsakt, vom Material, vom Werk wahrgenommen wird, ist als Handlung zu rekonstruieren. Wahrgenommen wird in der Regel ein Teil, und dieser Teil zeigt gelegentlich vollständig oder nur bruchstückhaft das Ganze, den Gesamtprozess, an. Aber dieses Anzeigen ist keine direkte Gegenstandsbeschaffenheit, keine Eigenschaft der Darstellungselemente. Was angezeigt wird, hängt vom Erfahrungs- und Kenntnisstand derjenigen, die deutend zu verstehen suchen, ab.[21]

Gibt es Darstellungen, die so wenig als Darstellungen kenntlich sind, dass sie oft mit dem effektiven Vollzug von Handlungen gleichgesetzt werden? Das ist beispielsweise der Fall bei Instruktionen im Sinne des Vormachens. Damit wird plausibel, weshalb immer wieder der oberflächliche Eindruck entstehen kann, Anleitung sei eine bloße Übernahme einer fertigen Handlungsweise.

Zusammenfassend lässt sich festhalten: Die handelnd vollzogene Instruktion ist eine Darstellung. Wahrnehmbar für den anderen ist nur ein Teil dessen, was vorgeführt wird. Die Aneignung ist dann eine Nachkonstruktion als Handlung auf der Basis der wahrgenommenen Teilbeschaffenheiten. Dabei spielen Anzeichen eine zentrale

---

21 Das ist ein alter Gedanke in der Pädagogik. Ich verweise hier beispielsweise auf John Dewey: „Worauf es mir hauptsächlich ankommt, ist die Einsicht, dass kein Gedanke, kein Begriff als solcher von einer Person auf eine andere übertragen werden kann. Wenn ein Gedanke mitgeteilt wird, so ist er für den, der die Mitteilung entgegennimmt, nur eine Tatsache mehr, nicht ein Gedanke. Die Mitteilung kann den Empfänger vielleicht anregen, die Frage für sich selbst zu sehen und eine ähnliche Lösung für sich selbst auszudenken; […] was er aber unmittelbar empfängt, kann nie ein Gedanke sein. Nur wenn er selbst mit den Problemen ringt, denkt er." (Dewey 1964 [1915], S. 213)

Rolle. Sie werden als Verständigungsmittel wegen ihrer Nähe zur schnell vollzogenen Wahrnehmung häufig übersehen. Die Darstellungsmittel sind äußerst unauffällig, weil sie handlungs- und wahrnehmungsnahe bleiben. Kunstvoll eingerichtete Darstellungsformen sind deshalb hier nicht notwendig, und das schränkt ihre leichte Erkennbarkeit ein.

15 Zugang zum fremden Handeln

In welchen Formen sich fremdes Handeln im Zusammenhang mit den unterschiedlichen Darstellungsweisen zeigt, ist nicht ohne Weiteres auszuloten; die Vielfalt ist zu groß. Zwei Gesichtspunkte sollen die Betrachtungen leiten: Grundsätzlich ist uns fremdes Handeln über Anzeichen, über bildliche und sprachliche Darstellungen zugänglich. Ferner soll berücksichtigt werden, ob Prozess und Werk oder nur das Werk dargestellt werden.

Dadurch entstehen im ersten groben Zugriff Grundformen, die zahlreiche Übergänge mit sich bringen:

(1) Fremdes Handeln, dargestellt allein durch das Endresultat, das Werk. Das Produkt für sich ‚spricht' nicht, aber es fungiert im Anleitungsverhältnis als Gebilde, das etwas zu verstehen gibt – freilich nur vor dem Hintergrund eines differenzierten Wissens. Nur in diesem Verhältnis zeigt sich das Werk als verfestigtes oder geronnenes Handeln, als manifestiertes Handeln.

(2) Fremdes Handeln, dargestellt allein durch einen Ausschnitt des Gesamtprozesses. Ein solcher Teil eines Prozesses dient von sich aus keiner Darstellung. Erst in einem Verständigungsverhältnis fungiert der Ausschnitt in dieser Weise. Vor dem Hintergrund der eigenen Handlungserfahrung wird das, was andere tun, nicht als schöne Bewegung oder besinnungslose Aktion gedeutet, sondern als Aktivität, die zielorientiert verläuft. In diesem Verhältnis fungiert der Teilprozess primär als etwas, was die Zielbestimmung des Handelns bekundet.

(3) Vormachen mit direkt anschließendem Nachahmen. Hier wird Handeln durch Handeln dargestellt, freilich lückenhaft.

(4) Vormachen mit zeitlich verschobenem Nachahmen. Zur schon genannten Problematik kommt eine weitere hinzu: Der Prozess des Vorführens ist buchstäblich schon länger vergangen; er kann nur noch erinnert werden. Das erhöht wegen der Lückenhaftigkeit die Anforderungen an die Rekonstruktion.

(5) Fremdes Handeln, durch Bilder dargestellt, und zwar sowohl als Prozess als auch als Werk. Bilder geben primär (räumliche) Beziehungsnetze zwischen vielen Elementen wieder. Sie repräsentieren ein verflochtenes Nebeneinander, das sprachlich wegen des Beziehungsreichtums nur unzulänglich artikuliert werden kann.

(6) Fremde Handlungen, durch sprachliche Mittel dargestellt. Wir wissen alle, wie problematisch Gebrauchsanleitungen sind, und die Problematik verschärft sich, wenn wir etwa zur Herstellungsbeschreibung, zum Rezept übergehen. In den einfachen Formen ist uns jedoch die sprachliche Darstellung geläufig. Sie soll deshalb hier nicht gesondert behandelt werden.

15.1 Werk und Handlungsausschnitt als Medium der Verständigung

Hier sollen stellvertretend für die Vielfalt der Varianten die genannten ersten zwei Fälle betrachtet werden. Wie lassen sich Werk und Handlungsausschnitt zur Basis von Interpretationen machen?

15.1.1 Das Werk als Zugang zum fremden Handeln

Wozu ist das fremde Werk zu gebrauchen? Wie ist es hergestellt? Bei so ausgerichteten hypothetischen Rekonstruktionen fremden Handelns geht es primär darum, das Werk in einen Handlungszusammenhang einzuordnen und dadurch zu verstehen. Im Zentrum steht dabei der Werdegang eines Werkes, also die Bereitstellung von Mitteln, die Herstellung, der Gebrauch und die Entsorgung.

Aber jeder Werdegang ist auch in ein spezifisches Umfeld von weiteren Werdegängen verankert, und jedes Umfeld ruht auf einem kulturell geprägten Untergrund. Das fremde Werk ist keine beabsichtigte Darstellung. Erst diejenigen, die deuten, bewirken eine veränderte Sicht: Das Werk wird, abweichend von der ursprünglichen Absicht, deutend gebraucht. So wirft z. B. das Material ein Licht auf die Bereitstellung von Mitteln; Fugen zeigen an, dass etwas zusammengesetzt wurde beim Fertigen; Klinken verweisen darauf, dass es bewegliche Bauteile gibt, die zum Öffnen gebraucht werden können ... Das Werk erscheint in diesem deutenden Gebrauch einerseits als verfestigtes oder geronnenes Handeln, andererseits als Handlungschance, als Mittel, es zukünftig so oder anders zu gebrauchen.

Deutungsresultate, wie sie hier angeführt wurden, setzen Wissen und eine aufgeschlossene Haltung voraus. Wie aber verlaufen Deutungen, wenn dieses Wissen und diese Einstellung nicht vorhanden sind? Die Deutung fällt dann nicht einfach aus – im Gegenteil: Sie wird dominant und als Eigenschaft des Werkes fixiert. Das Werk wirkt bedrückend, beängstigend oder es bleibt uns fremd. Das hat Konsequenzen, die sich im Gebrauch und in der Grundhaltung niederschlagen.

15.1.2 Der Handlungsausschnitt als Zugang zum fremden Handeln

Was macht der andere? Wie setzt er sein Handeln fort? Beim Deuten oder Rekonstruieren fremden Handelns geht es primär um die Zielbestimmung. Diese vermittelt eine gute Übersicht über das, was als fremdes Handeln geschieht, im Moment jedoch nicht vollständig zugänglich ist. Die Zielbestimmung schafft einen Zugang, der nicht zu detailreich, aber auch nicht zu global ist, und kennzeichnet das fremde Handeln einheitlich. Wir verstehen (in einem ersten Zugriff) das fremde Handeln, wenn wir den Zweck erfasst haben.

Das fremde Handeln ist wiederum nicht als Darstellung angelegt. Erst im Verständigungsverhältnis derjenigen, die deuten, wandelt sich der Ausschnitt zu einer Darstellung.

Beide bis jetzt behandelte Fälle gehen von einem Teil oder einem Ausschnitt des Handelns aus und versuchen von hier aus, deutend zu rekonstruieren. Der Teil erschließt uns (hypothetisch) ein größeres Ganzes. Das fremde Handeln insgesamt verstehen wir auf eine anschlussfähige (differenzierbare) Weise, wenn wir den Zweck, den sinnvollen Gebrauch kennen. In beiden Fällen stellt die handelnde Person nicht absichtsvoll dar. Erst durch die Bemühung um Verständigung und Anleitung entsteht eine Darstellungsbezeichnung. Im folgenden dritten Fall liegen die Verhältnisse ganz anders.

15.1.3 Vormachen und Nachahmen als Zugang zum fremden Handeln

Was im Nachahmungsverhältnis vorgezeigt wird, hat schon von Anfang an den Charakter einer Darstellung. Der Handlungsablauf ist, anders als beim gewöhnlichen Vollzug, zu dehnen, zu gliedern, zu akzentuieren; auf besondere Schwierigkeiten ist gezielt aufmerksam zu machen. Hier ist ein Ablauf als Ganzer, als Darstellung gegeben. Gibt es dann noch ein Deuten? Was ist beim Nachahmen zu tun? Muss nur wiederholt werden, nur Können partiell vergegenwärtigt und eingesetzt werden?

Wer nachahmt, muss handelnd nachkonstruieren. *Was verbirgt sich darunter?* Dass damit kein kopfloses Vorgehen gefordert ist, zeigt sich darin, dass das erstmalige Nachahmen meistens nur unvollständig gelingt und oft Versuchsreihen notwendig sind. Zum handelnden Nachkonstruieren gehören drei eng verwobene, meistens unbewusste Phasen: Das, was vorgeführt wurde, muss von der Person, die nachahmen will, gesehen, gedeutet und dann in koordinierte Handlungsschritte umgesetzt werden. Daraus erwachsen Schwierigkeiten, und zwar auch dann, wenn die Zielsetzung bekannt ist, die Materialien und Resultate verfügbar sind und der Ablauf des Handelns minutiös dargestellt wird.

Von dem eingeschränkten Sinneskontakt war schon verschiedentlich die Rede. Hier ist zu wiederholen und zu erweitern: Manches geht zu schnell, lässt sich aber im Vorführen nicht ohne Weiteres verlangsamen, weil dadurch der Handlungsschritt unwirksam wird. Manches ist durch das Vorführen momentan verdeckt oder geschieht sehr beiläufig und damit unauffällig. Schwer sinnlich zugänglich sind grundsätzlich die Wahrnehmungsakte der handelnden Person und die damit verbundenen Kontrollakte, aber auch die produktiven Akte. Wie sie auszuformen sind, bleibt oft verdeckt, weil die Muskelanspannungen sich nicht wahrnehmen lassen. Sinnlich zugänglich sind für Nachahmende streng genommen nur Bewegungen, aber keine Handlungsschritte. Hier kommt in unauffälliger Weise in Kurzprozessen das eingebundene Deuten zum Zuge. Manche Bewegungen lassen sich mit dem Handlungswissen der Person zuverlässig als Handlungsschritte deuten, gelegentlich kommt es jedoch dazu, dass die gesehene Bewegung missdeutet wird. Die Darstellung beim Vorführen deckt sich nicht mit jener Darstellung, die das Nachahmen in Gang bringt.

Wem gezeigt wird, wie beispielsweise zu nageln ist, sieht, wie der Hammer nach unten bewegt wird. Wie das als Handlungsschema mit dem spezifischen Schwung zu bewerkstelligen ist, ist damit noch lange nicht geklärt (vgl. Abb. [15]-1). Erst das probierende Variieren führt hier zum Erfolg. Letztlich liegt diesen Probierschritten eine unauffällig und deshalb oft übersehene hypothetische Anzeichenbildung zugrunde.

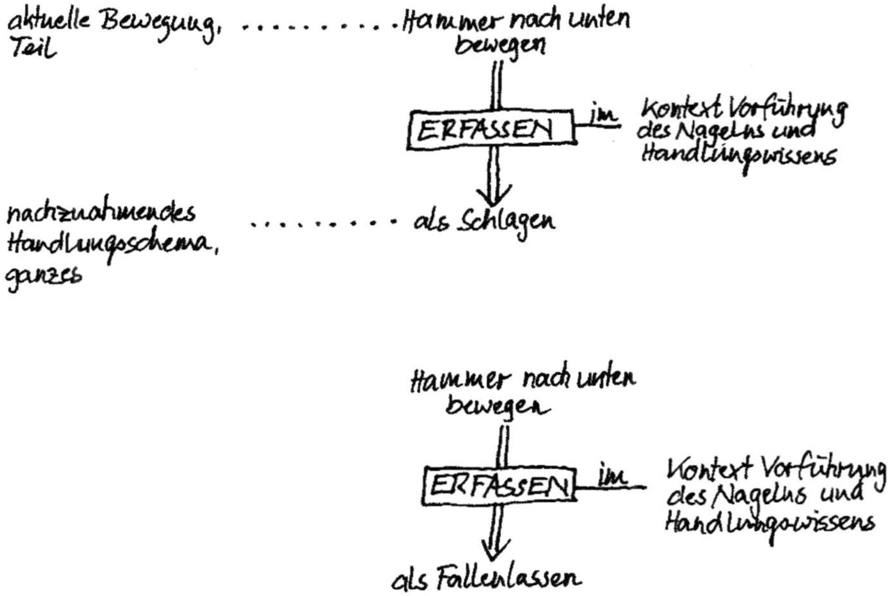

Abb. [15]-1: Verschiedene Anzeichenbildungen: Bei ähnlichem situativen Kontext und gleichem aktuellen Anlass kommt es zu zwei unterschiedlichen (hypothetischen) Deutungen.

Gelingt es, ein Handlungsschema zu erarbeiten und zu verwirklichen, dann ist noch zu koordinieren. Lasse ich zum Beispiel den Nagel in Bezug auf das Schlagen mit dem Hammer zu früh los, misslingt das Nageln (vgl. [15]-Abb. 2 mit [15]-4).

15.2 Anzeichenbildung beim Nachahmen

Ein leicht zu verallgemeinerndes Beispiel sei hier festgehalten: Es wird das Nageln vorgeführt (vgl. Abb. [15]-2). Wer nachahmen will, sieht, wie sich der Hammer schnell nach unten bewegt. Gibt es geeignete Vorerfahrungen im Umgang mit dem Hammer, dann lässt sich die Bewegung als Anzeichen dafür deuten, dass beim Nachvollzug zu schlagen ist. Liegen keine naheliegenden Vorerfahrungen vor, wird es wahrscheinlich, dass die gesehene Bewegung missdeutet wird. Das ist der Fall, wenn die Hammerbewegung als Anzeichen genommen wird, dass der Hammer fallen zu lassen ist. Eine solche Missdeutung manifestiert sich im Vollzug, der teilweise oder ganz scheitert, und gibt so Anlass für neue Versuche.

Die Anzeichenbildung verläuft nicht willkürlich und nicht von sich aus. Es bedarf eines lebensvollen Zusammenhanges: sich orientieren, die Praxis vorteilhaft fördern, Lernen, wie zu nageln ist, angesichts einer größeren Aufgabe, die das Nageln als sinnvoll nahelegt. In solchen Kontexten sehen wir aktuell eine Bewegung und deuten sie als Anzeiger für einen direkt folgenden Handlungsschritt. Der Teilprozess (das Bewegen) zeigt den Gesamtprozess (das Handlungsschema) an. Das Aktuelle (das Sehen) deutet an, wie etwas werden soll (das Handeln).

Die Bewegung ist gewöhnlich noch keine Handlung. Aber die Handlungserfahrung erlaubt eine Paarbildung; das Auftreten einer Bewegung ist dann mit einem Handlungsschritt verbunden, sodass das erste das zweite anzeigen kann.

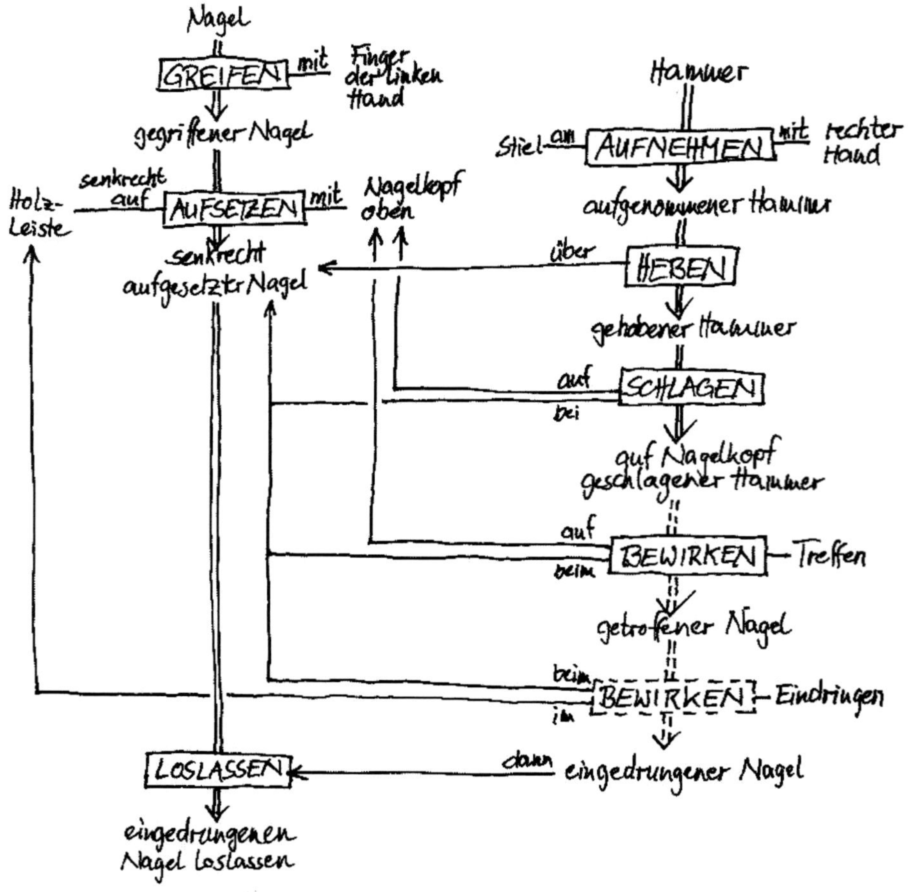

Abb. [15]-2: Darstellung der Anfangsphase des Nagelns, damit sie nachgeahmt werden kann. Nageln Könner, so verläuft die Anfangsphase anders, verschliffener, weniger schrittbetont. Die Verbindungslinien zwischen den beiden Strängen des Gefüges zeigen, wie die Schritte der linken und rechten Hand aufeinander bezogen sind.

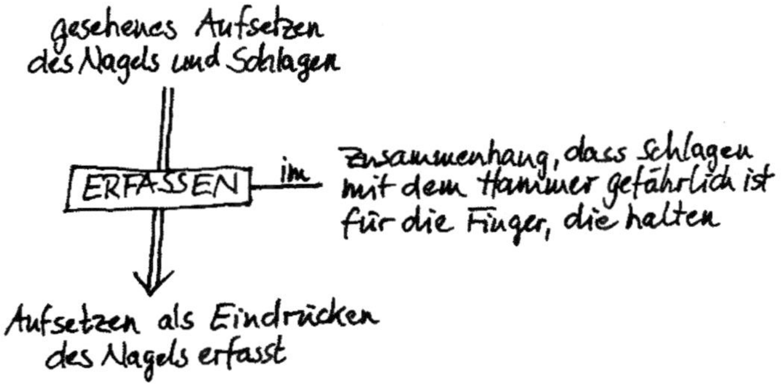

Abb. [15]-3: Eine ängstliche Haltung regt an, eine Variante beim Nageln auszuprobieren. Kontext dieser Deutung ist also, dass das Aufsetzen des Nagels mit den Fingern und das Schlagen mit dem Hammer als gefährlich eingeschätzt werden.

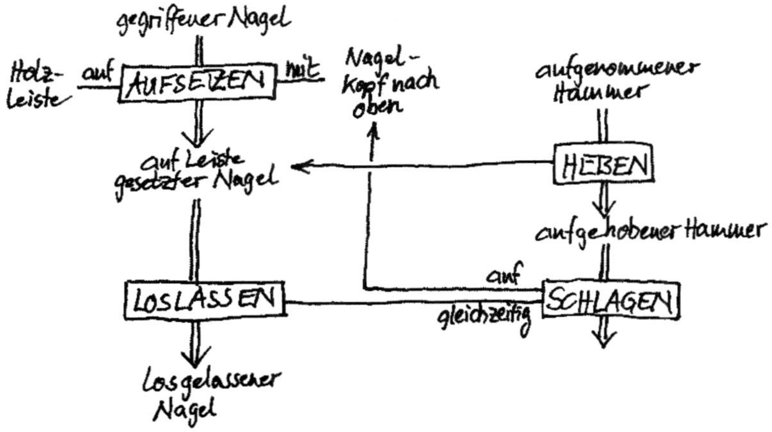

Abb. [15]-4: Teilphase aus dem Versuch, das gesehene Nageln nachzuahmen. Der Nachahmende lässt den Nagel vorzeitig los, sodass der Nagel kippt und liegend getroffen wird (der letzte Teil ist in der Abb. nicht dargestellt, vgl. [15]-Abb. 2).

Beispiele: Nageln vorführen und nachahmen

Wie die Anfangsphase des Nagelns zum Zwecke des Nachahmens dargestellt werden kann, zeigt die Abbildung [15]-2. Das Diagramm insgesamt verdeutlicht, wie stark die Schritte der linken und rechten Hand aufeinander zu beziehen sind.

Das Nachahmen des Nagelns enthält oft unmerklich Akte des Deutens, die sich handelnd manifestieren; einer ist bereits in Abbildung [15]-1 angegeben, ein weiterer folgt in Abbildung [15]-3. Aktivierender Kontext für das Deuten ist hier, dass es als gefährlich eingeschätzt wird, auf den gehaltenen Nagel zu schlagen.

Abbildung [15]-4 zeigt eine misslungene Koordination zwischen dem, was die linke und rechte Hand vollzieht. Der Nagel wird aus Ängstlichkeit zu früh losgelassen.

Die emotionale Regung wirkt hier als Störung der zeitlichen Koordination. Entmutigen solche Misserfolge nicht, dann wirken sie eher herausfordernd; es kann dazu übergegangen werden, modifiziert zu deuten, und zwar in variierenden Versuchen.

Die handelnde Rekonstruktion endet damit, das bekannte Ziel zu verwirklichen. Wann und ob ein solcher Zustand erreicht ist, kann selbst kontrolliert werden. Auch diese Schritte gehören zur Nachkonstruktion.

15.3 Anzeichenbildung bei der Zielbestimmung fremden Handelns

Der aktivierende Kontext besteht darin, dass das, was andere machen, für das eigene Lernen oder für die Zusammenarbeit mit anderen bedeutsam ist. Aktuell sehen wir lediglich einen Handlungsausschnitt. Auf der Basis unseres Wissens ordnen wir (hypothetisch) dem Ausschnitt ein größeres Ganzes im Sinne einer das Ganze beeinflussenden Zielsetzung zu.

Beispiele: Zielbestimmung fremden Handelns, ihr hypothetischer Charakter

In Abbildung [15]-5 ist dargestellt, wie jemand eine Weinflasche aus dem Kühlschrank entnimmt. Dieser Vorgang wird von jemand anders bemerkt und hinsichtlich des Ziels gedeutet. Der fremde Handlungsschritt wird in der Alltagseinstellung nicht als neutral aufgefasst, also nicht nur distanziert beobachtet. Er wird in einen geläufigen Kontext (hier das gewöhnliche Handeln in der Küche) hineingestellt und erhält damit eine Bedeutung (die Flasche soll zum Weintrinken geöffnet werden).

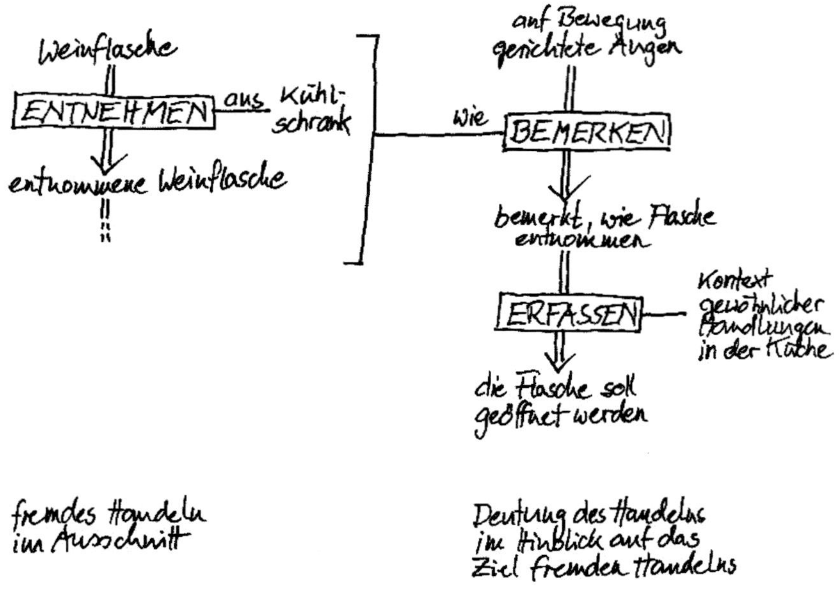

Abb. [15]-5: Der fremde Handlungsschritt wird in einen Zusammenhang (gewöhnliche Handlungen in einer Küche) hineingestellt und damit gedeutet. Das Resultat des Vorgangs ist als Zweckbestimmung festgehalten.

Wie hypothetisch solche Deutungen generell sind, lässt sich hier klar sehen. Wird ein anderer Handlungszusammenhang herangezogen, um zu deuten, ändert sich auch das Resultat: Wird beispielsweise das Entnehmen der Weinflasche in den Kontext gestellt, neue Einkäufe besorgen zu müssen, dann kommt dem fremden Handlungsschritt eine andere Bedeutung zu. Er verweist dann darauf, dass der Kühlschrank mit anderen Produkten gefüllt werden soll. Welcher Kontext eher zum Deuten heranzuziehen ist, lässt sich nur entscheiden, wenn noch andere Konstellationen oder weitere Handlungsschritte beobachtet werden oder wenn genaueres Wissen über fremde Handlungsgewohnheiten vorliegt. Erstmaliges, auch zweitmaliges fremdes Handeln lassen sich nur mit hohem Grad an Unbestimmtheit deuten.

15.4 Das Zwischenresultat und das Werk als Anzeichen fremden Handelns

Aktuell zugänglich ist uns das Werk (das Zwischenresultat) als Teil einer Handlungskette. Aufgrund unseres Wissens lässt sich dieser Teil in ein umfassenderes Handlungsgeschehen (hypothetisch) einordnen. Wir deuten etwa den gesehenen Gegenstand, wenn wir ihn gebrauchend in den eigenen Vollzug hineinnehmen. Die damit verknüpfte Aufgabenbewältigung bildet den Kontext, der diese Anzeichenbildung aktiviert und leitet, ohne streng zu determinieren.

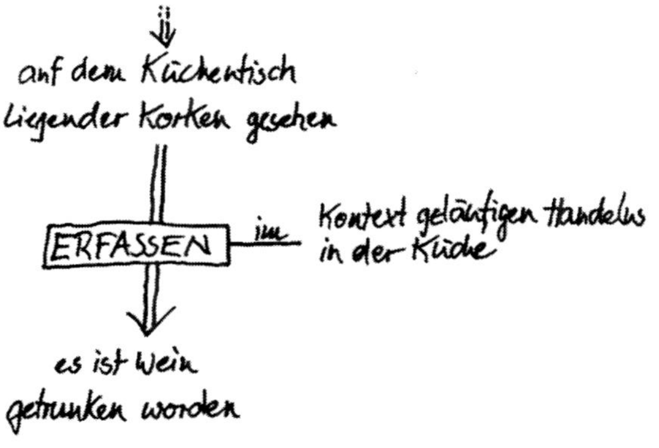

Abb. [15]-6: Der gesehene Korken erhält im Kontext geläufigen Handelns in der Küche eine Bedeutung. Er zeigt (hypothetisch) an, dass Wein getrunken wurde.

Beispiele: Der Korken auf dem Tisch

Das Auto, das heute glänzt und gestern noch eine klebrige und stumpfe Karosserie hatte, verweist darauf, dass es geputzt worden ist. Der Korken auf dem Küchentisch zeigt an, dass Wein getrunken wurde (vgl. Abb. [15]-6). Ein Zwischenresultat beim Öffnen der Weinflasche, der gelöste Korken, wird nicht als bloßer Gegenstand, sondern als Teil eines Prozesses aufgefasst. Sich solcher Deutungen zu entziehen oder noch andere zusätzlich zu erwägen, fällt in der Alltagseinstellung oft schwer.

Die Querschnitte von Tischlerplatten zeigen in groben Zügen an, wie sie gefertigt wurden. Wir können die Materialteile und ihre Fügungen ablesen. Aber das setzt eine Grundeinstellung voraus. Wenn wir nichts herstellen wollen, fällt auch meistens die genauere Materialeinschätzung aus.

15.5 Zugang zum fremden Handeln durch zurückliegendes Vorführen

Nicht immer kann das, was vorgeführt oder erfasst wurde, sofort in eigenes Handeln integriert werden. Setzt die Auswertung des Vorgeführten oder Erfassten später ein, so müssen wir uns erinnern. Der Anfang dieses Vorganges bereitet die größte Schwierigkeit. Ist er äußerlich gestützt, etwa durch Material oder Werkzeuge, dann sind die Schritte als Abfolgeschritte leichter zu rekonstruieren.

Wissen wir vom vorgeführten Nageln noch, dass der Nagel zuerst aufzunehmen und in Position zu bringen und dann einzuschlagen ist, steht uns ein Grundgerüst für den Anfang des Nagelns zur Verfügung. Dieses Grundgerüst lässt sich anreichern (differenzieren) durch einzelne koordinierte Handlungsschritte; das Grundgerüst muss ausgebaut werden (vgl. Abb. [15]-7). Zu rekonstruieren ist also zunächst nicht der Gesamtablauf, sondern nur der Anfang als erster Handlungsschritt oder als Grundgerüst. Dieses Vorgehen hat den Vorzug, dass uns das, was schon vollzogen wurde, daran erinnert, wie der Folge- oder Anschlussschritt auszusehen hat. Auf der Basis einer klaren Zielbestimmung zeigen die realisierten Vorzustände den Folgezustand an (vgl. Abb. [15]-7). Eine vom Handeln losgelöste Erinnerung des Handlungsschrittes wäre vielleicht misslungen, aber der vollzogene Vorzustand (mit seinen Materialien und Werkzeugen) erleichtert das Erinnern im Sinne des Rekonstruierens.

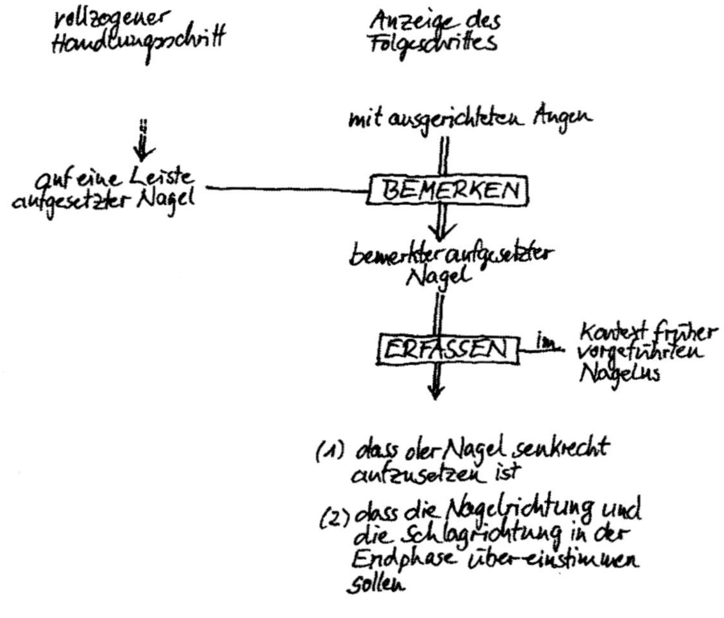

Abb. [15]-7: Rekonstruktion des Nagelns im zeitlichen Abstand zum Vorführen: Der vorausgegangene Handlungsschritt (links) zeigt im Kontext des Nagelns zwei Folgeschritte an.

Im folgenden Beispiel aus schulischem Kontext geht es nicht um das zeitlich verzögerte Nachahmen, sondern darum, ein früher schon erfasstes Prinzip in einer aktuellen Aufgabe aufzunehmen und auszubauen. Was früher aufgrund fremder Werke und eigenen Gebrauchens erfasst wurde, ist jetzt erweiternd als probierendes Entwerfen zu rekonstruieren. Grundlegend ist dabei, dass vorausgehend das Ziel geklärt wurde und eine Materialsammlung als Anregung verfügbar ist.

Haben sich Kinder darauf verständigt, ein Fahrgestell aus vorgegebenen Materialien zu bauen, dann steht ihnen in der Regel noch mehr zur Verfügung: Sie haben aufgrund zurückliegender Erfahrungen eine Grundvorstellung, was zu einem Fahrgestell gehört. Sie leitet die Wahrnehmung der Materialien, sodass ein Holzstück, das rund und flach ist, als Rad erfasst wird. Im Kontext des Bauens erscheint der Gegenstand als geeignetes Mittel. Dieses Mittel legt (wiederum im Kontext der Grundvorstellung) nahe: Das Rad muss befestigt werden. Gibt es bei den gesammelten Materialien etwas, was dafür geeignet ist (vgl. Abb. [15]-8)? Das handgreiflich verfügbare und lose Rad erleichtert es, den nächsten Probierschritt (Wie befestigen?) zu konzipieren, der ein gezieltes Suchen veranlasst (vgl. Abb. [15]-8).

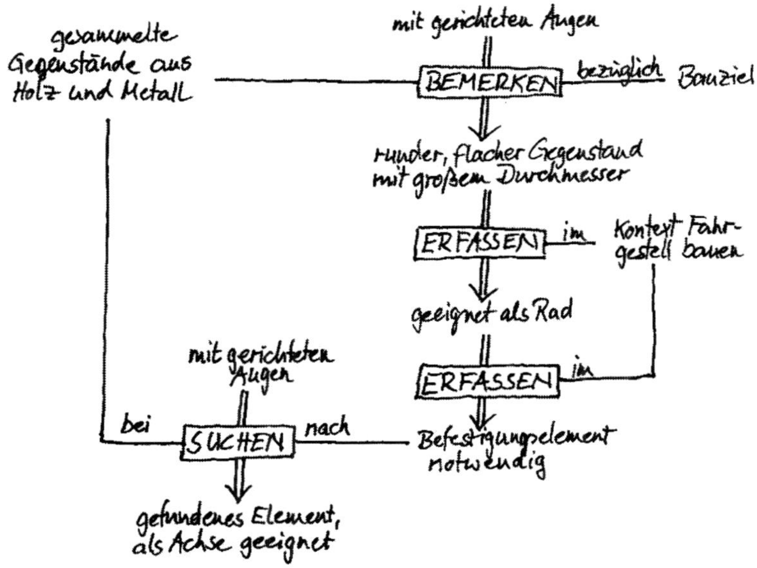

Abb. [15]-8: Schrittweiser Ausbau des bekannten Prinzips eines Fahrgestells im Rahmen des probierenden Entwerfens. Das Finden der Räder, zunächst lose und ohne Verbindung zum Gestell, legt den Folgeschritt nahe: Material für eine Radbefestigung finden. Den Rahmen für dieses probierende Entwickeln bildet einerseits die eigene Zielbestimmung, andererseits die Sammlung von geeigneten und weniger geeigneten Materialien.

Die material vorhandenen Räder zeigen vor dem Hintergrund der Grundvorstellung (Fahrgestell) deutlich eine Diskrepanz auf: Es fehlt noch der Zusammenhalt (und dann später noch die Lagerung). Der erste Schritt (die Scheibe als Rad deuten) ist ein Lösungsschritt, der gleichzeitig aber auch anzeigt oder ablesbar macht, was noch nicht gelöst ist (Wie das Rad befestigen?). Solche Erleichterungen bei der Aufgabenlösung kommen zustande, wenn zum einen das Ziel verständlich und akzeptiert ist und zum anderen Materialien vorhanden sind, die es erlauben, den Lösungsschritt wenigstens partiell sofort umzusetzen, sodass er als externer seine Flüchtigkeit (Vergänglichkeit) verliert und wahrnehmbar bleibt. Ein solches Vorgehen fördert es, sich voll darauf zu konzentrieren, welche Schritte anzuschließen sind. Das Zusammenspiel von Zielvorstellung und verfügbaren geeigneten und ungeeigneten Materialien erleichtert die Anzeichenbildung und damit die Lösung der Entwurfsaufgabe. Durch die Anzeichenbildung wird erwägend z. B. aus einem Holzstück ein Material (ein Mittel, also etwas Zielbezogenes) oder aus einem Materialteil ein konstruktives Element, das eine Funktion trägt.

15.6 Anzeichenbildung – Zusammenfassung

Die in vielen Varianten vorgestellte Anzeichenbildung soll hier verallgemeinert zusammengefasst werden.

Aus Erfahrung wissen wir, dass auf den Blitz ein Donner folgt, dass glänzende Oberflächen meistens aus harten Materialien bestehen und Korken dann anzutreffen sind, wenn Wein getrunken wurde. Wir haben Kenntnisse über solche Paarbildungen, über Zusammenhänge. Und begegnet uns aus solchen Kontexten das eine, so erwarten wir auch das andere, das mit dem ersten mehr oder weniger streng verknüpft ist.

Was wir aktuell wahrnehmen, ist der Anzeichenträger. Was er uns andeutet aufgrund des Kontextes, was er uns zu verstehen gibt, ist das Angezeigte. Was wir aktuell bemerken, ist nur ein Teil, ein Teilprozess. Sie zeigen das größere Ganze oder den Gesamtprozess an, der vorausgegangen ist oder nachfolgt. Was wir am Bemerkten ablesen, geht über das, was im Moment wahrnehmbar ist, hinaus. Was wir ablesen, ist schon vergangen und folgt als Zukünftiges (vgl. Abb. [15]-9).

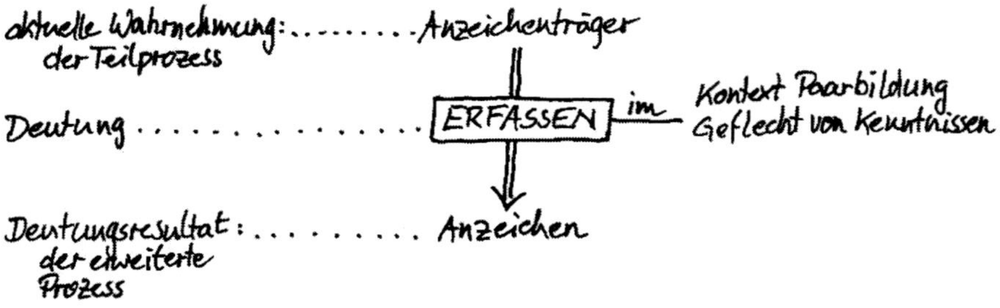

Abb. [15]-9: Bei der Anzeichenbildung bleibt das aktuell Wahrgenommene nicht für sich bestehen. Es wird zu dem in Beziehung gesetzt, was sich als Erfahrung zurückliegend abgesetzt hat und so gedeutet. Was angezeigt wird, geht über das, was hier und jetzt geschieht, hinaus. Verwiesen wird auf das größere Ganze, auf den vorausgegangenen oder nachfolgenden Gesamtprozess.

Sind solche Paarbildungen oder Zusammenhänge nicht streng determiniert, dann könnte das, was wir am Bemerkten ablesen, ‚so' oder auch ‚anders' sein. Die Anzeige ist dann nicht eindeutig; ihr kommt ein hypothetischer Charakter zu. Die Anzeichenbildung verläuft nicht zufällig; sie ist durch unsere Erfahrung ausgerichtet, enthält aber auch wegen ihrer Unsicherheit kreative Züge im Kleinen.

Im Kontext des Handelns und des Handlungswissens wurde die Anzeichenbildung in vier Bereichen verfolgt: (1) Was sagen Zwischenresultate und Resultate (Werke) über ihr Handlungsumfeld aus? (2) Was deutet ein Handlungsausschnitt an? Hier dominiert offensichtlich das Verhältnis von Teil- und Gesamtprozess. (3) Und beim Nachahmungsverhältnis? Wird hier nicht der Gesamtprozess mit allen Handlungselementen und Hilfsmitteln vorgeführt? Schon – aber was man beim Nachahmen erfasst, ist doch nur ein Teilprozess: Wahrnehmbar sind die Bewegungsabläufe. Was beobachtet wird, sind allenfalls anregende Bewegungen, keine Handlungsschritte selber. Und nur wenn der Nachahmende zweckorientiert handelnd selbst um eine Lösung oder einen Vollzug ringt, gelingt das Nachahmen als (modifizierte) Aneignung eines fremden Handelns. (4) Klarer zeigt sich das Verhältnis von Teil- und Gesamtprozessen, wenn nicht sofort nach dem Vorführen nachgeahmt wird. Dass durch den zeitlichen Abstand nur noch Teilprozesse für die Rekonstruktion verfügbar sind, leuchtet unmittelbar ein.

Wegen ihrer engen Bindung an die aktuelle Wahrnehmung wird die Anzeichenbildung oft übersehen und als Medium, das Lernprozesse anregt und fördert, vernachlässigt. In der Regel wird heute noch die Anzeichenbildung vollständig der Wahrnehmung oder Anschauung zugeordnet und damit der hypothetische und kreative Charakter der Anzeichenbildung überdeckt.[22]

15.7 Zugang zum fremden Handeln durch das Bild

Bilder sind, abseits gewohnter Situationen, nicht unmittelbar und von sich aus verständlich. Um sie zu lesen, bedarf es der Vorinformation und des Vorwissens. Bildliche Zeichen, Ikone, nehmen also, entgegen landläufigen Vorstellungen, in dieser Hinsicht keine Sonderstellung ein.

15.7.1 Beispiele: Ziel und Mittel bestimmen

Abbildung [15]-10 zeigt einen zusammengesetzten Schreibtisch und begegnet uns im Zusammenhang einer Möbellieferung. Die Darstellung, als Einheit genommen, ist zeitlich und räumlich mit der Möbellieferung gekoppelt und erscheint, genauer gesehen, in einer Situation, die durch eine auffällige Diskrepanz geprägt ist: hier das, was unvollständig geliefert wurde, dort die Vorstellung von dem vollständigen Möbelstück aus der Kaufsituation. Vor diesem Hintergrund erfassen wir die Zeichnung zunächst global als Anzeige, die etwas über das gelieferte Produkt zu verstehen gibt. Die räumliche Nähe und die Zuordnung zum Lieferprozess insgesamt bieten einen

[22] Vergleiche zur Anschauungsproblematik sind zu finden in Aebli 1963, S. 17–44.

Grund, so zu interpretieren. Das beigelegte Blatt zeigt, abseits aller Einzelheiten der Darstellung, etwas an, was sich auf das Lieferprodukt bezieht. Es bringt somit auch die Diskrepanz von Liefer- und Kaufprodukt ins Spiel. Damit ist ein Rahmen gegeben, wie die Linienzeichnung auf dem Blatt im Einzelnen zu lesen ist.

Mit anderen Worten, wir deuten das Liniengebilde im Kontext von Kauf und Lieferung und den nach unserem Handlungswissen notwendigen Anschlusshandlungen unter den Leitvorstellungen von Ziel und Mittel (sowie Folgen). Wir lesen in diesem Kontext die erste Darstellung als Bild des Endzustandes, als Bild, das die Zielbestimmung festhält. Die übrigen Darstellungen deuten wir als Bilder, die Montagehandlungen angeben, also Mittel, um das Ziel zu erreichen. Mit der Bestimmung von Ziel und Ablauf (Mittel) ist eine Groborientierung gegeben, die die weiteren (experimentellen) Rekonstruktionen leitet und zu einer Differenzierung beiträgt.

15.7.2 Den Anfang des Montageablaufs rekonstruieren

In der mittleren Abbildung [15]-10 fällt die Bohrerdarstellung auf. Im Kontext Montage fungiert dieses Bild eines Werkzeugs als Anzeige, dass zu bohren ist. Wie aber ist das Bohren im Einzelnen zu vollziehen? Das Werkzeug ist nicht allein abgebildet; es ist eingebunden in eine Linie, und nahe beim Bohrer ist eine Zahlenangabe vermerkt. Die Nähe der Zahlenangabe zum Bohrerbild legt nahe, die Zahlen auf den Bohrer zu beziehen. Im Kontext Lochbohren zeigt die Verbindungslinie an, in welche Richtung und an welcher Stelle des Tisches zu bohren ist.

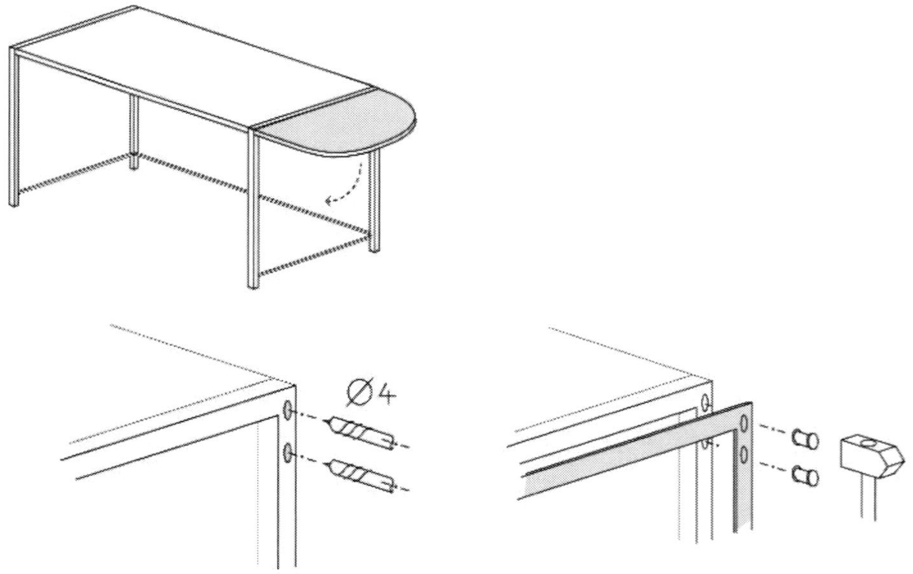

Abb. [15]-10: Montageanleitung für einen Schreibtisch. (1) Deuten der Gesamtdarstellung. (2) Zweck bzw. Ziel ist geklärt. (3) Deuten der Einzelheiten.

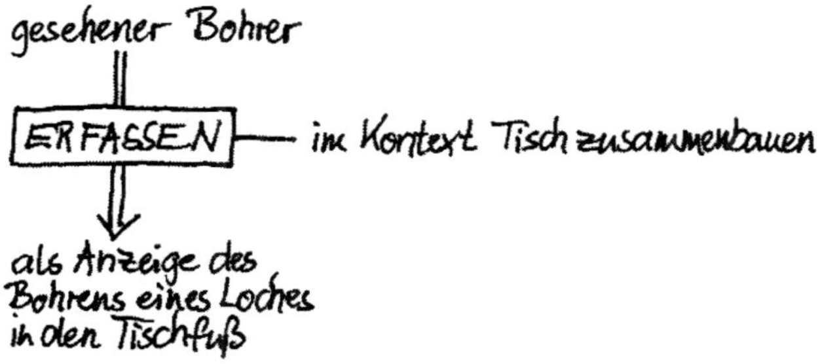

Abb. [15]-11: Erfassen des Vorgangs, ausgeführt am dargestellten Bohrer.

Mit dem Durchmesserzeichen tritt (neben der bildlichen und anzeigenden Darstellung) ein neuer Zeichentyp auf. Das gesehene Gebilde lässt sich nur deuten, wenn wir die konventionelle Vereinbarung kennen, die ursprünglich aus dem Bereich des technischen Zeichnens stammt. Lässt es sich auf dieser Basis entschlüsseln, dann erkennen wir, dass das grafische Kürzel eine bildliche Darstellung ist (Kreis mit schneidender Geraden). Die Bildlichkeit erschließt sich hier in aller Regel erst über den konventionellen Zusammenhang; erst wenn wir das Kürzel, das Symbol, entschlüsselt haben, werden wir auf den ikonischen Bezug aufmerksam. Auch die übrigen Angaben (Zahlen, Operationszeichen) im engen Umfeld des Bohrerbildes sind symbolische Zeichen, mit denen der Bohrerdurchmesser und die Bohrtiefe angegeben werden. Sind wir unsicher, ob mit der letzten Zahlangabe die Bohrtiefe gemeint ist, müssen wir zu einem experimentellen Interpretieren im Kleinen übergehen. Wir haben dann einen erweiterten Darstellungszusammenhang heranzuziehen: Wir schauen auf die letzte Darstellung und prüfen, ob die erste Deutung (Bohrtiefe) im Lichte der letzten Darstellung Bestand hat. Wir deuten gezielt und fragegeleitet: Was kommt in das Bohrloch wie hinein?

Die Verbindungslinie, in die der Bohrer eingebunden ist, und das mit Löchern versehene Winkelprofil in seiner bildlich dargestellten Lage zum Tisch verweisen darauf, wo das Tischbein anzubohren ist.

15.7.3 Bilder können Handlungen nur anzeigen

Was bildlich dargestellt ist (der Bohrer, das Winkelprofil, das Tischbein), verweist in den dargelegten Kontexten auf Handlungsschritte. Die Einzelbilder von Werkzeugen (Bohrer, Hammer) beispielsweise zeigen deutlich an, was in groben Schritten zu vollziehen ist. Die Koordination der Schritte beschränkt sich darauf, die Schrittfolge durch die Reihenfolge der beiden Darstellungen anzugeben. Auch die Bedingungen und Ausprägungen der Handlungsschritte (Bohrerdurchmesser, Bohrtiefe, Lage des Loches) werden durch ein Geflecht unterschiedlicher Darstellungsformen repräsentiert. Die Verbindungslinie zwischen Bohrer und Tisch ist im dargelegten Kontext als Bohrrichtung und Lage der Bohrung zu lesen. Diese Darstellungsform trägt noch ikonische Züge, allerdings rudimentär; sie gibt nur einen äußerst reduzierten, schematischen Aspekt wieder. Die Verbindungslinie fungiert somit eher als ein geometrisches Konstrukt, das nicht ohne Weiteres beim Bohren zu sehen ist, im gelingenden Bohren jedoch als bedeutsam erlebt wird. Um diese Deutung zu sichern, ist am Ende der Verbindungslinie auf der Tischseite bildlich ein Loch wiedergegeben, also ein Resultat eines Handlungsschrittes. Ferner ist die Verbindungslinie als strichpunktierte markiert und damit als geometrische Rotationsachse (symbolisch) gekennzeichnet. Diese Lesart, die die erste Deutung stützt, ist jedoch nur dann zugänglich, wenn konventionelle Vereinbarungen (im Rahmen des technischen Zeichnens) herangezogen werden.

Damit ist die erste Phase in einigen Zügen rekonstruiert. Sie gliedert sich in Unterphasen: Bohrer, Bohrmaschine und Winkelprofil sind vorzubereiten, dann folgt der produktive Akt, das Bohren, und schließlich das Kontrollieren, insbesondere hinsichtlich der Bohrtiefe, die nicht ohne Weiteres zugänglich ist.

Die bildliche Anleitung lässt sich nicht direkt ausführen, dazu ist sie zu ausschnitthaft. Um die Ausschnitte zu ergänzen, ist es notwendig, sie als Anzeigen zu nehmen. Das erfordert Handlungserfahrung als Hintergrund und aktuell ein tastendes experimentelles Interpretieren.

15.7.4 Verflechtung von Bild und Anzeichen im Beispiel

Die Gesamtheit der drei Abbildungen (vgl. Abb. [15]-10) sprechen wir selbstverständlich als bildliche Darstellungen an und verknüpfen damit die Vorstellung, dass sie allein die Anleitung leisten. Dabei vergessen wir den inneren Aufbau der Gesamtdarstellung und die Funktion der übrigen Darstellungsarten, ebenso den Kontext, der erst die Deutungen nahelegt. In herkömmlichen Fällen mag dieser verkürzte Zugriff hinreichen. Sind jedoch Anleitungen primär mithilfe von Bildern erstmals aufzubauen, wird deutlicher, dass letztlich ein Geflecht von Zeichen notwendig ist. Bilder allein bieten keine Anleitung zum Handeln. Um etwa ein Liniengebilde als Bild von etwas deuten zu können, müssen, wie wir am Beispiel schon gesehen haben, Anzeichen (oder Symbole) vorhanden sein. Fehlen solche Hinweise, sind wir allein auf Ähnlichkeiten angewiesen, also auf vage Bestimmungen, denn alles ist irgendwie mit allem anderen in irgendeiner Hinsicht ähnlich. Zusätzliche Hinweise schaffen deshalb erst eindeutige Verhältnisse.

Im Allgemeinen geben neue bildliche Darstellungen nicht von sich aus etwas Außerbildliches wieder; sie setzen mindestens die oft unauffällig wirksamen Anzeichen voraus. Damit ist jedoch nur eine Vorderseite berücksichtigt; zur Rückseite gehört: Damit fixe Bilder Bewegungen und Handlungsschritte darstellen können, müssen sie ihrerseits wieder Anzeichenbildungen provozieren.

Das Bild von etwas ist hier ein Mittleres. Es setzt zum einen mindestens Anzeichen voraus und muss zum anderen Anzeichenbildung anregen, um auf Handlung verweisen zu können. Bilder können von sich aus keine Handlungsschritte darstellen. Dass beispielsweise zu bohren ist, wird durch das Bild eines Bohrers dargestellt, also durch ein zentrales, hervorstechendes Handlungselement des Bohrvorganges. Was sonst noch erforderlich ist, bleibt unerwähnt. Im Kontext der Lieferung und Montage zeigt das Werkzeugbild den Handlungsschritt des Bohrens an.

15.7.5 Sehen und Deuten

Damit bildliche Darstellungen zum Handeln anleiten können, müssen wir sie sehen und schließlich lesen. Damit ist jedoch kein einzelner abrupter Übergang, kein Sprung von einem zum anderen Extrem angegeben. Die vermeintliche Gegensätzlichkeit wird oft so formuliert: Hier das Sehen, da sind wir passiv, da werden wir beeindruckt, wir registrieren; dort die Deutung, da sind wir aktiv, da gestalten wir im Kontext der aktuellen Situation und des Wissensbestandes.

Eine solche Sicht betont den kontextbezogenen Deutungsvorgang im Kleinen als begrenzt kreativ und hypothetisch. Dazu steht die Wahrnehmung jedoch nicht im vollen Gegensatz. Sie trägt, wenn auch verdeckter und weniger bewusst, ebenfalls solche Züge. Das Wahrnehmen ist nicht nur ein durch die Sinnesorgane bedingtes vereinfachendes Aufnehmen, sondern gleichzeitig ein erwartungsvolles Suchen und eine Anreicherung durch Vorstellungen, die aus den zurückliegenden Wahrnehmungen stammen. Zum ‚Bild' gesellt sich überlagernd das ‚erwartete Bild' und das ‚Gedächtnisbild', sodass unser Sehen schon (integriert) deutende Anteile enthält.[23]

In welchem Maße die Wahrnehmung bereits bedingte Gestaltung einschließt, zeichnet sich deutlich ab, wenn wir uns vergegenwärtigen, dass unsere Wahrnehmung, solange wir aktiv sind, nicht aussetzt, also ein ständiger Fluss von Eindrücken, ein ständiger Wechsel von ‚Reizen', auf uns einströmt. Wie kommen wir dabei zu etwas Beständigerem, das als Gegenstand oder Ereignis letztlich benennbar wird?

Wir sehen kein Konglomerat von Eindrücken, von Merkmalen. Was wir sehen, ist gegliedert und wird gliedernd verändert; wir schaffen so vereinfachend Gestalten oder noch einfachere Gestaltgerüste. Dahinter verbirgt sich eine Transformation. Was im visuellen Feld (als Ausschnitt) in sich einheitlich ist, fungiert als Element, als Teil; und prägnante Merkmalssprünge geben ‚Brüche' oder ‚Nähte' an, also mehr oder weniger enge Beziehungen zwischen den Elementen. Auf diese Weise entstehen auf der Basis hervorstechender Merkmale vereinfachend Beziehungsgefüge, Gestalten.

Solche schematischen Gebilde lassen sich leicht wiedererkennen. Abweichungen (geringe Merkmalsdifferenzen) werden dabei übersehen und Merkmalssprünge vertieft, wobei Isolierungen stattfinden. Es entstehen eigenständige, dominierende Gestalten. Durch solche Transformationen reduziert sich die individuelle Ausprägung und Einmaligkeit, und Wiederholungen werden so gefördert. Jenes, was mit schon geprägten Gestalten zusammenpasst, erscheint uns als vertraut.

---

23 Im Hintergrund steht, was an anderer Stelle deutlicher herausgehoben ist: Unsere Wahrnehmung ist primär zeichenhaft organisiert. Das heißt in den Worten von Arnold Gehlen: „Andeutungen, Verkürzungen, Vorderseiten und Überschneidungen […] genügen zur Andeutung der realen Gegenstandmassen." (Gehlen 1995, S. 172). Eine Vertiefung der Wahrnehmungsproblematik im Anschluss an Charles S. Peirce hat Alexander Roesler (2000) vorgelegt.

Die Gestaltbildung leistet, dass aus dem vorübergehenden Erlebnisstrom etwas entsteht, dem über die Wiederholung Dauer zukommt. Aber solche gestaltenden Hervorhebungen haben auch eine gefährliche Seite, weil sie (gelegentlich) dazu führen, Gestalten vorschnell zu identifizieren oder vollständig zu isolieren. Aber ohne solche Gestalten, ohne dieses Herausheben von Gestalten aus den fließenden Eindrücken, ohne feste Bilder gibt es keine elementaren Grundformen, die vorsprachliche Bedeutungen tragen. Jene Gestalten dienen als Mittel der elementaren, vorsprachlichen Verständigung, die uns den Zugang zu Gegenständen und Ereignissen eröffnen und so auch zum Sprachgebrauch herausfordern. Erst die beständigen Gestalten bieten Anlässe, beispielsweise Benennungen vorzunehmen. In dem Maße, wie wir auf Orientierung und Verständigung angewiesen sind, benötigen wir beständige Gestalten als Mittel, als Träger vorsprachlicher Bedeutungen, als Materialien intelligenter Weiterbearbeitung. Hier beginnt die rationale Auseinandersetzung mit unserem Umfeld nicht erst auf der Ebene vernünftigen, sprachlichen Erwägens und Argumentierens.[24]

16 Zur semiotischen Perspektive

Verständigung bedarf der Darstellung; sie ist zeichengetragen. Eine Darstellung setzt einen Kontext voraus, der dem materialen Mittel erst dazu verhilft, etwas zu repräsentieren (das Werk beispielsweise repräsentiert seinen Werdegang, der Handlungsausschnitt den Gesamtablauf). Im Hinblick auf den Gebrauch heißt das: Der herangezogene und aufgebaute Kontext ermöglicht die Deutung und führt dadurch zu einer indirekten Gliederung. Zum einen wird das äußere Medium bezeichnet, das die Darstellung trägt und gewöhnlich als Mittel nur wenig beachtet wird, zum anderen dasjenige, wofür die Darstellung steht oder was die Darstellung zu verstehen gibt. Darauf konzentriert sich in der Regel unsere Aufmerksamkeit. Erst aufgrund einer persönlichen Haltung, einer Einstellung, einer Problemsituation, einer Aufgabe, einer Zielbestimmung … wird eine Darstellung lesbar. Der wahrgenommene Darstellungsträger steht für etwas anderes, das wir dabei zu erfassen suchen. Im Kontext des Nachahmens beispielsweise versuchen wir, aus der gesehenen Bewegung Anzeichen zu gewinnen, die es erlauben, Handlungsschemata und deren Koordination zu rekonstruieren.

Was dargestellt wird, fällt, generell gesehen, nicht mit Einzelgegenständen zusammen, aber auch nicht mit inneren Vorstellungen (‚geistigen Gebilden'). Darstellungen enthalten ineinandergreifend nachkonstruierende und konstruierende Züge. Sie wirken einerseits welterschließend, andererseits interpretierend und halten damit

[24] Zur Vertiefung der behandelten Fragen sei empfohlen: Langer 1979 [1942], S. 86–108. Ebenso: Fellmann 1991.

Distanz zu einer rein objektivistischen und einer rein subjektivistischen Haltung. Bezüglich der hier angefügten Beispiele lässt sich festhalten: Handlungsdarstellungen halten Distanz zum effektiven Handeln und zum verinnerlichten Handeln. Handlungsdarstellungen schaffen einen beständigen Zwischenbereich und fördern so effektives und verinnerlichtes Handeln.

Aus Sicht der Semiotik, wie sie Charles Sanders Peirce etabliert und ausgeformt hat, lassen sich unter anderem drei Formen der Handlungsdarstellung unterscheiden:[25] Wir können Handeln durch Handeln (durch Anzeichen oder Indices), durch Bilder (Ikone) und durch Sprache (durch Symbole) darstellen. Damit es mit diesen Zeichen zu einer Verständigung kommt, ist, wie schon bemerkt, ein Handlungskontext erforderlich, beispielsweise die Kauf- und Liefersituation von Teilen eines Tisches. Was Symbole in dieser Einbettung zu verstehen geben, beruht auf konventionellen Vereinbarungen, beispielsweise die Angabe 8 × 15 auf einer bildlichen Anleitung. Direkte Verbindungen und Ähnlichkeiten mit dem, wofür das Zeichen steht, spielen hier keine Rolle. Anders verhält es sich bei Indices und Ikonen.

Der Index (der Hinweis, das Anzeichen) gibt in einem solchen Zusammenhang durch eine direkte Verbindung etwas zu verstehen, und zwar auf der Basis abgelagerter Erfahrungen und geläufiger Wahrnehmungen. So deutet beispielsweise in der Phase des Konzipierens von Handlungsschritten eine an ein Holzstück gehaltene Schraube an, dass die Schraube hier einzudrehen ist.

Das Ikon schafft einen Zugang zu dem, was es bezeichnet, durch Ähnlichkeit. Im Kontext der Montage von Tischteilen verweist der bildlich dargestellte Bohrer auf einen Bohrvorgang. Das Bild zeigt einen Handlungsschritt an. Ein Ikon und ein Index wirken hier zusammen.

Entscheidend ist bei einer solchen Abgrenzung, dass wir uns klar vor Augen führen, was sich in den vorausgegangenen Beispielen schon angekündigt hat: Diese Zeichenarten lassen sich nicht vollständig isolieren. Im Zeichengebrauch zeigt sich, wie ineinandergreifend Symbol, Ikon und Index wirken. Erst ihr Zusammenspiel führt in problemhaltigen Fällen zu lesbaren Resultaten. Dass Symbol, Ikon und Index aufeinander angewiesen sind, verdeutlichen die folgenden Punkte ausschnitthaft. Meistens werden durch Symbole Vororientierungen und Ausrichtungen vermittelt; sie schaffen so eine Einbettung für Ikone und Indices. Wie Indices und Ikone aufeinander angewiesen sind, hat das Beispiel der Anleitung zur Tischmontage verdeutlicht. Und wie problemhaltig isolierte Ikone sind, wird daran offensichtlich, dass das für sich genommene Ähnlichkeitsverhältnis suggeriert, wir könnten aus dem Verständigungszusammenhang heraussteigen und aus der so gewonnenen Distanz die Ähnlichkeit von materialem Zeichenträger und Bezeichnetem beurteilen.[26]

Unter semiotischer Perspektive sind auch die Darstellungen, die in einem früheren Kapitel in Bezug auf die grafischen Darstellungen von Handlungsprozessen schon

25 Als Einführung eignet sich: Nagl 1998, S. 20–49.

26 Vgl. etwa Oehler 1993 und Nagl 1992, S. 44–47.

erwähnt wurden, nochmals in einem allgemeineren Sinne aufzugreifen. Gewöhnlich betrachten wir das Darstellen ausschließlich als Darstellung eines Gegenstandes, der vor aller Darstellung gegeben ist. Wir nehmen die Darstellung dualistisch: einerseits der bekannte Gegenstand, andererseits die nachträgliche Darstellung. Die fertige Darstellung zeigt dann eine ‚Umsetzung' des Gegenstandes in ein Darstellungsmittel. Diese Mittel werden im alltäglichen Umgang meistens übersehen oder ausgeblendet. Dem entspricht die Alltagssicht, nach der die Welt der Gegenstände unabhängig von der Sprache ist.

Die Sprache zeichnet nach, und eigentlich interessiert nur, was mit ihr gesagt werden soll. Die Sprache hat jedoch, wie alle Darstellungsformen, noch eine andere Aufgabe zu erfüllen: Sie muss sichtbar machen, was nicht offensichtlich ist. Ihr kommt deshalb auch die Funktion zu, Gegenstände schärfer zu umreißen und Gegenstände im Darstellen zu schaffen. Aus diesem Blickwinkel erhält die Darstellung eine zentrale Stellung: Vorausgehend ist der Prozess, dass wir uns auf ein Verständigungsverhältnis einstellen und einlassen. Nur dann verwandeln sich eine Lautfolge, ein Liniennetz oder eine Bewegungsabfolge zu einer Darstellung; nur dann ist ein Liniennetz mehr und etwas anderes als dieses Netz. Der nachfolgende Prozess ist dann ein Deuten, eine experimentierende Interpretation. Welcher Gegenstand (oder Sachverhalt) ist dargestellt? Lassen sich die Darstellungsmittel auch noch anders interpretieren? Gibt das Mittel Anhaltspunkte für weitere Versionen?

Eine solche Grundkonzeption schließt ein, dass ein Gegenstand erst mit der Darstellung geschaffen wird. Er ist dargestellter Gegenstand, von dem wir ohne Darstellung keine Kenntnis haben. Ein solcher Gegenstand ist nicht unabhängig vom Darstellen, nicht unabhängig vom Darstellungsmittel, nicht zeichenfrei gegeben. Und er beeinflusst gelegentlich, wie wir wahrnehmen und erfahren.

Kennen wir den Gegenstand der Darstellung bereits, erfolgt die Darstellung also nachträglich, dann fällt es besonders schwer, die Vorstellung von einem durch Darstellung konstituierten Gegenstand wachzuhalten. Wir neigen dann in stärkerem Maße zu einer Zweiteilung: Vorgängig ist der Gegenstand, der in einem nachträglichen Schritt dargestellt wird. Vergessen wird dabei, dass auch jene vorausgegangenen Kontakte nicht zeichenfrei erfolgten. Was uns durch Wahrnehmen zugänglich ist, ist uns nicht unmittelbar gegeben. Der Wahrnehmungsvorgang schließt Deuten beispielsweise im Sinne der Anzeichenbildung ein. Unter semiotischer Perspektive ist alle Gegenständlichkeit durch den Zeichencharakter der Wahrnehmungs- und Verständigungsprozesse mitgeprägt. Resümierend formuliert Ludwig Nagl: Gegenstände

> „liegen niemals […] zeichen-‚nackt' vor: Es gibt keine unmittelbare Gegenstandswelt, die erst in einem zweiten Schritt ‚zu' den Zeichen gebracht werden müsste; alle Objekte sind ‚immer schon' bezeichnet. Freilich sind sie im endlichen Erfahrungs- und Handlungsraum […] nicht ausbestimmt, sondern nur ‚nach Hinsichten' interpretiert."[27]

[27] Vgl. Nagl 1992, S. 50.

Wie Darstellung mitprägt, lässt sich ermessen, wenn beispielsweise allein das gewohnte und geläufige Handeln ins Zentrum gerückt wird. Eine solche Auffassung fördert die Wahrnehmung des Handelns als unproblematisches Besorgen. Sie schärft den Blick für ‚richtiges‘ und ‚falsches‘ Handeln und blendet aus: die Zielorientierung des Handelns, die Notwendigkeit, sich im Planen und Ausführen zu entscheiden und insgesamt Bewertungen vorzunehmen, die Verantwortlichkeiten konstituieren.

Wird hingegen von der artikulierten Grundvorstellung ausgegangen, dass Handeln ausschließlich Wissen voraussetzt, dann werden beispielsweise Prozesse, bei denen aus dem problemlösenden Handeln Wissen gewonnen wird, nur blass oder gar nicht wahrgenommen. Zielbestimmung, Entscheidung und Bewertung erscheinen dann unter einer spezifischen Prägung. Sie verweisen auf Defizite: Hätten wir mehr Wissen, wäre allein auf der Basis des Wissens klar, wie zu verfahren wäre – und Zielorientierung, Entscheidung und Bewertung ließen sich ersetzen, und zwar durch den sicheren Einsatz von Wissen, durch die konsequente Anwendung von Wissen.

Dass solche Prägungen auch ein menschliches Selbstverständnis und eine spezifische Vorstellung von der Wissensentwicklung einschließen, lässt sich am letzten Beispiel deutlich ablesen. Ein solches Konzept schreibt Handelnden die Fähigkeit zu, Wissen unbegrenzt verarbeiten zu können, und außer Acht bleibt, dass Handeln aus einer spezifischen Haltung heraus vollzogen wird und gleichzeitig haltungsprägend ist. Vor diesem Hintergrund sind Handlungen immer auch Vorgänge, die Persönliches zum Ausdruck bringen.

Die Wissensentwicklung wird in diesem Konzept, stark vereinfacht, als kontinuierlich wachsend aufgefasst; Wissen aus verschiedenen Bereichen oder Disziplinen sei untereinander vereinbar und jederzeit für den problemhaltigen Einzelfall einsetzbar – eine beschönigende, verdeckende Sicht.

17 Technisches Handeln

Technisches Handeln ist ein Handeln mit greifbaren, gegenständlichen, materialen Gebilden. Sie sind künstliche Gebilde, also Artefakte, nicht gewachsen.

Der Versuch, technisches Handeln von anderen Handlungsweisen scharf abzugrenzen, macht Übergänge sichtbar. Beispielsweise ist das Züchten von Tieren oder Pflanzen, als Ganzes gesehen, kein technisches Handeln. Eine größere Nähe zum technischen Handeln besteht jedoch, wenn die gentechnischen Vorgehensweisen betrachtet werden. Ähnliche Übergänge zeichnen sich ab, wenn wir die Tätigkeiten des Designs einbeziehen. In der Entwurfstätigkeit des Designs sind Komponenten technischen Handelns enthalten, gleichzeitig jedoch auch Komponenten im Sinne des Formgestaltens. Designer nehmen eine Zwischenposition ein; sie stehen zwischen Techniker und Künstler.

Ist das Binden einer Krawatte, das Zuschnüren von Schuhen, das Zubereiten von Kaffee mit einer Maschine … ein technisches Tun? Es werden materielle, künstliche Gegenstände in alltäglicher Weise genutzt, und zwar so selbstverständlich, dass die künstlichen Gebilde nur noch eine beiläufige Rolle spielen. Die künstlichen Gebilde werden in gewohnter, eingeschliffener Weise gehandhabt; nur der anfängliche Einstieg in den Gebrauch ist problematisch und erfordert gesteigerte Aufmerksamkeit. Die letzten Beispiele belegen noch andere Übergänge: Im Rahmen alltäglichen Tuns geht technisches Handeln in gewohnte Formen des Besorgens über.

Technisches Handeln beschränkt sich nicht auf technisches Denken, aber es ist auch nicht bloß ein Fertigen oder Können; es ist nicht autonom, sondern situationsbezogen und stellt insofern eine sinnvolle Antwort auf eine Situation dar. Was aktuell Antwortcharakter hat, steht im Zusammenhang mit Handlungsentwicklungen und Handlungsgeschichten und beruht letztlich auf Formen des Zusammenlebens. Technisches Handeln ist zielgerichtet und immer ein Handeln mit etwas: mit vorgefundenen Gegenständen, mit Material, mit Werkzeugen … Dieses Handeln hat beabsichtigte und unbeabsichtigte Folgen.

17.1 Formen technischen Handelns

Zum technischen Handeln gehören primär das Herstellen und Gebrauchen. Die Herstellung technischer Gegenstände dient dem Gebrauch; sie ermöglicht den Gebrauch und bereitet ihn mehr oder weniger prägend vor.

Die komplexen industriellen Formen der Herstellung und der massenhafte Gebrauch technischer Gegenstände zwingen dazu, nicht zuletzt unter ökologischen Gesichtspunkten, weitere Handlungsformen zu unterscheiden: die Bereitstellung von Mitteln für die Herstellung einerseits und die Entsorgung von gebrauchten und verbrauchten technischen Gegenständen andererseits.

Die Bereitstellung von Mitteln ist der Herstellung vorgelagert. Dazu gehört die Verarbeitung von natürlichen Rohstoffen zu Materialien und Halbfabrikaten (vom Erz zum Stahl, vom Holz zu Zellulosefasern …) für die eigentliche Herstellung technischer Gegenstände, die Bereitstellung von Energie und Information, speziell auch die Erarbeitung von ‚Gedankenmaterial', also von technischem Wissen als Gestaltungshilfe.

Die Entsorgung folgt auf den Gebrauch technischer Gegenstände. Hauptaufgabe ist es, Materialien und Bauteile aus den verbrauchten Gegenständen zurückzugewinnen, sodass sie erneut für den Produktionsprozess verfügbar sind. Unverwertbare Reste müssen möglichst umweltschonend deponiert werden.

Der Werdegang eines technischen Gegenstandes hat den Gebrauch zum Zentrum; alle Vorleistungen sind auf den Gebrauch gerichtet. Kein Gegenstand hält aber ewig; er ist dem Verschleiß unterworfen. Der Gebrauch erzwingt also Vor- und Nachbereitungen (vgl. Abb. [17]-1). Lässt sich die Nachbereitung des Gebrauchs als Recycling organisieren, so ist damit gleichzeitig die Bereitstellung von Mittel für die Herstellung in Gang gekommen; ein Kreislauf entsteht.

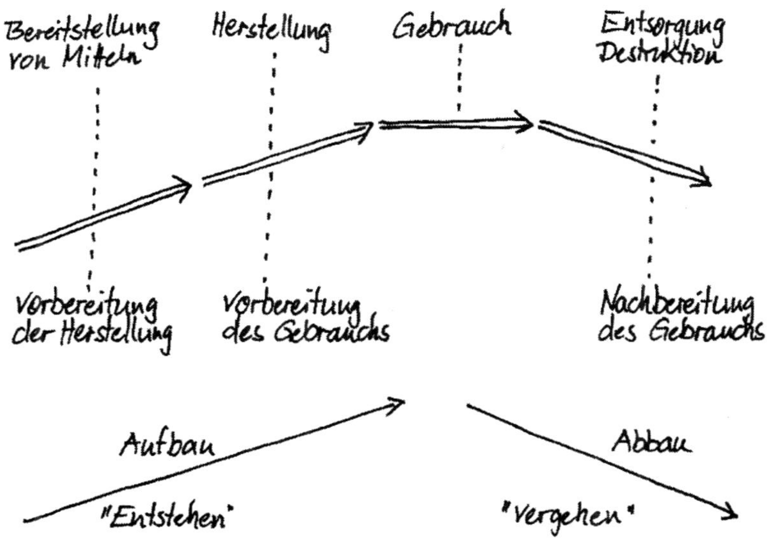

Abb. [17]-1: Formen des technischen Handelns, geordnet nach dem Werdegang eines technischen Produktes. Die Darstellung beschränkt sich auf lineare Abläufe, die durch zyklische Prozesse zu ergänzen sind.

17.2 Technische Gegenstände

In der technischen Sphäre fallen zunächst die Gegenstände auf: der Hammer, das Auto, der Kran, das Elektrizitätswerk, der Computer … Einige technische Gebilde sind besonders auffällig, sie werden zur Kennzeichnung von Zeitepochen herangezogen. So sprechen wir etwa vom Zeitalter der Dampfmaschine oder vom Computerzeitalter und vergessen dabei, welche technischen Gegenstände jeweils dahinterstehen. Auch die Lokomotiven, die Flugzeuge, die Raketen … werden als charakteristische Leitgebilde zu solchen zeitlichen Überblicken und Orientierungen herangezogen. Im extremen Kontrast dazu bleiben die technischen Gegenstände im Bereich des alltäglichen Besorgens – die Zahnbürste, die Gabel, die Tasse – ganz unauffällig und ohne jede Überraschung.

Trotz solcher Unterschiede fragen wir zunächst nicht danach, auf welche Weise, auf welchen Wegen wir Gegenstände erfassen. Wir sind davon überzeugt, dass wir die Gegenstände so erfassen, wie sie (an sich) sind, unabhängig von uns, unabhängig von unseren Hinwendungen.

17.2.1 Beziehungen zwischen technischen Gegenständen

Der zweite Blick führt zu einer Korrektur, wenn auch zu einer beschränkten: Kein technischer Gegenstand, so sehen wir es jetzt, besteht für sich; es gibt keine Einzelgebilde. Wie die natürlichen Gebilde, die Lebewesen, zu Lebensgemeinschaften in spezifischen Umgebungen gehören, treten auch die technischen Gebilde nie isoliert auf: Was bedeutet ein Wasserhahn ohne Rohrleitung und ohne Wasserreservoire? Ein Wasserhahn allein für sich birgt nur die Möglichkeit in sich, technischer Gegenstand zu werden; erst im Verbund erfüllt er einen Zweck. Und erst im menschlichen Gebrauch erfüllt ein technischer Gegenstand seinen Sinn; von sich aus ist kein Gegenstand und kein Beziehungsgefüge von Gegenständen technisch. Nehmen wir diesen Hinweis ernst, dann müssen wir uns primär um die Prozesse bemühen.

17.2.2 Funktion und Konstruktion

Wir kennzeichnen die greifbaren und materialen Gegenstände, die in Prozesse technischen Handelns eingehen, als technische Gegenstände und setzen hinzu, dass technische Gegenstände eine Funktion und Konstruktion aufweisen. Funktion heißt in diesem Kontext, dass der Gegenstand zu etwas dient, dass er also einen Zweck hat. So kommt beispielsweise einem Verwaltungsgebäude eine Funktion zu, aber auch verschiedene Unterfunktionen.

Konstruktion heißt in diesem Kontext, dass der Gegenstand aufgebaut ist, und zwar aus verschiedenen Elementen mit ihren Relationen oder aus verschiedenen Bauteilen mit ihren Verknüpfungen. Unter dem Gesichtspunkt der Konstruktion technischer Gegenstände zeigt sich, dass sie ein inneres Beziehungsgefüge aufweisen. Je nach Grad der Differenzierung kommt in der Betrachtung eher ein Feinaufbau oder ein Grobaufbau zur Geltung, und unter der Hand offenbart sich, dass es nicht ‚das eine' innere Baugefüge eines technischen Gegenstandes gibt.

Unter dem Gesichtspunkt der Funktion technischer Gegenstände zeigt sich, dass sie einen Zweck haben, den sie letztlich, wie schon mehrfach betont, im Gebrauch erfüllen. Der letzte Hinweis auf die Prozesshaftigkeit ist damit gegeben, dass wir Funktion und Konstruktion als Relativbegriffe auffassen: Die Funktion bestimmt die Konstruktion, die Konstruktion bestimmt die Funktion; keine Funktion ohne Konstruktion, keine Konstruktion ohne Funktion.

Nehmen wir all diese Hinweise auf, dann müssen wir zusammenfassend und wiederholend feststellen: Bedeutsam ist, neben den technischen Gegenständen, das technische Handeln, das Netz technischer Prozesse.

17.3 Prozessnetze

Menschen existieren nicht als Einzelwesen. Wir leben in kulturhistorisch gewachsenen sozialen Verhältnissen, und alle menschlichen Tätigkeiten geschehen in mehr oder weniger ausgeprägten sozialen Bezügen. Folglich gibt es auch keine Einzeltaten, keine Einzelprozesse, etwa den isolierten Gebrauch, wohl aber Prozessnetze oder Handlungszusammenhänge. Letztlich gilt unser Bemühen der Lebenssicherung und -entfaltung. Das erfordert primär gemeinschaftliches Handeln, aus dem gemeinschaftlich geprägte Artefakte hervorgehen.

Zur ersten Kennzeichnung der Prozessnetze am Beispiel früher Netze sei auf zwei korrespondierende Prozessarten verwiesen: An erster Stelle sind die Gemeinschaftsaufgaben zu nennen. Sie ziehen Arbeitsteilung und Koordination der Arbeit nach sich. Ohne Gliederung oder Teilung gibt es keine Mitarbeit Einzelner, und ohne Koordination kein sinnvolles Bewältigen der gemeinschaftlichen Aufgabe als Einheit.

In einem zweiten Schritt soll ein Blick darauf geworfen werden, wie gemeinschaftliche Aufgaben im kulturell-sozialen Umfeld bewältigt werden, und zwar in Korrespondenz dazu, wie Einzelaufgaben verfolgt werden.

17.3.1 Arbeitsteilung und Koordination der Arbeit

Mit dem gemeinschaftlichen Handeln ist immer auch die Arbeitsteilung verbunden. Jede Teilung zieht das Zusammenfügen nach sich und schafft damit erst ein gemeinschaftlich hervorgebrachtes Resultat.

Nicht erst die industriellen Produktionsweisen erfordern ein gemeinschaftliches Handeln, wie es etwa in Werkstätten, Betrieben und Konzernen vorzufinden ist. Umfangreiche und komplizierte Aufgaben konnten schon früher nur Gemeinschaften intendieren, planen und ausführen. Beispielsweise ist ein jungsteinzeitliches Ständerhaus kein Resultat eines individuellen Bemühens: Nicht Einzelne haben die Aufgabe als Ziel bestimmt, nicht ein Einzelne haben geplant und nicht ein Mensch allein hat das Steinbeil zur Rodung von Baumstämmen benutzt.

17.3.2 Gemeinschaftliche Aufgaben

Die Bewältigung gemeinschaftlicher Aufgaben geschieht in einem kulturell-sozialen Umfeld und liefert damit Bedingungen und Vorbilder für das Vorgehen. So nimmt beispielsweise der jungsteinzeitliche Haus- und Siedlungsbau die Weisen auf, wie zusammengelebt wird. Das Haus wird im besten Fall so angelegt, dass es soziales Verhalten sichert, schützt, kanalisiert und erweitert; nur dann gilt es als funktionierend. Im Haus- und Siedlungsbau sind kulturell-soziale Beziehungen manifestiert. Und wenn wir heute im Rahmen der Archäologie Artefakten begegnen, dann sind es für uns gewonnene Beziehungen und Zeichenträger, die etwas zu verstehen geben: Wie etwa der Ofen oder die Schlafstellen angeordnet sind, verrät etwas drüber, wie man sie sozial gestaffelt nutzt.

Artefakte vergegenständlichen kulturell-soziale Beziehungen und machen diese in besonders gelagerten Fällen ablesbar. Sie stabilisieren soziales Verhalten. Artefakte prägen das Zusammenleben mehr oder weniger gezielt. Sie bestimmen mit, wie sich die alltägliche Lebenspraxis vollzieht. Letztlich werden dadurch, dass Artefakte hervorgebracht werden, neue Mitakteure geschaffen, die manche Handlungen hemmen und andere fördern. Vor dem Haus- oder Siedlungsbau war das Zusammenleben nicht artefaktlos. Mit den veränderten Artefakten werden deshalb in der Regel auch die Formen der Lebenspraxis nur unmerklich abgewandelt; gleichzeitig ist aber auch zu sehen: Die Artefakte sind nicht bloß Ergänzungen, die eventuell die Effektivität erhöhen; die Wege, Karren, Öfen, Häuser … sind keine inaktiven Mittel, die von Fall zu Fall von Akteuren eingesetzt werden, wobei alle Aktionen bei der Gemeinschaft verbleiben. Generell gesehen gehen Artefakte in eine Vielzahl von Handlungen ein und tragen dazu bei, neue Artefakte zu schaffen. Dadurch differenziert und erweitert sich das Aktionsfeld von Akteuren. Artefakte lassen sich nicht mehr auf ihre Gegenständlichkeit und äußerliche Mittelhaftigkeit reduzieren. Sie gewinnen in den Anschlusshandlungen einen gemeinschaftsprägenden Rang und verwandeln sich dadurch zu Mitakteuren, zu Gebilden, die die gegenständlichen Züge nicht vollständig ablegen, aber auch selbst eine prägende Rolle im Handeln übernehmen. Hier zeigt sich, dass die Artefakte auch Züge von Akteuren einbringen und deshalb die Kennzeichnung Mitakteure verdienen.[28]

Schauen wir von diesem Punkt der jungsteinzeitlichen Epoche auf neuzeitlichere Entwicklungsstränge, dann zeigt sich: Prägungen durch die Mitakteure stoßen zeitliche und räumliche Stabilisierungen an. Sie führen langfristig zu Konsolidierungen und münden letztlich darin, vielfältige Formen der Institutionalisierung zu schaffen, beispielsweise Zünfte, Handwerke, Verwaltungen …

Gesellschaften, Gemeinschaften, Interessenverbände, Produktionsbetriebe sind keine fixen unveränderlichen Organisationen. Komplexe Aufgaben und kollektive partikulare Interessen konstituieren Gemeinschaften, und veränderte Aufgaben begründen beispielsweise neue oder abgewandelte Gemeinschaften, oft gegen den Widerstand herkömmlicher Organisationsformen.

17.3.3 Einzelaufgaben

Zwischen gemeinschaftlichen Aufgaben und Einzelaufgaben gibt es keine abrupten Übergänge. Die Bewältigung von Einzelaufgaben verläuft nach ähnlichen Formen: Die gemeinschaftlichen Aufgaben bedürfen der gemeinschaftlichen Arbeitsteilung und Koordination, die Einzelaufgaben sind personal zu teilen und zu koordinieren, jetzt aber als Teilung und Koordinierung, die dazu führen, ein personales Handlungsgefüge aufzubauen. Rahmenbildend wirken dabei die Gemeinschaftsaufgaben.

Gilt es beispielsweise, durch Roden eine Siedlungsfläche zu gewinnen, so müssen Bäume gefällt werden. Dabei sind Einzelne überfordert, aber auch die Familie, die Sippe … Benötigt werden besonders kräftige Helfer und Partner. Gelingt die Aufgabenbewältigung nur mühsam oder nur unvollständig, dann ist zu erwägen, ob es nicht geeignetere Partner gibt. Sind sie nicht vorhanden, dann müssen sie zugerichtet oder erzeugt werden, und zwar für die spezifischen Einzelaufgaben, etwa dadurch, dass

[28] Bruno Latour hat mich in dieser Auffassung bestärkt, und zwar mit seinem Werk „Die Hoffnung der Pandora“ (Latour 2000).

eine scharfe Steinkante geschliffen wird als erster Schritt, ein Beil herzustellen. Natürliche Gegenstände werden herangezogen, zugerichtet und als Spezialpartner, als Mitakteur eingesetzt. Ursprünglich mussten Menschen Äste knicken und brechen und das Feuer als Spezialpartner einsetzen; jetzt, mit dem Beil, ist ein Artefakt verfügbar, das erlaubt, Roden und Baumaterialgewinnung zu verknüpfen.

17.3.4 Akteur und Mitakteur

Die Erfahrungen aus der sozialen Praxis werden im technischen Handeln zum Leitbild: Partner schaffen, aber für ganz bestimmte, zunächst eng situationsbezogene Aufgaben. Was dabei gleichsam auf einem Umweg entsteht, ist ein Artefakt mit zwei Seiten, zum einen die Seite, die vergegenständlicht, zum anderen jene, die eine ursprünglich partnerschaftliche Leistung aufnimmt. Akteure setzen das Artefakt, das Beil, als Spezialpartner ein, aber nicht nach dem Grobverlauf: Das Artefakt für sich tut nichts, die Akteure alles. Dieses Bild gilt es zu modifizieren. Das Artefakt bestimmt mit, wie anschließend zu handeln ist, und erreicht damit gelegentlich den Status eines Mitakteurs.

Werden die Artefakte nach ihrer sozialen Praxis geformt, dann muss mit einer bestimmten Vielfalt gerechnet werden, mindestens aber, entsprechend den sozialen Partnerschaftsverhältnissen, mit einer Nah- und Fernwirkung der Artefakte. In beiden Wirkungsverhältnissen spielen die Dauer und der Wechsel eine entscheidende Rolle. Am Beispiel der altsteinzeitlichen Epoche sei dies näher erläutert. Damit es zu einer handnahen Bearbeitung von Holz durch den Stein, von Stein durch den Stein kommt, muss eine Materialdifferenz vorhanden sein. Der Stein muss dauerhaft härter sein als das Holz eines Baumstammes; der Stein, der einen anderen Stein bearbeitet, muss ebenfalls härter sein.[29]

Unterstützend wirkt dabei noch ein weiterer Umstand. Damit beispielsweise ein Werkzeug zugerichtet oder hergestellt werden kann, muss es zwei Teilphasen geben: eine, bei der bewegt, geführt, geformt wird, und eine, bei der festzuhalten ist. Der gefundene Stein ist zu halten, sonst lässt er sich nicht brechen, und der Baumstamm ist festzuhalten, damit das Beil wirksam sein kann. Erforderlich ist also neben der Differenz in der Härte der Materialien auch eine Differenz bei den Arbeitsbewegungen.

Das Zusammenspiel von Dauer und Wechsel ist auch bei Fernwirkungen von Artefakten von Belang. Das Werfen zum Beispiel erfordert einerseits das Greifen der Steine, das Zielen und Treffen, aber auch das Loslassen dessen, was zuvor gegriffen wurde. Am deutlichsten zeigt sich das Wechselspiel von Dauer und Wechsel im Greifen und Loslassen. Das Werfen ist auch noch insofern für das Handeln generell bedeutsam, als es uns besonders mit dem Zielen und Treffen daran erinnert, dass wir

---

[29] Vgl. hierzu Popitz 1989, S. 63–64.

mit dem Handeln etwas erzielen wollen, gleichzeitig aber auch alles Handeln unsicher ist und gelegentlich eine kausale Komponente enthält. Handeln ist dadurch unsicher, nicht alle Phasen sind kognitiv steuerbar.

Mit dem modifizierten Bild technischen Handelns zeigt sich zweierlei: Es gibt nicht nur die eine agierende Person, wohl aber Akteure und Mitakteure. Es gibt auch nicht nur das eine generelle Artefakt, wohl aber das Artefakt mit Nachwirkung im handlungsbezogenen Umkreis, etwa das Handwerkzeug, aber auch jene Artefakte, die darauf abgestellt sind, in der Ferne wirksam zu sein, beispielsweise alle Formen des Werfens.

Das Artefakt als geschaffener Spezialpartner – diese alltagsferne Modellsicht lässt sich konkreter fassen; dazu zwei Beispiele. Für den Müller einer Windmühle im 17. Jahrhundert ist der Wind eine bedeutsame Bedingung, die den Erfolg des Mahlgeschäfts entscheidend mitbeeinflusst. Damit der Wind optimal ausgenutzt werden kann, müssen seine Eigenheiten im Verbund mit der Windmühle erfasst werden; der Müller muss unter anderem probieren, erkunden, experimentieren. Er nimmt den Wind in Handlungsabläufe hinein und erfährt über die Resultate etwas von seiner Beschaffenheit. Das Handeln des Müllers fungiert hier auch als ein Sichtbarmachen. Das wirkt konturgebend; im Handeln zeigt sich, wie dieser Spezialpartner agiert und sich zunehmend zum Mitakteur verwandelt. Damit ist keine unangemessene Verlebendigung in Gang gesetzt, eher eine Vergegenständlichung in dem Sinne, dass eine ursprüngliche Handlungsbedingung zum Spezialpartner eingegrenzt wird.

Die hier lancierte Modellsicht verlangt keine personalisierten Auffassungen, wie sie sich im Rahmen beruflicher Arbeit gelegentlich einstellen. Dazu das zweite Beispiel. Für Arbeiter am Hochofen gewinnt das fließende Eisen bisweilen den Charakter eines ‚lebendigen‘ Gebildes. Sie nehmen über das Agieren mit dem Eisen viele Beschaffenheiten oder ‚Verhaltensweisen‘ wahr, die den Charakter des Lebendigen stützen. Wer den Eisenfluss nicht bearbeitet, kann sich nur darauf berufen, dass man Merkmale des Flusses wahrgenommen hat. So kommt es zu einer Diskrepanz: einerseits die vielen Zugriffe und Handlungsabläufe in der beruflichen Praxis, die dazu führen, mit dem, was bearbeitet wird, bekannt zu werden; andererseits lediglich wenige Wahrnehmungen. Es ist deshalb nicht weiter verwunderlich, dass die Perspektive von Stahlwerkern auf das fließende Eisen gelegentlich als unzulässige Personalisierung missdeutet wird.

Mit der Kennzeichnung der Artefakte als Mitakteure soll festgehalten werden, wie sie das Handeln als Spezialpartner mitbestimmen; die modellartige Sicht verlangt nicht, dass wir verlebendigen oder personalisieren.

17.3.5 Zusammenfassung und Ausblick

(1) Artefakte nehmen eine Zwischenstellung ein; sie sind zum einen Gegenstände und zum anderen handlungsprägende Partner.

(2) Die sozialen Interaktionsformen vermitteln die Leitbilder des technischen Handelns und wirken auf diesem Wege auf die lebensweltliche Praxis zurück.

(3) Eine solche bildhafte Kennzeichnung, noch dazu orientiert an Beispielen aus frühen Menschheitsepochen, weckt den Verdacht, als gebe es in diesem Bild keinen Platz für das Gefühl der Entfremdung. Das ist nicht der Fall: In anfänglicher Form zeigt es sich darin, dass wir gewahr werden, dass es so viele ungerufene, ungewollte Partner gibt, so viele befremdende Vorleistungen anderer, so viele geschaffene Mitakteure.

(4) Die Charakterisierung der Prozessnetze verlangt mehrere Anläufe. Ein zweiter Versuch soll unternommen werden, wenn etwas genauer eingegrenzt ist, was als technisches Handeln verstanden werden kann, primär unter genetischem Gesichtspunkt. Grundgerüst ist dabei: Es gibt, erstens, Akteure, Handlungsträger und Mitakteure, beispielsweise Baumfäller, die mit einem Beil den Baumstamm bearbeiten. Es gibt, zweitens, damit eine geschaffene Verbindung zwischen Akteur und Mitakteur, eine neue Einheit, eine Handlung. Und diese Verbindung wirkt, drittens, mindestens langfristig gesehen auf den Mitakteur zurück: Der Roder ‚mit' dem Beil ist ein ‚anderer'. Alle Veränderung, aller Wechsel, so hat es zunächst den Anschein, liegt beim Handeln; alles Bleibende, alle Dauer verkörpern die Akteure und die gebrauchten Mitakteure. Sie bilden gleichsam den Ruhepol im ‚Handlungsgetriebe'. Eine solche Sicht bleibt einseitig, sie beschränkt sich darauf, kleine Handlungsausschnitte zu betrachten. Weiten wir den Blick und verfolgen Handlungsgeschichten, so werden wir aufmerksam, dass sich Wechsel und Dauer nicht so eindeutig verteilen. Wir sehen dann Lernprozesse und können verfolgen, wie sich Spezialpartner bilden und abwandeln. Wir bemerken, wie sich auch Akteur und Mitakteur verändern: Der Akteur lernt etwas über sich und sein Tun, und der gebrauchte Mitakteur zeigt Spuren des Verschleißes und wird reparaturanfällig.

(5) Die technische Sphäre mit ihren Übergängen und Einbettungen ist keine Fertigwelt, sondern Resultat von Entwicklungsprozessen und gleichzeitig Ausgangszustand für weitere Entwicklungsschritte. Das nötigt dazu, technisches Handeln mit seinen Bedingtheiten und Auswirkungen im historisch-genetischen Kontext zu sehen. Dabei ist noch auf individueller Seite zu ergänzen: Jeder Techniker war zuvor ein ‚Nichttechniker', dann ein Lernender …

(6) Die Kennzeichnungen der technischen Sphäre setzen eine distanzierte Haltung voraus, erreichen aber letztlich nie den Status von Außensichten. Es gibt keinen Standpunkt außerhalb der technischen Sphäre, sodass wir sagen können: Wir stehen hier, und uns gegenüber befindet sich ‚die Technik'. Wir sind immer schon technisch tätig, primär als Benutzer. Daraus erwachsen Erfahrungen und Erwartungen. Wie begrenzt sie auch im Einzelnen sein mögen, wirksam sind sie auf mehr oder weniger verdeckte Weise. Schon aus den alltäglichen Verrichtungen und den gängigen Gebrauchsweisen resultiert ein Vorverständnis, das weiteres Tun ausrichtet, insbesondere unsere Sicht auf die technische Sphäre. Letztlich können wir nicht aus der technischen Sphäre heraustreten und sie von da aus beschreiben, erfassen und kritisieren. Ohne außertechnischen Standpunkt bleiben unsere Sichten notwendig Binnenperspektiven.

17.4 Technisches Handeln: Vom Problemwahrnehmen und -lösen zur Aufgabenbewältigung und Routinebildung

Die Vielfalt technischen Handelns lässt sich nur aufzählend andeuten: Herstellen, Gebrauchen, Warten, Pflegen, Montieren, Fertigen, Reparieren, Zeichnen, Konzipieren, Entwerfen, Konstruieren, Fehlersuche, Messen, Auswählen, Optimieren …

Eine solche Aufzählung kann nicht sinnvoll beendet werden. Übersichtlichkeit entsteht nicht dadurch, dass wir versuchen, vollständig aufzuzählen; sie kommt durch Ordnen, durch Strukturieren zustande. Beispielsweise ließen sich Einheiten aus der Vielheit bilden, wenn wir die zahlreichen Spezialformen als Varianten oder Teilphasen von Herstellen und Gebrauchen auffassen. Die bereits erwähnten Formen des technischen Handelns sollen hier jedoch zunächst zurückgestellt werden.

Übersichtlichkeit soll durch eine genetisch-pädagogische Perspektive erreicht werden. Ausgangspunkt soll dabei das hervorbringende Handeln als exemplarischer Grundtyp sein, und zwar das hervorbringende technische Handeln in seiner Reichhaltigkeit technischer Vollzüge. Technisches Handeln als manuelles Tun oder als Anwendung theoretischen Wissens erweist sich dann einerseits als verkürzte Spezialform und andererseits als Instrumentarium für ein gezieltes, herausforderndes Problemlösen.

Die Reichhaltigkeit technischer Vollzüge und das variantenreiche Zusammenwirken der Vollzüge zeigen sich primär im erstmaligen, zweitmaligen … Hervorbringen, also bei Neuentwicklungen, die das Problemsehen und Problemlösen einschließen. Liegt keine Erstmaligkeit mehr vor, entsteht Mehrmaligkeit durch Wiederholung. So entfällt als Erstes die neue Problemsicht und geht in eine Problemlösung und später in eine Aufgabenstellung über. Gilt es schließlich, etwas Bekanntes hervorzubringen, dann sind nur noch die Fertigung und ihre Kontrolle problemhaltig. Extrem hohe Vertrautheit durch ständige Wiederholung ermöglicht eine weitere Vereinfachung; das Handeln verengt sich auf Routinevollzüge. Die Routine für sich betrachtet ist kein Handlungsprozess mehr, aber sie ist nicht einfach ‚da', sie bildet sich unter den aufgezeigten Bedingungen und dient dem entfalteten technischen Handeln als Instrument.

Unter dem skizzierten Gesichtspunkt sollen fünf grundlegende Formen technischen Handelns unterschieden werden:

(1) technisches Handeln als Erarbeitung einer Problemsicht und einer Problemlösung;

(2) technisches Handeln als Problemlösung;

(3) technisches Handeln als Aufgabenbewältigung;

(4) technisches Handeln, verengt auf die Fertigung;

(5) technisches Handeln, verkürzt auf den Vollzug von Routinen.

Diese grundlegenden Formen sollten nicht als feste Fertigabläufe aufgefasst werden. Jede der Formen hat zwar ihre charakteristische Gestaltung und schafft so zwischen den fünf grundlegenden Formen Distanz, lässt aber auch gerade wegen der Distanz Abweichungen, Variationen und Abwandlungen klarer hervortreten. Diese sollen hier nicht explizit erwogen werden, wohl aber sei zur ersten Orientierung auf Übergänge aufmerksam gemacht.

Übergänge hinsichtlich der Ziele: In der Form (1) ist schon die Zielbestimmung problematisch. Sie erfordert Klärungs-, Entfaltungs- und Verständigungsprozesse und endet mit einer erstmaligen Zielbestimmung als Teilproblemlösung auf der Basis von Wertvorstellungen und technischen Erfahrungen. Bei der Form (2) ist die globale Zielbestimmung schon vorausgegangen und prinzipiell geläufig, muss jedoch noch nach Unterzielen differenziert werden. Bei der Aufgabenbewältigung (3) ist die Zielbestimmung in ihrem Kern unproblematisch. Bei der isolierten Fertigung (4) und dem Routinevollzug (5) ist die Zielbestimmung selbstverständlich und bedarf keiner weiteren Überlegung. Der Unterschied zwischen Ziel und Weg ist eingeebnet.

Übergänge hinsichtlich der Lösungswege: Bei den beiden ersten Formen (1) und (2) sind die Mittel und Wege zunächst unbekannt. Es gibt Konflikte, Barrieren, Lücken, die erstmaliges Entwerfen und Planen herausfordern, und zwar schon in den Teilphasen. Bekannte Handlungskonzepte sind neu zu modifizieren, zu differenzieren, zu integrieren und zu verknüpfen. Erforderlich ist also ein flexibler Umgang mit geläufigen Handlungspassagen. Das schließt Versuche, Umwege und Holzwege ein und damit zyklisch organisierte Abläufe; Entscheiden, Prüfen und Korrigieren müssen in dichter Abfolge in nahezu allen Teilphasen vollzogen werden. Bei der Aufgabenbewältigung (3) sind die Mittel und Wege in ihren Hauptzügen bekannt, sie sind jedoch noch an die Situation anzupassen. Dieses Vorgehen entfällt bei der isolierten Fertigung (4). Der Ablauf erfolgt nach einer in Grenzen variierbaren geläufigen Struktur. Im Routineeinsatz verfestigt sich dieser Ablauf zu einer starren, stereotypen Grundstruktur, die sich nur schwer abändern lässt.

Übergänge hinsichtlich der Bewertung: Welche Kriterien zur Beurteilung heranzuziehen sind, ist bei den ersten beiden grundlegenden Formen (1) und (2) problematisch und für den jeweils vorliegenden Fall neu zu bestimmen. Die Einschätzung der Folgen darf sich nicht auf das Endresultat beschränken, sondern muss die Zwischenresultate einbeziehen. Damit lässt sich klären, ob zu neuen Phasen voranzuschreiten ist oder Rückgänge auf schon vollzogene Phasen notwendig sind. Gelegentlich ist aber auch die schnelle Bewertung zurückzustellen, beispielsweise bei der Ideenfindung, bei Teilphasen, die sich erst einmal darum bemühen, mögliche Problemlösungsansätze oder praktische Varianten zu erarbeiten. Die Auswahl wird dadurch nicht hinfällig, sondern gerade ausdrücklich als nachgeordnete Phase betont. Bei der Aufgabenbewältigung entfallen solche Anpassungen weitgehend, die Kriterien sind fix vorgegeben. Im Routineeinsatz ist die Kontrolle nicht vollständig ausgeschaltet, aber in den fließenden Ablauf so integriert, dass sie nicht mehr auffällt. Die Resultat- und Prozesskontrollen vereinfachen sich zu ausschließlich sensomotorischen Prozesskontrollen.

17.4.1 Technisches Handeln als Aufgabenbewältigung

Die Aufgabenbewältigung nimmt in der Folge der dargestellten grundlegenden Formen technischen Handelns eine Mittelposition ein. Sie steht zwischen den Extremen: einerseits die aufzubauenden und noch fragilen Handlungsstrukturen beim Problemlösen, andererseits der Routineeinsatz als Teil eines aufgebauten Bestandes stereotyper Abläufe. Die Aufgabenbewältigung enthält beides; sie ist nicht mehr so vielgestaltig und fragil angelegt wie die komplexen Problemlösungen, aber auch noch nicht auf einförmige stereotype Abläufe festgelegt. Die Distanz zur Erstmaligkeit gibt den Abläufen einen bestimmten Grad der Bestätigung, und die Distanz zur äußerst hohen Mehrmaligkeit nötigt dazu, flexibel vorzugehen.

Das technische Handeln im Sinne der Aufgabenbewältigung wird hier aufgefasst als ein Handlungsgefüge mit asymmetrischer Kreisstruktur. In Abbildung [17]-2 ist es zusammengefasst als Gefüge aus sechs Teilgefügen dargestellt.

(1) Es beginnt mit einer Absicht oder einer Zielformulierung. Im Hintergrund steht dabei die Vorstellung, was angesichts eines Problems oder einer Unzulänglichkeit ‚Wert hat'. Einen vorläufigen Abschluss (6) findet dieses technische Handeln, wenn das Resultat bewertet oder beurteilt wird, nicht zuletzt angelehnt an die ursprüngliche Zielbestimmung. Hier liegt ein Grund, weshalb der generelle Ablauf im Anschluss an Arnold Gehlen kreisförmig dargestellt wird.[30]

(2) Das Ziel gibt dem Handeln eine Ausrichtung; es legt nahe, welches Wissen zu vergegenwärtigen ist, oder lässt Lücken im Wissen offensichtlich werden, die erst geschlossen werden müssen, ehe zum Entwerfen übergangen werden kann.

(3) Wissen hilft beim Konzipieren und Entwerfen, es bestimmt jedoch nicht vollständig. Das gilt insbesondere dann, wenn das Wissen sehr allgemein ist und spezielle, neuartige Problemstellungen den Anstoß geben. Entwerfen erfordert kreative Fähigkeiten – beim Ausformen von Lösungsansätzen, beim Koordinieren von Lösungsteilen. Durch zielbezogene Entscheidungen wird eine Auswahl getroffen und so schrittweise bestimmt, was im Felde der Funktion, der Konstruktion und Form zu realisieren ist.

(4) Die Verwirklichung eines Entwurfes beginnt damit, die Fertigung zu planen.

(5) Diese wird in der Ausführung realisiert.

(6) Die mehrdimensionale Bewertung des Gesamtresultats lässt entweder eine neue Aufgabenstellung offensichtlich werden oder führt dazu, den Ablauf zu beenden.

---

[30] Vgl. Gehlen 1957 und Gehlen 1961.

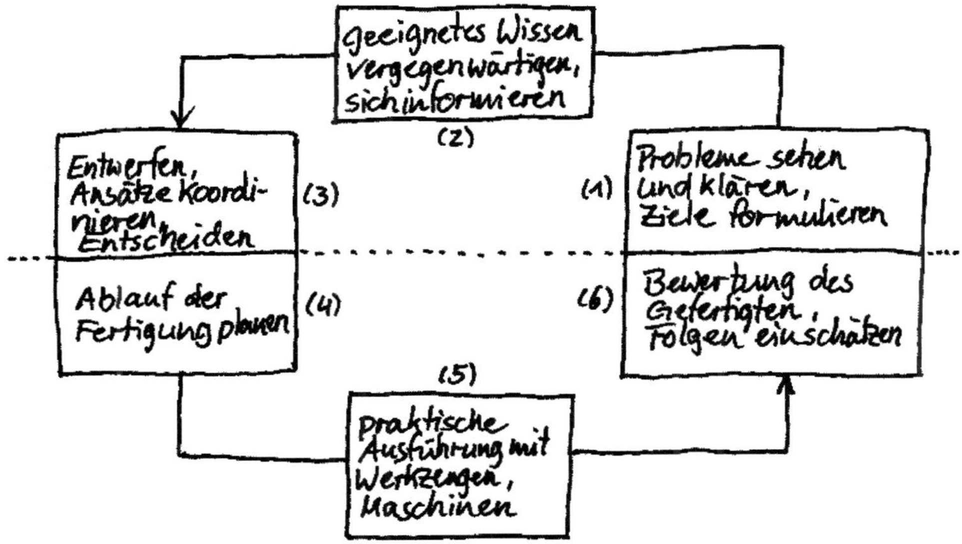

Abb. [17]-2: Globaler Ablauf des technischen Handelns im Sinne einer Aufgabenbewältigung. Die Darstellung nimmt Anregungen auf, die Siegfried Maser in einem anderen Zusammenhang gegeben hat (vgl. Maser 1973).

Abbildung [17]-2 hebt eine Reihe von Gesichtspunkten heraus, die kurz erläutert werden sollen.

(1) Im Überblick werden die Prozesse herausgestellt, die gegenständlichen Resultate kommen nur indirekt zur Geltung: die Zielbestimmung, der Entwurf, der Fertigungsplan, der Prototyp … Das Endresultat ist eine gezielte Materialisierung; im Werk schlägt sich die Zielvorstellung als technische Funktion nieder, und zwar getragen von einer Konstruktion, einem Aufbau aus materialen Bauteilen.

(2) Der Gesamtprozess beginnt mit der Zielbestimmung und endet mit der Folgeneinschätzung. Liegt eingeschränkte Tauglichkeit vor oder zeigen sich unakzeptable Folgen, dann sind Korrekturen notwendig, und zwar im Sinne einer abgewandelten Zielsetzung und einer entsprechend abgewandelten Verwirklichung. Die Darstellung der Abbildung [17]-2 ist polarisiert: Der rechte Pol akzentuiert die intentionale Seite und damit den Übergang technischen Handelns über die Brücke von Ziel und Folgen zur lebensweltlichen Praxis. Der linke Pol in Form des angehängten Kreisablaufs akzentuiert die methodisch-operationale Seite, die Mittelgestaltung, eingespannt zwischen Zielbestimmung und Folgenbetrachtung.

(3) Einen weiteren Gesichtspunkt vermitteln die obere und die untere Hälfte der Kreisdarstellung. Technisches Handeln erscheint hier als Gefüge von Überlegen und

Tun, als Planen und Ausführen, als zielbestimmtes Entwerfen und Planen und zu prüfende Ausführung.

(4) Das entfaltete technische Handeln enthält einen theoretischen und praktischen Pol: Wissen steht dem Können gegenüber. Noch unauffällig bleibt diese Dichotomie, solange auf ein handlungsnahes Wissen zurückgegriffen wird. Dies stammt aus dem technischen Handeln und dient neuem Handeln. Es lässt sich leicht in den Handlungsablauf integrieren, wenn sich die Situationen nicht zu stark unterscheiden. Deutlicher zeichnet sich der Wissenspol ab, wenn theoretisches Wissen anzuwenden ist. Theoretisches Wissen ist nicht nur eine Präzisierung und Vertiefung des lebensweltlichen oder handlungsnahen Wissens, vielmehr dominieren Begriffe und insbesondere mathematische Modelle als Aufnahmeorgane. Material erscheint dann beispielsweise als rein, als in sich vollständig homogen, Räder verkörpern einen mathematisch exakten Kreis, Balken als Tragwerke stellen ideale Geraden dar, also geometrische Formen ohne jede Abweichung … Die Gegenseite zum Wissenspol bildet das Können, das primär bei der Fertigung zur Geltung kommt, und zwar als gesteuerte materiale Bearbeitung, als Aufbau einer Konstruktion, die eine Funktion trägt.

17.4.2 Hierarchischer Aufbau technischen Handelns

Er tritt deutlich hervor, wenn sich innerhalb des globalen Ablaufs Teilaufgaben abzeichnen; dann sind beispielsweise innerhalb des Entwerfens oder innerhalb der Fertigung wiederum Aufgaben zu bewältigen. Dieser Teilablauf erfolgt in vielen Fällen wieder nach dem Schema, wie es in Abbildung [17]-2 angegeben ist. Es beginnt also damit, ein Unterziel aufzugreifen und von hier aus voranzuschreiten bis zur Prüfung. Ob sich innerhalb dieser untergeordneten Abläufe im Kleinen immer alle genannten Phasen des Kreisschemas unterscheiden lassen, ist belanglos. In den Abbildungen [17]-4 und -5 werden lediglich die praktische Ausführung und das Konzipieren eines Konstruktionsprinzips im Feinaufbau exemplarisch herausgestellt.

Wie der globale Ablauf enthält auch jeder Teilablauf Wert-, Wissens-, Gestaltungs- und Könnensmomente. Damit geht in das Modell ein, dass beispielsweise Entscheidungsprozesse nicht nur im Zuge des Entwerfens erforderlich sind, sondern auch im Rahmen der Wissensvergegenwärtigung oder der Fertigung.

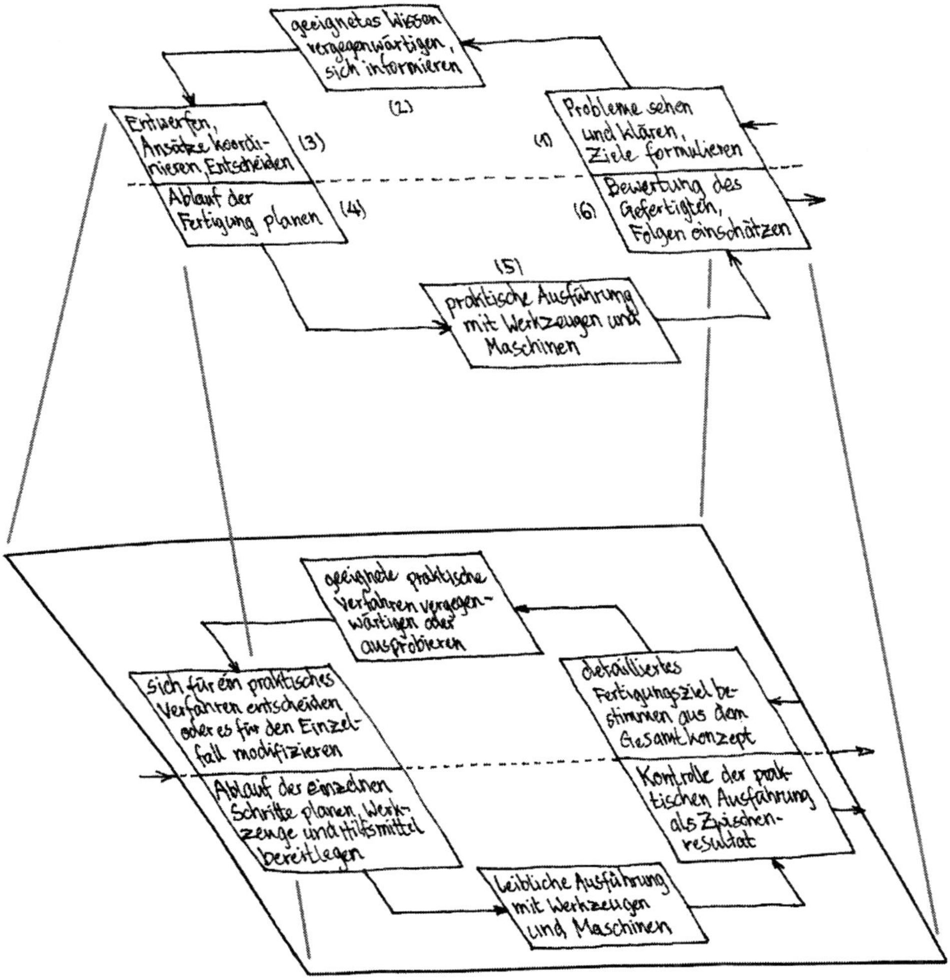

Abb. [17]-3: Hierarchischer Aufbau technischen Handelns, dargestellt an der Teilphase praktische Ausführung: Auf der ersten Ebene ist der globale Ablauf des technischen Handelns als Aufgabenbewältigung angegeben, auf der zweiten ist der Feinablauf der Fertigung angedeutet (vgl. dazu Abb. [17]-2).

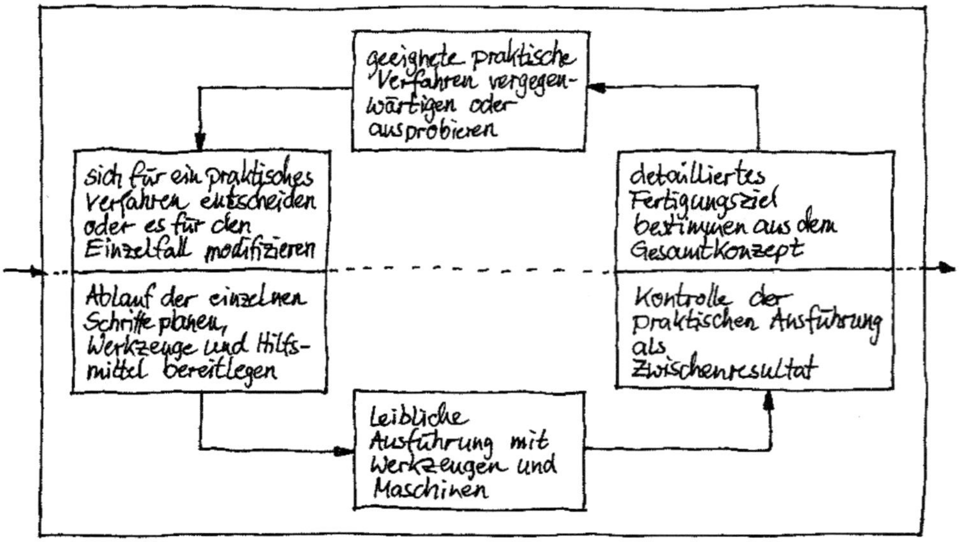

Abb. [17]-4: Die praktische Ausführung als Teilphase des technischen Handelns einerseits und als Feinablauf mit Kreisstruktur andererseits.

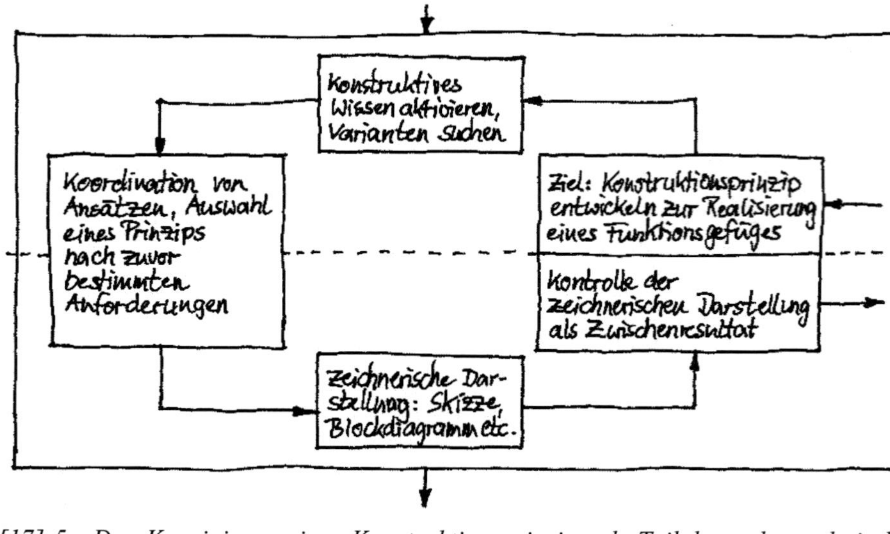

Abb. [17]-5: Das Konzipieren eines Konstruktionsprinzips als Teilphase des technischen Handelns einerseits und andererseits als Ablauf im Kleinen mit Kreisstruktur.

17.4.3 Misslingendes technisches Handeln durch Isolieren von Teilgefügen

Brechen wir das Modellgefüge technischen Handelns auf, erschweren wir das technische Handeln. Die Isolierung soll in sechs Punkten vereinfachend verfolgt werden. In welchen Spielarten sich das Misslingen vollzieht, ist damit noch nicht näher zu kennzeichnen.

(1) Zunächst zur Zielbestimmung: Sie misslingt, wenn wir die Ziele zu erfahrungs-, zu mittelfern bestimmen. Was wir aus dem Probieren, Entwerfen, Ausführen und Prüfen gewinnen, nehmen wir nicht hinreichend ernst. Oft vermeiden wir es, unsere Zielbestimmung begründet zu revidieren, und verharren eher bei ‚Kopfgeburten', Illusionen, Utopien oder bei ‚unseren guten' Absichten, bei den ‚Herzensangelegenheiten'. Ob diese sich auch verwirklichen lassen, bleibt unbeachtet. Ohne Ziel fehlt unserem Vorgehen insgesamt die notwendige Zentrierung.

(2) Hinsichtlich des Wissens tritt beispielsweise Isolierung ein, wenn wir es als ‚reines' Wissen, als ‚Kathederwissen', als Wissen, das zu erbauen hat, nehmen und es so einer Anwendung im Sinn der Lebenssicherung und Lebensentfaltung entziehen. Ohne Wissen fehlt die Anbindung an frühere Situationen.

(3) Planung und Entwerfen laufen leer, wenn wir eine inhaltslose Methodik einschleifend betreiben. Ziele und Entwurfsansätze liefern dann nur noch Materialien, ein formales Vorgehen zu üben. Ohne situationsbezogenen Entwurf fehlt die Konkretisierung des Ziels für den zweiten Teil der Aufgabenbewältigung (vgl. Abb. [17]-2). Ohne Darstellung, was im Einzelnen beabsichtigt ist, fehlt unserem Vorgehen die Konzentration auf das gegenständliche Werk.

(4) Ohne Planung der Ausführung besteht die Gefahr, dass die Ausführung insgesamt in ein wirres Vorgehen einfließt: ‚Was wir vorne aufbauen, reißen wir hinten wieder ein.'

(5) Ohne Ausführung gelangen wir zu keinem Artefakt, das in weitere Anläufe technischen Handelns eingeht; wir bleiben bei ‚Gedankenwerken'.

(6) Ohne Prüfen und Bewerten ist es unmöglich, einzuschätzen, wie sich das, was gefertigt wurde, auswirkt. Korrektur und Nacharbeiten insgesamt fallen aus.

17.4.4 Technisches Handeln als Fertigung und Routineeinsatz

Nicht immer muss das, was wir hervorbringen wollen, neu entworfen werden: ‚Wir müssen nicht immer neu das Rad erfinden.' In solchen Fällen beginnt das technische Handeln mit einer Zielauswahl und geht direkt zur Fertigung über, deren Feinablauf in einer zweiten Ebene darzustellen wäre. Mit der engeren Kreisstruktur reduziert sich der hierarchische Aufbau in seiner Vielfältigkeit, er wird jedoch nicht vollständig eingeebnet.

Manche Teilpassagen wiederholen sich dabei sehr oft: das Greifen, Verschieben, Ziehen … Sie legen Routinebildung nahe. Dabei bleibt jeder Zugriff selbstverständlich gezielt und wird laufend sensomotorisch kontrolliert, aber im Rahmen von flussartigen, in sich weitgehend einheitlichen Abläufen, die in diesem Kontext hier (vgl. Abb. [17]-2 und -6) nur noch als ‚Blöcke' darzustellen sind.

Die Routine ist, wie schon gesagt, kein Handeln, ist jedoch als Tun ein unverzichtbares Instrument für Aufgabenbewältigung und Problemlösung. Es stammt aus dem Handeln.

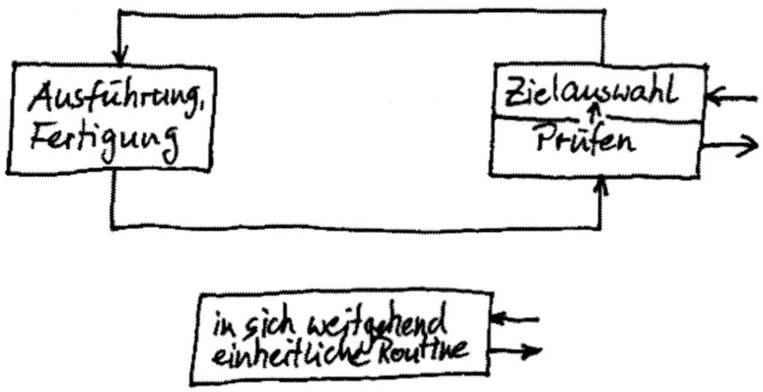

Abb. [17]-6: Vereinfachung des technischen Handelns auf die Fertigung und den zeitlich begrenzten Routineeinsatz. Sie bedürfen der Vorleistungen: ohne technisches Handeln als Aufgabenbewältigung keine Reduktion auf die Fertigung und keine Routinebildung bei sehr häufigen kurzen Teilabläufen.

17.4.5 Technisches Handeln als Problemlösung

Im Gegensatz zur Aufgabenbewältigung setzt das Problemlösen voraus, dass wir auf flexible, variantenreiche und dichte Handlungsstrukturen zurückgreifen können. Problemlösen gelingt, verallgemeinernd gesagt, wenn wir die Kreisstrukturen ausweiten und engmaschiger anzulegen vermögen und dadurch auch der hierarchische Aufbau intensiviert wird (vgl. Abb. [17]-7). Beim Problemlösen ist die Ausgangslage bekannt und die Zielbestimmung bereits geläufig; nur die Mittel und Wege müssen erarbeitet werden. Das erstmalige Aufbauen einer Lösung erzwingt ein versuchsweises Vorgehen mit häufigen Kontrollen, Korrekturen und Rückbezügen. Hilfreich ist dabei ein reichhaltiges Repertoire kognitiver Vorgehensweisen. Handlungsnahes Problemlösen erfordert ein ausgiebiges Probehandeln.

17.4.6 Technisches Handeln als Problemwahrnehmung und Problemlösung

Diese Form des Hervorbringens enthält modellhaft den höchsten Grad an Differenzierung. Schon der Einstieg verlangt Problemlösung im Sinne der Problemklärung und Zielbestimmung.

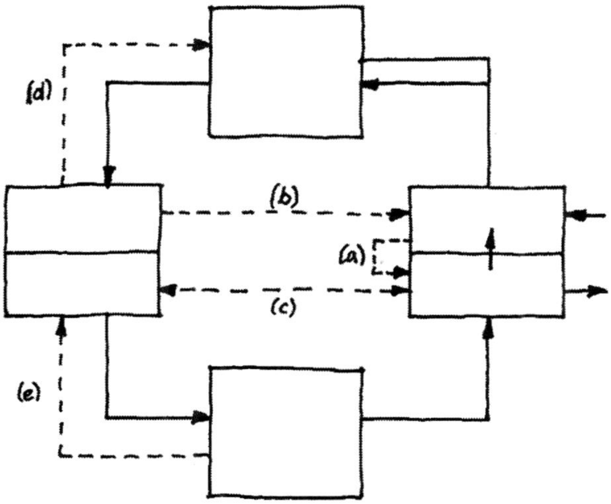

Abb. [17]-7: Intensivierung der Kreisstrukturen durch Rückbezüge (Auswahl).

Der gesamte Ablauf wird in folgende Teile differenziert:

(a) Situations- und zielbezogene Erarbeitung von Bewertungskriterien;

(b) Revision der Zielbestimmung auf der Basis von Erfahrungen beim Entwerfen und Planen;

(c) Fertigung umplanen auf der Basis der Prüfergebnisse;

(d) die Bemühungen, einen Entwurf zu erstellen, erzwingen es, weiteres Wissen zu vergegenwärtigen oder aufzubauen;

(e) Umplanen der Fertigung angesichts der aktuellen Fertigungsbedingungen.

Die Teilabläufe, wie sie in Abbildung [17]-7 skizziert sind, gehören notwendig zum Gesamtprozess. In komplexen, dynamischen Fällen lässt sich die Entfaltung von Zielvorstellungen nur über engere und weitere Rezirkulationen gewinnen. Gelegentlich sind sogar mehrere Anläufe der Problemlösung notwendig, die Planungs- und Ausführungsphasen einschließen, um zu neuen Zielsichten zu gelangen. Erst das Wechselverhältnis von Konzipieren und Konkretisieren, von Realisierungsversuchen und Korrekturen regen dazu an, neue Ziele und Unterziele sichtbar zu machen.

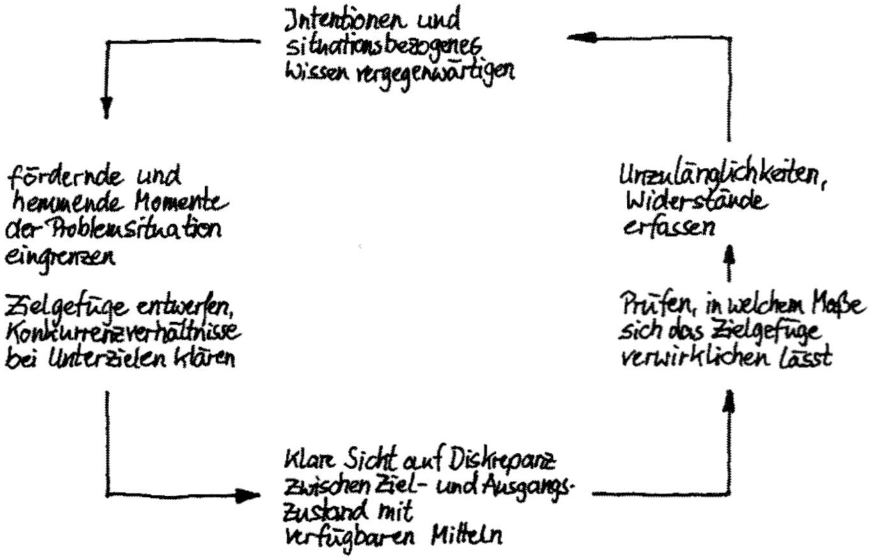

Abb. [17]-8: Problemklärung in Bahnen, die wenig gesichert sind.

Die Problemklärung in Situationen, die wenig gesichert sind, wird hier in zwei möglichen Vorgehensweisen gegenübergestellt: das Setzen handlungsnaher Problemklärungen bei Realisierungsversuchen und Korrekturen sowie das Gewinnen eines neuen Handlungsverständnisses daraus. Dabei tritt das Unterproblem auf, wie das implizite Verständnis mindestens in einigen Zügen formuliert werden kann.

17.4.7 Zusammenfassung

(1) Vielfalt technischen Handelns wird nicht durch eine ‚Wesensbestimmung' zu bestimmen versucht oder auf eine einzige Modellbildung verengt. Ein solches Vorgehen würde zu stark vereinheitlichen und weiteren Gesichtspunkten nur eine marginale Bedeutung zubilligen. Es bestünde dann beispielsweise die Gefahr, Vor- und Nebenformen aus dem Blick zu verlieren.

(2) Das begrifflich-figurative Schema soll einerseits kanalisieren und dadurch andererseits helfen, neue Gesichtspunkte zu erschließen.

(3) Ein nur figuratives Schema erweckt schneller als eine begriffliche Bestimmung den Verdacht, dürftig zu sein und übermäßig zu vereinfachen. Wie begriffliche müssen jedoch auch figurative Bestimmungen ausgelegt werden. In keinem der beiden Fälle ist ein schneller, weitgehend unmittelbarer Befund möglich.

(4) Die Kennzeichnung technischen Handelns, wie sie hier vorgenommen wird, betont den Gesichtspunkt der Genese und bleibt in der Nähe zu didaktischen Erörterungen. Das beginnt bei trivialen Umständen: Erstmaliges Handeln verläuft anders

als ein geläufiges; der zwanzigste Nagel sollte anders in die Wand geschlagen werden als der erste, und die Planung der ersten Hängebrücke erfordert andere Vor- und Folgeleistungen als die zwanzigste.

(5) Problemklärung und Probehandeln dürfen nicht generell als Anfängervorgehensweise denunziert werden. Auch erfahrene Techniker greifen zum Probehandeln, indem beispielsweise Prototypen verschiedener Stufen erstellt werden.

(6) In Erweiterung zu Punkt (5) ist aber auch festzuhalten, dass sich nicht alle Probleme klären und lösen lassen. Warum Lösungen nicht immer erreichbar sind, hat Gründe, die hier lediglich als Ausblick angedeutet werden können. An einem Beispiel veranschaulicht: Warum lassen sich die Probleme des Städtebaus oder der Planung von Verkehrssystemen nicht immer befriedigend lösen? Gelegentlich überfordert uns die komplexe Situation; zu viele und zu unterschiedliche Beschaffenheiten sind zu erwägen. Noch einschränkender wirkt, dass die Vernetzung von problemrelevanten Merkmalen oder größeren Teilbereichen ein schrittweises Lösen erschwert oder unmöglich macht. Die Vernetzung verhindert, dass wir Lösungen für Unterbereiche isoliert erarbeiten können. Die Auswirkungen auf die umliegenden Problemfelder werden dabei nicht hinreichend beachtet, sodass durch einen einzelnen Lösungsschritt an anderer Stelle neue Probleme erwachsen. Manche Problemlagen verschärfen oder verschieben sich mit der Zeit. In solchen dynamischen Fällen ist es schwer, die relevanten Daten für die Planung herauszufiltern. Ähnliche Schwierigkeiten ergeben sich bei intransparenten Situationen. Sie verhindern bereits die differenziertere Problemwahrnehmung.

Insbesondere sind es also Komplexität, Vernetzung, dynamische Problemlagen und Intransparenz, die Lösungen unmöglich machen können und zu besonderen Lösungsstrategien herausfordern. Zu bedenken ist dabei, dass die genannten Kennzeichnungen keine scharf getrennten Beschaffenheiten der Problemfelder angeben.

17.5 Ausblick

(1) Der Mensch als Mängelwesen,[31] die Hand als mangelhaftes Organ – eine solche Auffassung stützt sich zwar auf viele traditionelle Vorstellungen, lässt sich jedoch nur einseitig (biologisch-funktional) erklären. Der Mensch wird dabei auf das Modell ‚Organismus' reduziert. Plausibler ist, was Heinrich Popitz vorstellt: Die Hand ist nicht mangelhaft, primär ist sie ermöglichend. Technisches Handeln kompensiert also nicht Mängel, sondern nutzt Chancen. Technisches Handeln nimmt eine Organeignung, wie sie sich in der Hand manifestiert, auf und baut sie aus.

(2) Die Artefaktentwicklung orientiert sich vorrangig, besonders in den Frühformen, an sozialen Beziehungen; sie geben die anstoßenden Leitbilder. Im Beispiel: Gefälltes Holz wird in partnerschaftlicher Arbeit getragen. Dieser Vorgang lässt sich materialisieren, etwa dadurch, dass wir einen Karren benutzen. Personales, partnerschaftliches Arbeiten geht in den Gebrauch von Artefakten über; soziale Interaktion

[31] Vgl. auch Kap. 18.

prägt Herstellung und Gebrauch. Zu den Auswirkungen dieser Prozesse zählt auch, dass sich die Bindung an vorausgegangene, leitbildhafte soziale Interaktionen löst und sich technisches Handeln verselbstständigt.

(3) Eine solche Transformation von den ‚sozialen Vorbildern zu den Artefakten', von den ‚Akteuren zu den Mitakteuren', ist im Sinne der Technisierung prinzipiell durch drei Stränge gekennzeichnet.

Der erste ist bereits herausgestellt worden: Die Ersetzung sozialer Interaktionen und Überleitung in technisches Handeln.

Der zweite, die Transformation charakterisierende Prozessstrang besteht darin, dass das ‚Lebendige' des Akteurs nicht ersetzbar ist. Leibniz wollte zum Beispiel eine ‚lebendige Rechenbank' entwickeln, aber wir kennen das Resultat: eine noch unvollkommene Mechanisierung des Rechnens.[32]

Neben diese Reduktionen oder Vereinfachungen ist die Erweiterung als weiterer Strang zu stellen: Was unter dem Leitbild der sozialen Interaktion entwickelt wird, zeigt manchmal Beschaffenheiten, die mit der ursprünglichen Intention nichts zu tun haben. Was ursprünglich gewollt wurde, wird überflügelt; es trägt gegenüber der Absicht innovative Züge. Im Beispiel: Was mit der Maschine gerechnet wird, ist genauer und geht schneller, und manche Rechenvorgänge, wie etwa das Wurzelziehen, lassen sich nur mit Maschinen bewältigen. Je nach Ausprägung der einzelnen Prozessstränge zeichnen sich typische Abläufe der Technisierung ab: Gibt es keine Innovation, liegt eine Vereinfachung vor; gibt es keine Reduktion, mündet die Technisierung in eine Ausweitung oder Differenzierung ein. Voraussetzung für eine solche Kennzeichnung ist, dass die Ersetzung sozialer Interaktionen nicht ausfällt. Ist das jedoch der Fall, liegt eine Innovation vor. Der Kontrastfall dazu wäre die reine Ersetzung.

(4) Die Technisierung, die bei den sozialen Leitbildern ansetzt, ist wegen der genannten Prozessstränge nicht so einförmig und eindeutig. So kommt es gelegentlich dazu, dass durch technisches Handeln die sozialen Interaktionen etabliert und ausgedehnt werden. Der Akteur ist wie der Mitakteur unverzichtbar, wenn wir das Geflecht sozialer Beziehungen verstehen wollen. Mit anderen Worten: Das soziale Zueinander lässt sich begreifen, wenn wir das technische Handeln einbeziehen. Ein Beispiel soll das erläutern. Der frühe Hüttenbau nimmt soziale Beziehungen auf, er manifestiert sie; soziale Beziehungen ‚gerinnen'. Damit ist aber in vielen Fällen nur eine Seite artikuliert. Die andere, entgegengesetzte Perspektive darf nicht vergessen werden: Soziale Beziehungen werden durch technisches Handeln dauerhaft, und ge-

[32] Anmerkung der Herausgeber: In den Manuskripten war der Entwicklung der Leibniz'schen Rechenmaschine und ihrer Funktion ein längerer Exkurs gewidmet. Dort wird erläutert, dass die fehlerfreie Funktion der Maschine unter anderem an der Unmöglichkeit scheiterte, Zahnräder in der erforderlichen Präzision herzustellen. Da Gerhard Wiesenfarth diesen Exkurs thematisch nicht mehr einbinden konnte, haben wir entschieden, das Leibniz-Kapitel nicht in diesen Band aufzunehmen. Deshalb erscheint der Hinweis auf die Rechenmaschine hier unter Umständen etwas isoliert.

legentlich stoßen sie neue soziale Interaktionsformen an. Die neuere Technikentwicklung von der Handwerkstechnik zur verwissenschaftlichen Technik und zur kritisch-reflektierten Technik hat sich in Teilbereichen von diesem Hintergrund sozialer Interaktionen gelöst.

18 Entwicklung technischen Handelns

Das kulturgeschichtlich frühe technische Handeln steht in unmittelbarer Weise in den Diensten der Existenzsicherung und -entfaltung. Technisches Handeln ist deshalb in den Anfängen sehr direkt mit der Menschheitsentwicklung verknüpft. Einige Epochenbezeichnungen bringen dieses Verhältnis zum Ausdruck: Wir sprechen von der Stein-, der Bronze- und der Eisenzeit. Der frühe Werkzeug- und Waffengebrauch oder die Nutzung des Feuers stellen Leistungen dar, die aus dem organisierten Zusammenleben heraus möglich sind. Gleichzeitig modifizieren sie aber auch das Zusammenleben.

Nach einer verbreiteten Auffassung ist der Mensch ein Mängelwesen. Er ist auf andere Menschen angewiesen, hat zu handeln, weil er instinktarm und waffenlos, weil er mit Sinnen ausgestattet ist, die im Vergleich mit den Tieren nur ‚eingeschränkte' Wahrnehmungen zulassen. Dazu sind noch einige Anmerkungen zu machen.

18.1 Nutzung von Naturgegenständen

Wie begann technisches Handeln? Solche Fragen legen wenig-gesicherte Gedankenkonstruktionen nahe. Immer dann, wenn wir auf genauere historische Kenntnisse zurückgreifen können, bemerken wir, dass es in einem eindeutigen Sinne keine Anfänge gibt, wohl aber Leistungen, die mit mehr oder weniger deutlichen Zäsuren Vor- und Folgeleistungen einschließen.

Unter solchem Vorbehalt kann die Nutzung von Naturgegenständen als Einstieg angesehen werden: Ein Stein dient dem erhöhten Sitzen, zwei Steine lassen sich nutzen, um eine Nuss zu öffnen, ein Ast lässt sich werfen und wird dadurch zu einer Waffe; ein scharfkantiger Stein ermöglicht das Schaben eines Fells, ein in den Fluss gefallener Baumstamm dient als Steg oder als Vorform eines Floßes oder Einbaums … Solche Nutzungen beginnen mit Umdeutungen: Aus dem Stein wird ein Schlaginstrument. Bisweilen beginnen solche Nutzungen aber auch mit dem Suchen von Gegenständen, die bestimmte Beschaffenheiten aufweisen.

Was genutzt wird, wirkt entlastend; der scharfe Stein beispielsweise ersetzt das Schaben mit den Fingernägeln. Aber manche Nutzungen fordern zu neuen Anstrengungen heraus; das ist der Fall, wenn etwa ein Ast zum Werfen verwendet wird. Durch die Nutzung tritt der Naturgegenstand in einen neuen Zusammenhang ein; er wird gebraucht und fungiert damit als technischer Gegenstand, als Artefakt. Deutlicher zeichnet sich der Artefaktcharakter ab, wenn die Naturgegenstände zum Material werden, das partiell oder vollständig in das zu gestaltende Werk eingeht.

18.2 Zurichtung von Naturgegenständen als frühe Form der Herstellung

Mit der Zurichtung eines Steins oder eines Astes für den verbesserten Gebrauch beginnt die frühe Herstellungsweise; sie ist eine einfache, direkte Umgestaltung. Die Grundgestalt ist dabei meistens schon vorhanden, aber störende Teilgestalten sind noch zu entfernen, und oft ist auch die ‚Gestaltreinheit' noch gezielt zu erhöhen. Die Wege zum Ziel sind noch nicht so verschlungen und reich an Umwegen.

Befriedigung und Erfolg stellen sich, wenn überhaupt, erst am Ende einer vorbereitenden Abfolge von Handlungen ein. Das setzt ein distanziertes Verhältnis zur Bedürfnisbefriedigung voraus: Die Befriedigung muss zurückgestellt werden können, damit das Zurichten eingeschoben werden kann. Das Zurichten verschafft nur in einem eingeschränkten Maße eine unmittelbare Befriedigung. Distanz zur Bedürfnisbefriedigung setzt überschaubare Verhältnisse voraus. Sicherheit bietet dabei die alltägliche Versorgung im Familienverband mit ihrer gemeinschaftlichen Vorratshaltung, aber auch alle übrigen Regelhaftigkeiten, beispielsweise jene von natürlichen Abläufen (Pflanzenwachstum, Wetter, Jahreszeiten ...). Das Regelhafte, Hergebrachte und Vertraute ermöglichen Voraussicht und machen sicher, sich auf einen erweiterten Weg des Tuns einzulassen.

Etwas zu tun, was mühevoll ist und erst später Erfüllung, Befriedigung oder Erfolg verschafft, setzt Überlieferung und Erfahrung voraus. Dabei hilft die Sprache. Sie erweitert das aktuell Wahrgenommene über die momentane Situation hinaus; sie erleichtert das Rückbesinnen und Vorausdenken und schafft so einen Abstand zur gegenwärtigen Situation. Die Sprache erlaubt es, Bezüge zwischen Handlungsphasen herzustellen, die zeitlich getrennt verlaufen und deshalb nicht beobachtbar sind. Was nicht unmittelbar zu sehen ist, kann als zeichenhaft gefasste Darstellung einbezogen werden. So lässt sich beispielsweise der momentane Verzicht auf das Weben zugunsten der Herstellung eines Webstuhls als Gewinn auf längere Sicht darstellen. Durch Sprache lassen sich Bezüge über weite Zeiträume hinweg gemeinschaftlich artikulieren. Aber auch das aktuelle Handeln ist mit Sprache schneller und gezielter koordinierbar, ein wichtiger Umstand im Kontext von Arbeitsteilung und daraus resultierender Zusammenarbeit.

18.3 Frühes technisches Handeln als Entfaltung einer ‚Organeignung'

All jene Handlungsformen: Sind sie zum Überleben des Menschengeschlechtes unverzichtbar? Woher wissen wir, unter welchen Bedingungen das Menschengeschlecht überlebensfähig war?

In diesem Zusammenhang wird immer wieder das Bild des Menschen als ein ‚Mängelwesen' vor Augen gestellt. Ihm fehlt das schützende Fell, aber er kann diesen

Mangel tätig beheben, indem er ein Fell zurichtet oder das Weben betreibt; dem Menschen fehlen die Augen des Adlers, aber er kann diesen Mangel durch Lupe, Brille, Fernrohr oder Mikroskop mehr als nur kompensieren.

Solche Bilder haben suggestive Wirkungen. Sie werden seit über 2000 Jahren wachgerufen, um die Eigenheiten des Menschen, insbesondere seine ‚Kunstfertigkeit', herauszustellen. Heinrich Popitz verweist auf die Anfänge und zitiert Platon.[33] Im Dialog „Protagoras" erscheint die Thematik des Mängelwesens im Verbund mit technischem Handeln erstmals. Platon schildert, wie die Götter die Lebewesen schaffen. Alle Lebewesen erhalten im Schöpfungsakt besondere Fähigkeiten; die einen bekommen Stärke, die anderen Schnelligkeit, manche werden bewaffnet, andere erhalten Hufe zugewiesen … Unausgestattet bleibt zunächst das Menschengeschlecht. Alle übrigen Lebewesen sind so ausgestattet, dass jede Art überleben kann. Das Menschengeschlecht jedoch ist noch „nackt, unbeschuht, unbedeckt, unbewaffnet"[34], und alle Fähigkeiten sind schon vorgegeben. Wie soll aber das Menschengeschlecht seine ‚Lebenshaltung' betreiben? Prometheus schafft einen Ausweg. Er schleicht in die Werkstatt von Hephaistos und Athene, stiehlt den Göttern das Feuer und übergibt es zusammen mit ‚technischer Intelligenz' den Menschen. Das Menschengeschlecht erhält ‚Techniken': das Schmiedehandwerk, damit Waffen und Werkzeuge hergestellt werden können, die Töpferei und die Zimmermannskunst, damit es sich vor Witterung und wilden Tieren schützen kann. Das Menschengeschlecht bekommt ‚göttliche Gaben' zugewiesen und kann damit eine gewisse Lebenshaltung bewerkstelligen. Aber dies reicht nicht: Die Menschen streiten sich. Deshalb müssen die Götter nachlegen. Um sicher zu sein, das Überleben des Menschengeschlechts zu gewährleisten, sind noch, in heutigen Werten ausgedrückt, politisch-soziale Befähigungen zuzuweisen. Erst sie befähigen, ‚Freundschaften' zu halten und eine städtische ‚Ordnung' zu stützen; erst mit diesen Göttergaben, dem einträchtigen Zusammenleben, sind Bedingungen gegeben, die ein Überleben hinreichend sichern.

Tiere erhalten angepasste Organe und ausgeprägte Instinkte, der hilflose Mensch bekommt eine handwerkliche Befähigung, die ihm auch das Erfinden erschließt. Aber erst im Verbund mit einer politisch-sozialen Befähigung resultiert daraus die Chance, zu überleben. Damit ist ein leicht eingängiges Bild ausgebreitet, dessen Konturen verschiedentlich wieder aufgenommen werden: bei Johann Gottfried Herder und Arnold Gehlen.

Auch Herder sieht den Menschen zunächst als „instinktloses, elendes Geschöpf". Aber das ist nur die eine Seite: Was so nackt, „so verlassen aus den Händen der Natur kam, war auch vom ersten Augenblick an das freitätige, vernünftige Geschöpf, das sich selbst helfen sollte […]. Alle Mängel und Bedürfnisse […] waren dringende Anlässe, sich mit allen Kräften als Mensch zu zeigen."[35] Dieses Zeigen ist nicht so

---

[33] Vgl. Popitz 1989.

[34] Platon 1987, S. 35.

[35] Herder 1982, S. 795.

zu verstehen, dass der Mensch seine eigentliche und fertige Natur hervorzukehren hat. Die Vorstellung einer gleichbleibenden, beständigen Natur des Menschen ist Herder fremd. Als Naturwesen ist er unzureichend bestimmt; damit ist er herausgefordert, ‚freitätig' eine eigene Umwelt aufzubauen und so eine zweite Natur zu schaffen. Erst diese zweite Natur, die Kultur in ihren vielen Spielarten, sichert sein Überleben und eröffnet die Möglichkeit, sich selbst zu bestimmen.

Die Popitz'sche Kritik setzt beim Begriff des Mängelwesens ein, wie ihn Arnold Gehlen biologisch-funktional gewendet hat.[36] Nach Popitz verlässt sich Gehlen auf eine ‚Scheinplausibilität', wenn er feststellt, dass die organische Ausstattung des Menschen so geartet ist, dass sein Überleben nicht gesichert ist. Eine solche Feststellung lässt sich nicht überprüfen. Wäre die organische Ausstattung des Menschen tatsächlich so mangelhaft, dann käme den technischen Artefakten ein spezifischer Charakter zu: Sie wären „Organ-Prothesen"[37]. Werkzeuge kompensieren aber nicht nur Mängel, sie erweitern auch die Handlungsmöglichkeiten; sie wirken entlastend, aber auch belastend. Der Steinkeil schont die Hand, aber der Speer, der Grabstock oder Pflug provozieren neue Handlungsformen, und damit erweitert sich auch das Feld äußerst anstrengender Aktionsformen. Die frühen Formen technischen Handelns lassen sich nach Popitz als „Hand-Verstärkungstechnik" (ebd.) zusammenfassen. Aber gerade die Hand als Mängelorgan zu sehen, fällt besonders schwer.

Nach Popitz geht es jedoch nicht um die Einzelheiten von ‚Organersatz', ‚Organentlastung' und ‚Organverstärkung', wie sie Gehlen gefasst hat. Seine Kritik ist prinzipieller gerichtet und wendet sich dagegen, anthropologische Kennzeichen des Menschen allein angesichts von Vorstellungen zu gewinnen, die sich ausschließlich auf die nackte Existenzerhaltung beziehen und alles Weitere ausblenden, beispielsweise die Existenzentfaltung.

Popitz stellt eine Konzeption dagegen, in der die Hand eine zentrale Entwicklungsposition einnimmt. Im Anschluss an Aristoteles werden die physiologischen Vorzüge zusammengestellt. Darüber hinaus fungiert die Hand selbst als Werkzeug, ist Kralle, Klaue ...; sie ist für viele Zwecke flexibel einsetzbar und kann künstliche Werkzeuge führen. Die Hand stellt einerseits ein natürliches Werkzeug dar und kann andererseits Werkzeuge erstellen und variantenreich gebrauchen. So ist nach Popitz das „[...] Vermögen, technisch zu handeln, [...] bereits angelegt in der organischen Grundausstattung des Menschen. Es ist angelegt vor allem in der menschlichen Hand, – einem technisch immens brauchbaren Organ."[38] Technisches Handeln gleicht nicht zur nackten Existenzsicherung „einen Organmangel aus, sondern nutzt eine Organeignung"[39] und entfaltet sie.

36 Vgl. Gehlen 1995, S. 33.

37 Popitz 1989, S. 52.

38 Ebd., S. 52–53.

39 Ebd.

Die Aktionen der Hand bleiben nicht auf das Hier und Jetzt beschränkt, sie erschließen einen elementaren Zugang zum menschlichen Umfeld, zur Welt und zum Selbst. Prägend wirken insbesondere das Zurichten, Umgestalten, Herstellen und Gebrauchen. Eine zentrale Position kommt dabei der Werkzeugherstellung zu, „eine intelligente Umweghandlung, intelligent, weil der Umweg den Effekt steigert oder überhaupt erst erreichbar macht [...]“[40]. Solche Handlungsformen haben ihre Vor- und Folgeleistungen. Sie sind entwicklungsfähig, ermöglichen das Differenzieren. Dazu gehört beispielsweise, dass aus dem Herstellen heraus antizipierend Vorstellungen erwachsen, die zukünftige Prozesse auf ein neues Ziel hin ausrichten; dazu gehört auch ein feineres Koordinieren von motorischen und sensorischen Akten sowie das neuerliche Koordinieren von gekonnten Handlungsweisen. Besonders bedeutsam ist in diesem Zusammenhang, dass das Herstellen nahelegt, Erkundungsphasen zu entfalten und bei fortgeschrittener Komplexität auszugliedern. Zunächst bleiben die Erkundungen noch handlungsnah, wenn beispielsweise untersucht wird, welche Materialien sich für den Herstellungsprozess eignen, oder wenn sondiert wird, auf welchem Wege sich am leichtesten ein Ziel erreichen lässt. Aber die ersten ablösenden Schritte in Richtung Eigenständigkeit des Erkundens sind damit in Gang gekommen und können so auf das Herstellungshandeln zurückwirken.

Die werkzeugartige Hand, die Werkzeuge zurichtet, herstellt und führt, agiert jedoch in keinem Entwicklungsstadium ausschließlich technisch; so einseitig sind die Leistungen der Hand nicht. Die Hand ist primär, darauf verweist Popitz eindringlich, immer auch Organ, mit dem wir auf etwas verweisen, mit dem wir etwas anzeigen, mit dem wir beispielsweise einen Wink geben. Und mit den Händen wenden wir uns auch den anderen zu, berühren sie und schaffen so einen intensiven sozialen Kontakt. Mit der Hand greifen wir aus und fassen, was widerständig ist, mit ihr informieren wir und knüpfen soziale Beziehungen.

18.4 Koordiniertes Handeln

Technisches Handeln in seinen frühen Formen ist primär ein Mithandeln, ein Zusammenhandeln, weniger ein Einzelhandeln. Das erfordert Koordinationsleistungen, nicht zuletzt getragen von handlungsnaher Verständigung.

Aber es gibt auch verdecktere Formen der Koordination. Von den unmittelbaren Koordinationen von Kleinphasen, von den Kreisprozessen zwischen äußeren Aktionen und Wahrnehmungen, war schon die Rede: Ohne gezieltes Sehen beispielsweise kein erfolgreiches Schlagen der Axt, kein Aufbau eines Handlungsschemas.

Weitgehend verdeckt verlaufen Koordinationen, die zu Handlungsketten führen. Aktuelles Handeln erschöpft sich nicht in den gegenwärtigen Aktionen; notwendig sind immer auch die Erinnerung und die Antizipation. Erinnern ermöglicht es, Vorleistungen einzubeziehen, und Antizipationen verdeutlichen das, was angestrebt werden soll. Mit dem Erinnern fließt das schon Vollzogene in das Handeln ein, und zwar in

---

[40] Ebd., S. 71.

einer weiten Spanne vom Prozess bis zum Resultat, von den Materialien und Werkzeugen bis zu den Vorgehensweisen und Wissensformen. Durch die Antizipation erhält das aktuelle Handeln seine Ausrichtung; das Aktuelle wird durchsetzt mit dem, was zukünftig sein soll. Erfolgreiches Zurichten und Herstellen nimmt Vorleistungen auf, transformiert sie, setzt sie fort und ist auf das, was folgt, auf den Gebrauch, ausgerichtet. Vorleistungen und angestrebte Leistungen leiten die gegenwärtigen Handlungsweisen und ihre Koordinationen zu Handlungsketten.

Komplexere Formen des Zusammenarbeitens (mit der Arbeitsteilung) erfordern spezifische Repräsentationen von Handlungen, etwa bildliche und sprachliche Darstellungen, die auch eine handlungsfernere Verständigung und Koordination auf der Ebene der Planung erlauben.

18.5 Herstellung und Gebrauch: Unterteilen und koordinieren

Liegen Zurichtung oder Herstellung und Gebrauch in einer Person, ist die Zurichtung noch in selbstverständlicher Weise gebrauchsbezogen. Mit wachsender personaler, zeitlicher oder regionaler Arbeitsteilung zwischen Herstellen und Gebrauchen kommt dazu, dass sich die Formen des Handelns verselbstständigen. Diese Tendenz ist durch zunehmende Koordinierungsleistungen zu ergänzen. Schritte in Richtung Differenzierung und Spezialisierung des Handelns ziehen verknüpfende, koordinierende Leistungen nach sich. Jede Aufteilung einer Handlungskette in relativ autonome Teilhandlungen erzwingt es, die zuvor selbstverständlichen Bezüge oder wechselseitigen Abhängigkeiten explizit zu machen. Für das Herstellen und Gebrauchen heißt das allgemein: Das Herstellen hält Mittel für den Gebrauch zur Verfügung, und der Gebrauch bestimmt die Zwecke, die im Herstellen zu realisieren sind. Solche wechselseitigen Bezüge erfordern vorausschauende und planende Handlungsformen, die in zunehmendem Maße auf Verständigung angewiesen sind: Zwecke sind explizit sprachlich zu fixieren, und die Mittel bedürfen der Erläuterung, wie sie im Einzelnen zu gebrauchen sind.

18.6 Planen und Ausführen: Unterteilen und koordinieren

In den Formen des frühen Zurichtens und Herstellens zeichnen sich in der Abfolge von Handlungsweisen noch keine spezialisierten Teilphasen ab. Jeder Schritt enthält Planungs- und Ausführungsmomente, die sich nur wenig unterscheiden. Planungsmomente zeigen sich in der Form von versuchsweisem, Ausführungsmomente in der Form von unverzögertem Tun. Aus solchen Anfängen entwickelt sich ein Vorgehen, bei dem sich Planungs- und Ausführungsmomente deutlicher voneinander abheben und verschränkt ablaufen: Auf kurze Planungsphasen folgen Ausführungsphasen, die neues Planen anstoßen. Planung geschieht noch in der Nähe zu den gegenständlichen Materialien und Fertigungsverfahren.

Die Verselbstständigung von Planungs- und Ausführungsprozessen erzwingt wiederum spezifische koordinierende Leistungen, getragen von Spezialmedien: die bildhaften Darstellungen und die Fachsprachen zur Erarbeitung von Produktentwürfen und zur Planung der Fertigung. Entwerfen und Planen vollziehen sich primär als zeichengetragene Aufbau- und Verständigungsprozesse, die sich leicht revidieren lassen, weil die Ausführungsprozesse ausgegliedert sind.

Planen und Ausführen müssen jedoch in wechselseitiger Abhängigkeit verbleiben. Was geplant wurde, richtet partiell die Fertigung aus, und die Fertigung bestimmt partiell die Planung. Dieser letzte Rückbezug ist als eine der Anforderungen an den Planungsprozess zu artikulieren: Planen muss fertigungsgerecht vollzogen werden.

18.7 Gebrauchen im Herstellen: Frühe Verknüpfungen der Werdegänge technischer Produkte

Auf die Zurichtung oder Herstellung folgt der Gebrauch. Aber eine solche Handlungskette wird selten isoliert vollzogen. Meistens überlagern sich, wie vorher schon dargestellt, verschiedene Handlungsketten; das heißt, dass Phasen anderer Handlungsketten in die aktuelle Handlungskette eingehen. Die eigentliche Herstellung erschöpft sich nicht im Aufbau, sondern enthält auch Phasen des Gebrauchs von Hilfsmitteln, Werkzeugen, Vorrichtungen, Maschinen. Die Herstellung beispielsweise einer Handmühle, die drehend anzutreiben ist, erfordert eine Steinbearbeitung, zu der Hammer und Meißel notwendig sind. Ohne den Gebrauch dieser Werkzeuge lassen sich keine Mahlsteine erstellen (vgl. Abb. [18]-1). Immer wieder ist die Mühle auch zu reinigen, und in größeren Zeitabständen ist es notwendig, die Steine aufzuarbeiten, sodass sie ihre Funktion wieder voll erfüllen können. Dieser Umstand ist später nochmals aufzugreifen.

Solche Verknüpfungen sollten nicht dazu verleiten, die Unterschiede zwischen Herstellen und Gebrauchen einzuebnen – im Gegenteil: Erst die Bemühungen, deutlich zu unterscheiden, befähigen dazu, die Verknüpfungen zwischen den Werdegängen von technischen Produkten zu erfassen. Herstellen und Gebrauchen erweisen sich dann nicht mehr als in sich einheitliche Prozesse, sondern als gefügte Abläufe; Herstellen enthält Phasen des Gebrauchs, und Gebrauchen schließt bisweilen Phasen des Herstellens ein.

Die Konsequenzen zeigt Abbildung [18]-1 auf: Es gibt nicht nur die eine Herstellung und den einen dazugehörenden Gebrauch, wohl aber Herstellungsprozesse erster, zweiter, dritter … Ordnung und entsprechende Gebrauchsprozesse. Jede Handlungsform hat Vorgänger und ihre spezifischen ‚Sedimentationen'. Letztlich sind solche Prozessverknüpfungen auf den lebensdienlichen Gebrauch ausgerichtet. Die zugrundeliegenden Gebrauchsprozesse sind innertechnische Gebrauchsformen, die schließlich im lebensdienlichen Gebrauch ihre Erfüllung finden.

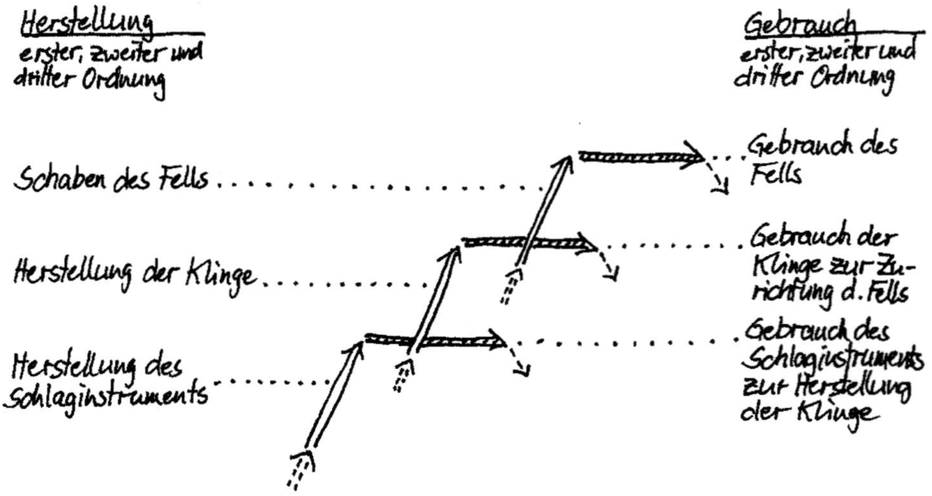

Abb. [18]-1: Herstellung und Gebrauch erster, zweiter und dritter Ordnung.

Ohne Schlaginstrument zum Spalten von Steinen gibt es keine Klingen, ohne Klingen kein Schaben des Fells. Was im grundlegenden Herstellungsprozess entsteht, wird im anschließenden Herstellungsprozess gebraucht (in der Abbildung grafisch als Kreuzung gekennzeichnet). Für den Gebrauch lässt sich entsprechend formulieren: Der Gebrauch des Schlaginstruments und der Klinge ermöglicht den eigentlichen Gebrauch, den lebensdienlichen Gebrauch (vgl. Abb. [18]-2 und -3).

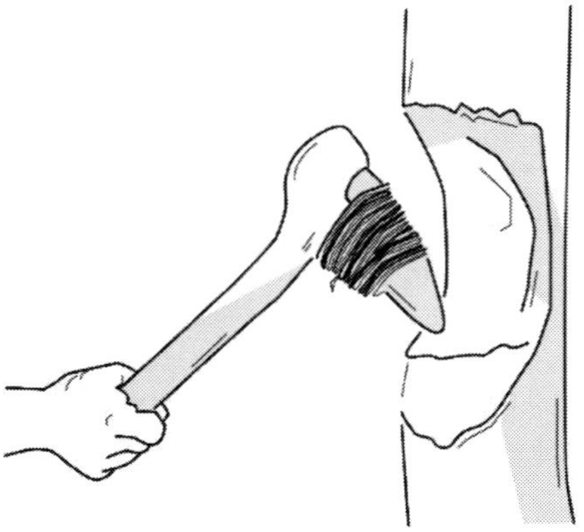

Abb. [18]-2: Fällen eines Baumes mit einer bandkeramischen Dechsel zur Rodung und Weiterverarbeitung des Holzes. Abbildung nach: Museum für Vor- und Frühgeschichte – Archäologisches Museum 1990, S. 8.

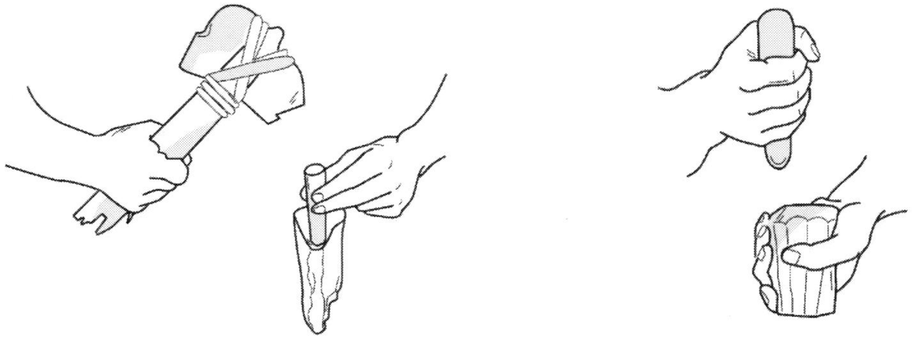

Abb. [18]-3: Verfahren zur Herstellung von Feuersteingeräten. Abbildung nach: Museum für Vor- und Frühgeschichte – Archäologisches Museum 1990, S. 8.

Der Ablauf ist aus zwei Teilprozessen gefügt: (1) aus dem Abschlagen eines Steinstückes mithilfe eines Hirschgeweihabschnittes und eines Hammers und (2) aus dem Abschlagen eines Steinstückes durch Schlag mit einem zweiten Stein.

18.8 Vor- und Nachphasen zu Herstellen und Gebrauchen

Herstellung und speziell Gebrauch sind die zentralen Formen entwickelten technischen Handelns. Sie bedürfen der Einlagerung, der peripheren Handlungsketten. Notwendig sind eine vorbereitende und eine nachbereitende Kette. Zunächst zum Vorgänger der Herstellung (vgl. Abb. [18]-4).

18.8.1 Bereitstellung von Mitteln

Herstellung kommt nicht ohne die Bearbeitung von Naturgegenständen im Sinne der Rohstoffgewinnung und Veredelung von Rohstoffen aus. Auf solche naturgegebenen Bestände bleibt technisches Handeln auch in den entwickelten Formen, trotz der Stoffkreisläufe, angewiesen. Aus Rohstoffen wie etwa Steinen, Erden, Erzen, Kohlen, Ölen, Gasen, Hölzern … entstehen durch Veredelung und Verarbeitung beispielsweise Ziegel, Gips, Zement, Glas, Metalle, Kunststoffe, Bauhölzer, Papiere … Als Materialien gehen diese Vorprodukte in die eigentliche Produktherstellung ein.

Aber damit ist nur die Stoffkomponente der Vorphase zur Herstellung berücksichtigt. Herstellung und Gebrauch benötigen ebenso Energie.

Die Energie stellt hauptsächlich die Sonne bereit. Die fossilen Energieträger haben die Sonnenenergie vergangener erdgeschichtlicher Zeitalter chemisch gespeichert. Dazu gehören Kohle, Erdöl, Erdgas, entstanden aus dem urzeitlichen Pflanzen- und Baumbestand. Die gegenwärtige Sonnenstrahlung lässt sich als Wärmeenergie direkt nutzen, und mithilfe von Solarzellen ist Elektrizität gewinnbar, ebenso auf dem Wege über Wärme, Turbine und Generator. Die Nutzung der Wasser- und Windkraft geht letztlich ebenso auf die Sonnenstrahlung zurück; ohne unterschiedliche Sonneneinstrahlung auf die Erdoberfläche gäbe es keinen Wind und keinen Wasserkreislauf von Verdunstung und Regen (Kondensierung).

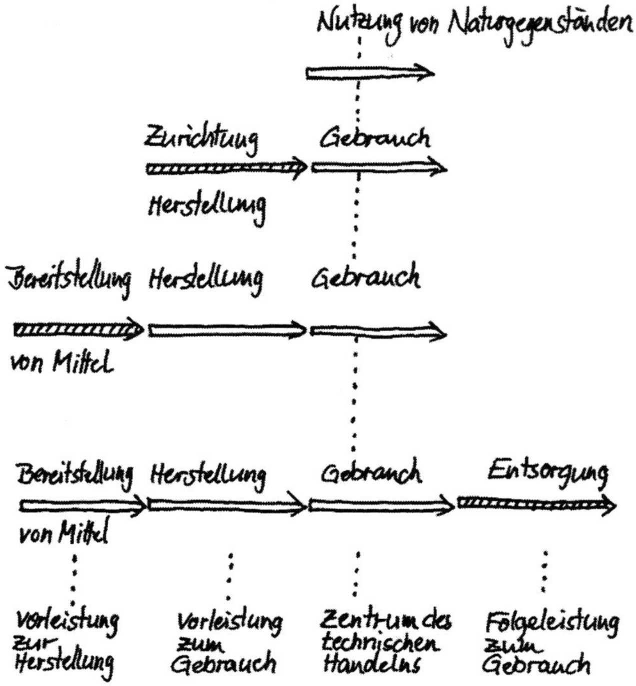

Abb. [18]-4: Schema zur Entwicklung des technischen Handelns in vier Schritten. Globale Übersicht ohne Darstellung der zyklischen Prozesse.

Alle Rohstoffbearbeitungen, alle Stoffumwandlungen erzeugen immer auch Stofftrennungen; es entstehen Abgase, Abwässer und Abfälle. Alle Energieumwandlungen zu nutzbaren Energieformen verursachen Wärmestreuungen (Erhöhungen der Entropie). Wärme wird an die Umgebung abgegeben und bewirkt so eine thermische Umweltbelastung.

Die Bereitstellung von Stoffen und Energie genügt noch nicht; Herstellung und Gebrauch in entwickelter Form setzen Wissen und Wissenschaften voraus. Ein dritter Strang der Vorphase zur Herstellung besteht in der Bereitstellung von Wissen. Bei der Zurichtung von Naturgegenständen und beim Herstellen ist ein Wissen darüber erforderlich, was Handlungsschemata bewirken, also ein praktisches Kausalwissen, ein Handlungswissen. Es artikuliert sich primär in den Handlungen als Können und ist nicht ohne Weiteres verbalisierbar. In Handlungszusammenhängen hat es sich von ‚Fall zu Fall' entwickelt und ist deshalb kein Wissen ‚von außen'.

Durch Probieren, Erkunden und Experimentieren im Handeln entstehen modifizierte und neue Handlungsweisen. Ihre Verinnerlichung in verdichteter Weise schafft ein praktisches Regelwissen. Dieses befähigt zum ‚inneren' Handeln und ermöglicht so ein handlungsnahes Planen, ein Planen vor und im Handeln.

Im Laufe der geschichtlichen Entwicklung haben sich die technischen Handlungsweisen spezialisiert. Um die Übersicht über diese Vielfalt zu sichern, war es ratsam,

Enzyklopädien anzulegen; erinnert sei beispielsweise an Jacob Leupold zu Beginn des 18. Jahrhunderts, an Denis Diderot und d'Alembert, 1751–1780, sowie an Johann Beckmann, 1806. Beckmanns „Entwurf einer algemeinen Technologie“ stellt vorrangig ein enzyklopädisches technisches Wissen zusammen. Er will „ein Verzeichniß aller [...] verschiedenen Absichten, welche die Handwerker und Künstler bey ihren verschiedenen Arbeiten haben, und daneben ein Verzeichniß aller Mittel, durch welche sie jede derselben zu erreichen wissen“, anlegen. Ein solches Verzeichnis nennt er „algemeine Technologie“, sie soll „Uebertragung der Mittel von einem Handwerker zum andern“[41] befördern.

Die Handlungsweisen des Erkundens, Experimentierens, Prüfens, Forschens ... haben sich in immer wieder neuen Anläufen zu relativ eigenständigen Handlungen herausgebildet und erwirkten so Anstöße, technische Wissenschaften aufzubauen.

Der Übergang vom technischen Regelwissen zum theoretischen Wissen setzt eine Einstellungsänderung voraus. Das technische Regelwissen wird in praktischer Einstellung erworben; der Nutzen und die Zweckorientierung stehen im Vordergrund. Die theoretische Haltung löst sich aus dieser Bindung an der unmittelbaren Lebensbewältigung und situativen Problemlösung; sie zielt primär darauf, (mathematische) Modelle und Systeme als durchsichtige Begriffsnetze aufzubauen, in die nur gesetzmäßig zusammenhängende Merkmale eingehen.

Die theoretischen Bemühungen dienen der allgemeinen Orientierung in der Welt. Aber es kommt dabei nicht zum reinen Betrachten, zum medienlosen (zeichenlosen) Schauen. Der Erkenntnisgewinn ist nicht vollständig zweckfrei und geschieht nicht allein um seiner selbst willen, vollständig unabhängig von jedem Lebensbezug. Der Aufbau von Theorie bedarf einer Basis, die oft verborgen und unbeachtet bleibt; er ist auf vorgelagerte (vortheoretische) Erfahrungen angewiesen. Diese entstammen der alltäglichen Sprach- und Besorgungspraxis und der Praxis technischen Handelns. Und letztlich dienen die theoretischen Konstrukte wieder dieser Praxis, wenn auch äußerst indirekt und auf sehr verschlungenen Wegen. Mit wachsender Allgemeinheit wissenschaftlichen Wissens erweitern sich die Möglichkeiten, dieses Wissen anzuwenden. Aber immer weniger kommt es dabei zu einer erschöpfenden Anwendung. Denn hinter jedem wissenschaftlichen Begriffsnetz, hinter jeder Disziplin, steht eine weitere Disziplin. Niemals halten sich die situationsbezogenen Problemstellungen an die Grenzen wissenschaftlicher Disziplinen; äußerst selten sind die Problemstellungen so säuberlich aufgeteilt, dass nur ein Bereich wissenschaftlichen Wissens genügt, um eine Lösung zu erarbeiten.

Nach hergebrachten Vorstellungen bieten die Naturwissenschaften das theoretische Wissen für technisches Handeln. Das ist nicht vollständig ‚falsch‘ oder abwegig, aber äußerst oberflächlich. Bei etwas genauerer Sicht geraten die Ingenieurwissenschaften in den Blick: von der Festigkeitslehre, Elektrotechnik und Fertigungstech-

41 Beckmann 2011 [1806], S. 5–9.

nik bis zur Arbeitswissenschaft und Ergonomie. Aber durch wissenschaftliches Wissen allein entsteht kein technisches Produkt, schon gar nicht auf der Basis des Wissens einer einzigen Disziplin. Notwendig ist auch ein Können, ein Handlungswissen, das nicht in Büchern fixierbar ist, aber im Handeln, speziell im praktischen Fertigen, zum Zuge kommt. Wissen und Können stützen technisches Handeln; erstmaliges problemlösendes Handeln erfordert jedoch noch mehr: Gestalten und Werten. Deshalb wurden neben den Ingenieurwissenschaften Gestaltungswissenschaften entwickelt: Lehren zur Heuristik, Planungsmethodiken und Konstruktionslehren. Sie stützen das methodische und kreative Entwerfen und Planen und schaffen so ein Bindeglied zwischen dem ingenieurwissenschaftlichen Wissen und dem Können als praktischem Ausführen. Notwendig ist jedoch noch ein zweites Bindeglied: Unabdingbar sind Zielbestimmungen und -entfaltungen sowie Verständigungen über Ziele, insbesondere bei erstmaligem, zweitmaligem ... Handeln. Sie bilden einerseits die Grundlage zur Anwendung von Entscheidungstheorien und richten andererseits die Einschätzung der Folgen technischen Handelns aus. Im Vordergrund stehen etwa Risikoanalysen und Ökobilanzen, den Hintergrund bilden Theorien zur Bewertung.

Die Naturwissenschaften gelten als streng objektiv und zweckfrei; sie liefern exaktes, sicheres und reproduzierbares Wissen. Ihr systematisch zusammengestelltes Gesetzeswissen wird immer wieder auf Resultate reduziert und so vergegenständlicht und (vermeintlich) leicht verfügbar gemacht. Die Naturwissenschaften entsprechen am konsequentesten dem Ideal der Wissenschaftlichkeit; das hat Auswirkungen: (1) In den öffentlich geäußerten Einschätzungen spielen die hochgeschätzten Naturwissenschaften eine dominante Rolle. Die unübersichtliche Vielfalt der ingenieurwissenschaftlichen Spezialdisziplinen wird auf den Bereich der nur partiell grundlegenden Naturwissenschaften verengt. Die Ansätze, die darauf gerichtet sind, im Rahmen einer allgemeinen Technologie die ingenieurwissenschaftlichen Disziplinen wenigstens teilweise zu integrieren, werden weitgehend ignoriert.[42] (2) Wissensbereiche, die dem Idealbild der Wissenschaftlichkeit nur eingeschränkt entsprechen, werden abgewertet und zurückgedrängt. Dahinter verbirgt sich das Konzept, dass sich Wissen letztlich nur darin unterscheidet, wie präzise, sicher und bewährt es ist. Da das wissenschaftliche Wissen über Kausalzusammenhänge diese Anforderung am deutlichsten erfüllt, kommt ihm eine ausgezeichnete Bedeutung zu, und zwar mit der Nebenwirkung, dass die spezifischen Funktionen und die daraus resultierenden Eigenheiten und Andersartigkeiten der übrigen Wissensformen unbeachtet bleiben, mindestens aber nicht hinreichend gewürdigt werden. (3) Gelegentlich verführt diese Sicht auf die Naturwissenschaften zu der fatalen Einschätzung, dass nur sie angemessen über Naturwissenschaften befinden können. Sollten dann demnächst auch nur Autoproduzenten über Autos und den Autoverkehr befinden und Bahnbetreiber allein über den Zugverkehr? (4) Die Ausrichtung am Maßstab der Wissenschaftlichkeit vertieft die Kluft zwischen wissenschaftlichem Wissen und Können als Hand-

[42] Zu diesem Zusammenhang bietet Ropohl (2009) prägnante Hilfen.

lungswissen; sie verschärft den Dualismus von wissenschaftlichen und lebensweltlichen Wissensformen; personalisiert heißt das: hier der Ingenieur, dort der Schweißer, hier der Statiker, dort der Bürger als gebildeter Laie.

Wie die natur- und ingenieurwissenschaftlichen Disziplinen im Zusammenhang mit technischen Aufgabenstellungen einzuschätzen sind, bedarf noch einer Differenzierung, die bisher zu wenig beachtet wurde. Entscheidend ist dabei der Blick auf die hierarchische Verknüpfung. Dabei zeigt sich: Es gibt nicht nur die eine Herstellung und den einen Gebrauch, wohl aber Herstellungen erster, zweiter, dritter ... Ordnung und entsprechende Gebrauchsformen. Prozesse, die große Distanz zum lebensdienlichen Gebrauch aufweisen, haben meistens eine enge Zielbestimmung und sind auf direktere Weise auf die Ingenieurwissenschaften angewiesen. Prozesse mit geringer Distanz zum lebensdienlichen Gebrauch gehen zurück auf Aufgabenstellungen, die nicht mehr so situationsabgehoben, nicht mehr so gesellschaftsfern und unhistorisch sind. Erst bei diesem erweiterten Aufgabentyp stellt sich eindringlicher und umfassender die Frage, wie man sich über Ziele verständigen kann, wie sich globale Zielvorstellungen entfalten lassen, wie das Resultat der Verwirklichung zu prüfen ist und sich Auswirkungen verfolgen lassen. Erst bei diesem Aufgabentyp ist es erforderlich, sich ausdrücklicher zu fragen, wie beim Entwerfen, Entscheiden und Planen methodisch vorzugehen ist, wie kreative Lösungen gefördert werden können. Gerade jener zweite, erweiterte Aufgabentyp schärft den Blick dafür, dass auch noch Wissensformen notwendig sind, die zwar nicht dem Idealbild der Wissenschaftlichkeit entsprechen, aber wegen ihrer Besonderheiten eine wichtige Funktion beim Problemlösen innehaben. Erinnert sei an die methodisch ausgerichteten Gestaltungswissenschaften und an jene Disziplinen, die sich mit der Zielbestimmung und -entfaltung und letztlich mit dem Bewerten befassen. Sie erleichtern die Anwendung; sie eröffnen Wege, wie Wissen aus verschiedenen ingenieurwissenschaftlichen Disziplinen zu koordinieren ist; sie stützen den Übergang von allgemeinem Wissen zu situationsbezogenen Problemlösungen.

Der Verweis auf die Naturwissenschaften als theoretischer Hintergrund technischen Handelns ist einseitig und ergänzungsbedürftig:

(1) Er betont die innertechnischen Herstellungs- und Gebrauchsprozesse; er betont jene Prozesse, die große Distanz zum lebensdienlichen Gebrauch haben, und stellt damit indirekt Aufgabenstellungen in der Nähe zum unmittelbar lebensdienlichen Gebrauch zurück.

(2) Er ignoriert die langfristigen Entwicklungsprozesse. Kulturhistorisch gesehen ist technisches Wissen älter als naturwissenschaftliches. Der Bootsbau beispielsweise ist Jahrtausende alt, aber die physikalischen Probleme des Auftriebs waren 1612 noch nicht restlos geklärt. In diesem Jahr veröffentlichte Galileo Galilei die Schrift: „Körper, welche im Wasser schwimmen oder sich darin bewegen".[43] Beim Schiffbau

[43] Vgl. Sobel 1999, S. 389.

setzt auch Galileis „Unterredungen über zwei neue Wissenszweige, die Mechanik und die Fallgesetze betreffend“ von 1638 ein.[44] Die Zusammenkünfte der drei Gesprächspartner finden in der Schiffswerft des venezianischen Arsenals statt, denn die „unerschöpfliche Tätigkeit“ im Arsenal bietet „den Denkern ein weites Feld der Spekulationen [...], besonders im Gebiet der Mechanik“.[45] Ein Handwerker der Werft liefert mit einer Bemerkung zum Stapellauf von besonders großen Schiffen den Anlass, mit den Dialogen zu beginnen.

(3) Der Verweis betont eine einseitige Abhängigkeit auf Kosten zyklischer Zusammenhänge, und so bleibt etwa verborgen, wie bedeutsam technische Instrumente für das Forschungshandeln sind. Auch in diesem Kontext ist auf Galileo Galilei zu verweisen: Was hätten seine Erforschungen von Sonne, Mond und Jupiter erbracht ohne sein Fernrohr? Hätte er sein Fernrohr ohne das holländische Vorgängermodell entwickeln können? Welches Wissen war bei der Verbesserung förderlich? Und welche handwerklichen Dienste musste er dabei in Anspruch nehmen?

(4) Jeder Verweis reduziert die Vielfalt der Wissensformen, die insbesondere für technische Aufgabenstellungen in der Nähe zum direkten lebensdienlichen Gebrauch notwendig ist.

Lebensweltliches Wissen, Können, überhaupt Wissensformen, die nicht vollständig dem genannten Ideal der Wissenschaftlichkeit entsprechen, sind nicht zu überwinden. Sie müssen vielmehr in ihrer Eigenheit akzeptiert, verstanden und entsprechend ihrer Eigenart zum Problemlösen im Rahmen der Lebensbewältigung und -entfaltung eingesetzt werden.

18.8.2 Entsorgen

Was gebraucht wird, ist irgendwann verbraucht, und was verbraucht ist, kann nicht einfach, mehr oder weniger beachtet, beseitigt werden. Angesichts von Umweltbelastung und knappen Ressourcen ist das Entsorgen als Nachbereitung des Gebrauchs zu den Formen technischen Handelns zu rechnen.

Primär sollte das Entsorgen, soweit es geht, verzögert und vermieden werden. Ist das nicht mehr möglich, sollte versucht werden, Recyclingformen aufzugreifen. Dazu gehört in erster Linie das Produktrecycling: Durch Umarbeiten von Produkten wird ein Weiterverwenden ermöglicht. So lassen sich etwa alte Dachbalken neu so zusägen, dass Hölzer entstehen, die als Zaunpfähle einsetzbar sind. Eine zweite Form des Produktrecyclings kommt durch Aufarbeiten zustande. Das ist beispielsweise der Fall, wenn die Verschleißteile eines Ottomotors ausgewechselt werden. Ein solcher Motor lässt sich wiederverwenden. Zu den unauffälligen Formen des Produktrecyclings gehören Wartung, Pflege sowie die Instandsetzung von Produkten.

---

[44] Vgl. ebd., S. 323.

[45] Galilei 1964, S. 3.

Ist das Produktrecycling nicht mehr möglich oder vertretbar, kann noch auf das Materialrecycling zurückgegriffen werden. Durch Aufbereiten und Werkstoffseparierung wird die Chance eröffnet, Material wieder- oder weiterverwerten zu können. Dass in diesen Prozessen Reststoffe anfallen, lässt sich nicht vollständig vermeiden. Deshalb endet die Entsorgung immer auch mit der umweltgerechten Deponierung von Reststoffen.

18.8.3 Zusammenfassung

(1) Unter der Perspektive der Entwicklung lässt sich resümieren: Technisches Handeln beginnt mit der Nutzung von Naturgegenständen und erweitert sich auf dieser Basis zu Herstellung und Gebrauch. Die Produktionen in Handwerk, Manufaktur und Industrie erzwingen es, sich um die Rohstoffgewinnung zu bemühen. Diese Leistungen sollen, allgemeiner gefasst, als Bereitstellung von Mitteln für die Herstellung gekennzeichnet werden. Die knappen Ressourcen und die Umweltbelastungen legen weitere Felder technischen Handelns nahe. Sie werden hier verallgemeinert als Entsorgen zusammengefasst (vgl. Abb. [18]-3).

(2) Die entwickelten Formen technischen Handelns unterliegen einer praktischen Ordnung: Auf das Bereitstellen von Mitteln folgt das Herstellen, darauf der Gebrauch und das Entsorgen.

(3) Eine differenziertere Betrachtung deckt Verknüpfungen und Verschränkungen der vier Grundformen technischen Handelns auf. Dazu wurden schon Beispiele als erste Hinweise genannt (vgl. Abb. [18]-2).

(4) Was sich mit der Recyclingproblematik schon angekündigt hat, ist ebenfalls grundsätzlicher zu verfolgen: die Rezirkulationen. Technisches Handeln verläuft selten als streng linearer Ablauf; es schließt auch auf der Makroebene Kreisprozesse ein.

18.9 Verknüpfungen der Formen technischen Handelns

Weder das Bereitstellen von Mitteln noch alle übrigen Grundformen technischen Handelns bis hin zum Entsorgen verlaufen als in sich einheitliche Prozesse. Jede der Grundformen enthält in sich gefügte Abläufe, deren Teilphasen wiederum den Grundformen technischen Handelns zugeordnet werden können.

Die Bereitstellung von Mitteln enthält Phasen des Herstellens, Gebrauchens und Entsorgens. So muss etwa aus Holz Zellulose erstellt werden, damit daraus Gewebe gefertigt werden können, die im Rahmen der Herstellung von Autoreifen verwendet werden. Bei der Zelluloseherstellung werden etwa Behälter gebraucht, und insgesamt entstehen bei den Verarbeitungsprozessen Abfallstoffe, insbesondere Abwässer, die zu entsorgen sind.

Ein entsprechendes Gefüge zeigt sich im Rahmen der Herstellung. Gebraucht werden etwa Werkzeuge, Geräte, Maschinen, und bei der Fertigung entstehen Abfälle, die in das Stoffrecycling eingehen sollten.

Im Gebrauch werden die hergestellten technischen Produkte als Mittel eingesetzt. Voraussetzung ist aber beispielsweise, dass Energie bereitgestellt ist und die Entsorgung nicht unterbrochen wird, falls der Gebrauch Emissionen verursacht: Ohne Energie kein Antrieb von Küchenmaschinen …, ohne Information durch persönliche Einweisung, ohne Erkunden, ohne verbale Gebrauchsanleitung kein Erstgebrauch.

Die Entsorgung ist nicht in allen Teilphasen gleich organisiert. Sie enthält vielmehr Teilphasen, in denen Mittel bereitgestellt werden, in denen hergestellt und gebraucht wird. Bevor es etwa zu einer Werkstoffseparierung kommt, muss aufbereitet werden; im Einzelnen heißt das: zerkleinern, reinigen, umschmelzen …, also der Gebrauch von Geräten und Maschinen in einem Destruktionsprozess, der letztlich zu wiederverwertbaren Materialien führt.

Die Kennzeichnung der Grundformen technischen Handelns auf verschiedenen Ebenen deckt eine hierarchische Ordnung auf. Damit es zu einem lebensdienlichen Gebrauch kommt, müssen, wie schon erwähnt, untergeordnete Gebrauchsformen, die nicht unmittelbar lebensdienlich sind, realisiert werden. Die Herstellung eines Möbelstücks geht über den Markt, den Kauf und die Aufstellung in einer Wohnung in den unmittelbaren alltäglichen Gebrauch über; der Gebrauch einer Vorrichtung zum Fräsen von Holzteilen oder der Gebrauch eines Fräsprogramms in einer computergesteuerten Maschine stellt dagegen einen innertechnischen Gebrauch tieferliegender Ordnung dar. Diese Gebrauchsformen zweiter und dritter Ordnung verlaufen zunehmend als innertechnische Prozesse mit wachsender Distanz zum eigentlichen lebensdienlichen Gebrauch. Entsprechendes gilt für die übrigen Grundformen technischen Handelns. In abkürzender Redewendung heißt das: Es lassen sich Herstellungsprozesse, Mittelbereitstellungen und Entsorgungen erster, zweiter, dritter … Ordnung unterscheiden.

18.10 Zyklische Prozesse

Das Binden einer Schleife, solange es noch problemhaltig ist und noch nicht automatisch geschieht, bedarf der zyklischen Abläufe fassen, fühlen, schlingen, fühlen, sehen, binden … Auf der Makroebene ist das nicht grundsätzlich anders: Es sind Rezirkulationen notwendig, Kreisprozesse oder Rückbezüge über unterschiedliche Distanzen. Mit fortschreitender Entfaltung des technischen Handelns wachsen nicht nur die Verkettungen und Verschachtelungen, intensiviert werden auch die zyklischen Abläufe über stationenreiche Distanzen.

18.10.1 Rückbezüge, die vom Entsorgen ausgehen

Aufbereiten im Rahmen des Entsorgens ermöglicht Stoffrecycling und schafft dadurch einen Rückbezug zur Mittelbereitstellung; der Naturstoffverbrauch wird dadurch verringert. Ähnliche Rückbezüge liegen vor, wenn etwa durch Verbrennung von Reststoffen Energie umgewandelt wird.

Weiterreichende Auswirkungen hat der folgende Strang von Rückbezügen: Werden angesichts der Probleme, die beim Entsorgen bestehen, die Formen der Mittelbereitstellung verändert, dann liegt integrativer Umweltschutz vor. Er zeigt sich etwa dann, wenn zu emissionsarmen, energie- oder materialsparenden Mitteln übergangen wird. Ähnliche Auswirkungen kommen in Gang, wenn wir bei der Mittelbereitstellung recycelbare Materialien bevorzugen oder überhaupt die Vielfalt der Materialien reduzieren. Grundlegende Umstrukturierungen bei der Mittelbereitstellung liegen auch vor, wenn wir zu erneuerbaren Energiequellen übergehen, also zur Windenergienutzung, zum Einsatz von Sonnenkollektoren oder Fotovoltaik, zur Nutzung von Biomasse …

Die Rückbezüge vom Entsorgen zur Mittelbereitstellung verlaufen auf drei Ebenen: Das Entsorgen führt der Mittelbereitstellung Stoffe und Energien zu und vermittelt in einem dritten Schritt praktisches Wissen, wie die Mittelbereitstellung zu organisieren ist, damit die Entsorgung einen Beitrag leisten kann, die Umwelt und die Ressourcen zu schonen.

Zu den Rückbezügen vom Entsorgen zum Herstellen lassen sich herkömmliche Handlungsweisen wie etwa Pflege, Wartung und Instandsetzung rechnen. Weniger verbreitet sind die folgenden Rückwendungen: (1) das Produktrecycling, gebrauchte Produkte werden auf- oder umgearbeitet; (2) das recyclinggerechte Konstruieren, dazu gehört etwa, dass technische Produkte so konstruiert werden, dass sie leicht zu demontieren sind oder dass Verbundwerkstoffe vermieden werden; (3) der integrierte Umweltschutz, etwa wenn die Herstellung umgestellt wird, wenn wir zu Fertigungsverfahren übergehen, die weniger Abfall, Abgas, Abwasser erzeugen; (4) der additive Umweltschutz, der sich damit begnügt, zusätzliche Maßnahmen vorzusehen. Die Fertigungsverfahren bleiben die alten, und in nachgeordneten Behandlungsphasen soll der Abfall dort, wo er entsteht, reduziert oder verarbeitet werden.

Rückbezüge vom Entsorgen zum Gebrauch sind durch die folgenden Maßnahmen gegeben: schonender Gebrauch technischer Produkte, Energie sparen, also etwa dadurch, dass wir die Raumtemperatur herabsetzen, den Warmwasserverbrauch reduzieren …

Die wechselseitigen Beziehungen zwischen technischem Handeln, Mittel, Zielbestimmungen und Folgeeinschätzung verdeutlicht Abb. [18-]5.

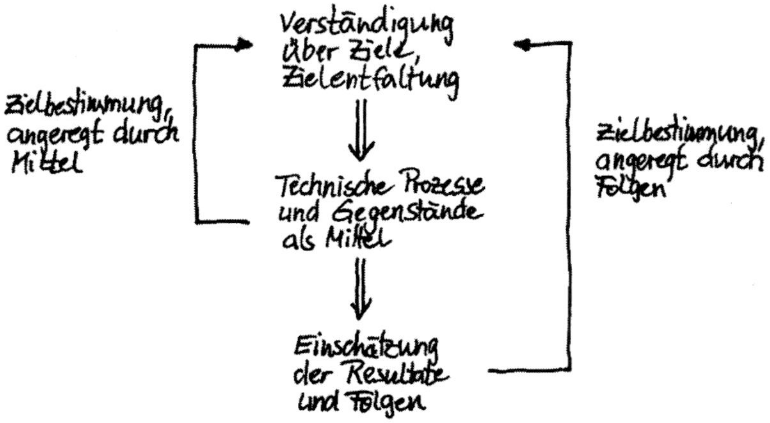

Abb. [18]-5: Technisches Handeln als ‚Mitte' und Mittel schließt Zielbestimmung und Folgeneinschätzung ein.

18.10.2 Folgenorientierte Zielbestimmung

Mit den vorausgegangenen Hinweisen sind nicht alle Rückbezüge aufgeführt. Zu erinnern ist hier beispielsweise noch an die grundlegende Rückwirkung, die vom Gebrauch ausgeht und bei der Herstellung endet. Was wir herstellen, das kontrollieren, prüfen, testen und korrigieren wir. Aber gelegentlich zeigen sich manche Gebrauchseigenschaften erst dann, wenn ein Produkt über längere Zeiträume verwendet wird. Haben sie den Charakter von zu vermeidenden unbeabsichtigten Auswirkungen, dann ist die Herstellung zu modifizieren.

Solche Rückbezüge lassen sich allgemeiner über Zielbestimmungen kennzeichnen. Weitgespannte Rückbezüge setzen bei den Folgen technischen Handelns an und enden bei der Zielbestimmung. Wenn wir heute eine vorausschauende und nachhaltige Technikentwicklung fordern, dann basieren solche Ausrichtungen nicht zuletzt auf drastischen Erfahrungen: Vor Augen stehen uns etwa die Abfallberge, die knappen Rohstoffreserven, die Gefährdungen der Biosphäre … Solche Folgewirkungen veranlassen, von alten Zielbestimmungen abzurücken und zu modifizieren: Dauerhafter Erhalt der Biosphäre, zukunftsfähiges Wirtschaften, langfristig tragbares Wachstum, naturverträgliche Technikentwicklung (vgl. Abb. [18]-6).

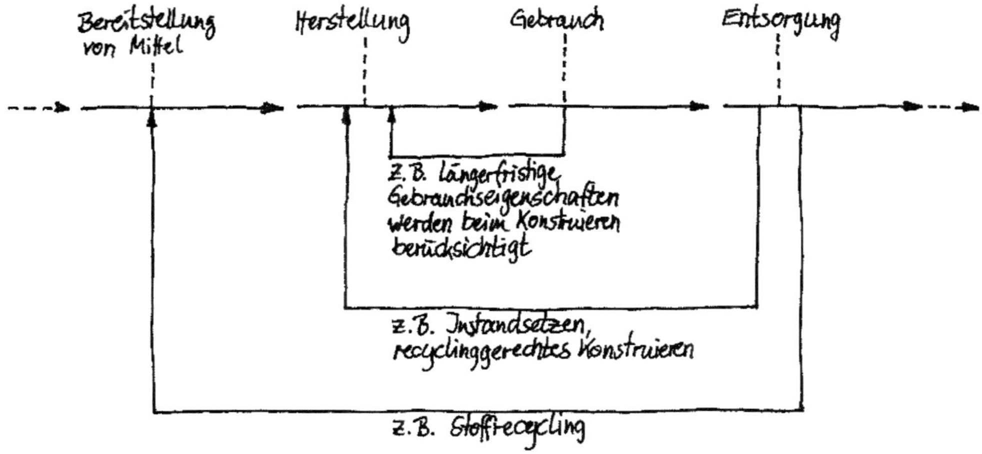

Abb. [18]-6: Einige zyklische Abläufe im Werdegang von Produkten.

18.10.3 Mittelorientierte Zielbestimmungen

Was als technisches Mittel entwickelt wurde, provoziert zur Überlegung, wie das Mittel auch noch anders verwendet werden könnte. Das legt bisweilen rückbezügliche Zielbestimmungen nahe, die auch mittelorientierte Komponenten enthalten. Oft wird befürchtet, dass durch ein solches Vorgehen die technischen Mittel ‚autonom' würden. Die Mittelorientierung setzt jedoch die übrigen Zielkomponenten nicht außer Kraft, sodass damit kein ‚Freibrief' gegeben ist, alles das zu realisieren, was gegenständliche technische Mittel und technisches Wissen ermöglichen.

19 Zum technischen Handeln als Grundbegriff der Technikdidaktik[46]

„Wir sind Gestalten schaffende Wesen gewesen, lange bevor wir Begriffe schufen."
(Friedrich Nietzsche, Umwertung aller Werte)

19.1 Vorbemerkungen: Die Tradition der Buchschule

Technische Bildung ist in der pädagogischen Reflexion noch nicht lange als unverzichtbarer Bestandteil einer Allgemeinbildung anerkannt.[47] Im Bildungsalltag wird ihr nur wenig Aufmerksamkeit gewidmet.

Wir benützen in beiläufiger und gewohnter Weise technische Gegenstände (die Kaffeemaschine) und nehmen wachsend die zugespitzte Problematik der technischen Sphäre wahr: die partielle Gefährdung von Lebensgrundlagen durch Technik. Das weite Feld zwischen vertrauter, reibungsloser Verwendung einerseits und bedrohlicher Umweltproblematik andererseits wird nur in diffusen Zügen gesehen. Es fällt uns deshalb schwer, jenes Feld zwischen den genannten Polen als einen Bereich, der der allgemeinen Aufklärung bedarf, anzuerkennen.

In weiten Teilen ist die Schule aus einer mächtigen Tradition heraus, global gesagt, der Vergeistigung verpflichtet. Die korrespondierende Aufgabe der Verleiblichung[48] bleibt unbeachtet oder ist dem Außerschulischen zugeordnet. Das wohlgefügte Ineinander beider Aufgaben wird dadurch weitgehend ignoriert.

Vor diesem Hintergrund wird verständlich, dass wir zwar gern Jérôme Seymour Bruner anerkennen, wenn er den handelnden Umgang beim anfänglichen Lernen betont, jedoch schnell unsicher werden bei den Konsequenzen.

Bruner verweist nicht zuletzt im Anschluss an Charles Sanders Peirce darauf, dass bei der lernenden Auseinandersetzung und Aneignung von Wirklichkeit drei Repräsentationsformen zu unterscheiden sind: das Enaktive, das Ikonische und das Symbolische.[49] Im Hinblick auf das elementare technische Handeln sei hierzu angemerkt:

---

[46] Erschienen in tu: Zeitschrift für Technik im Unterricht, Heft 66/1992, S. 31–44.

[47] Vgl. dazu das Allgemeinbildungskonzept von Wolfgang Klafki, in: Klafki 1985, S. 12–30.

[48] Vgl. hierzu etwa Whitehead 1971, S. 400–401; Böhme und Böhme 1985, Kap. I. 3: „Das Fremdwerden des eigenen Leibes", S. 50–69 und Stopczyk 1991.

[49] Vgl. Bruner 1974.

1) Das Enaktive beschränkt sich nicht auf das leiblich-praktische Umgehen allein, es schließt die damit zusammenhängenden (emotional gefärbten) sprachlichen Äußerungen ein.

2) Das Enaktive stellt eine erste Stufe der Verarbeitungs- und Repräsentationsweisen im Lernen dar. Die weiteren Formen bauen darauf auf. Das heißt aber nicht, dass alles Lernen auf der enaktiven Ebene einzusetzen habe. Kommt jedoch ein Verstehen auf einer höheren Ebene nicht zustande, dann muss auf die enaktive Ebene zurückgegangen werden. Das gilt auch für das Erwachsenenalter: Können etwa Teilprobleme nicht zeichnerisch oder begrifflich geklärt werden, dann muss zunächst auf die handelnde Lösungserarbeitung zurückgegriffen werden.

3) Aus der Tradition der Buchschule heraus (aus der vorschnellen Fixierung auf abfragbare Ergebnisse) läuft die Schule immer wieder Gefahr, beim Organisieren von Lernvorgängen zu isoliert die ikonische und symbolische Ebene zu verwenden.[50]

Die Tradition der Buchschule färbt mehr oder weniger verdeckt immer wieder ein: Technischer Umgang wird, wenn er überhaupt geduldet ist, zur Anwendung von (Buch-)Wissen verkürzt.

19.2 Zum Technikverständnis

Ich muss mich in diesem Zusammenhang mit Andeutungen begnügen:

1) Eine vordergründige Betrachtung der technischen Sphäre lenkt den Blick auf die technischen Gegenstände. Bei der genaueren Betrachtung werden Vorgänge sichtbar: Der technische Gegenstand ist Resultat eines Herstellungsprozesses und ermöglicht als Mittel den Gebrauch (vgl. Abb. [19]-1). Im Herstellen wird aufgebaut, und mit dem Gebrauch beginnt zuerst schleichend der Abbau.

[50] Vgl. hierzu auch Klafki 1985, S. 102–105.

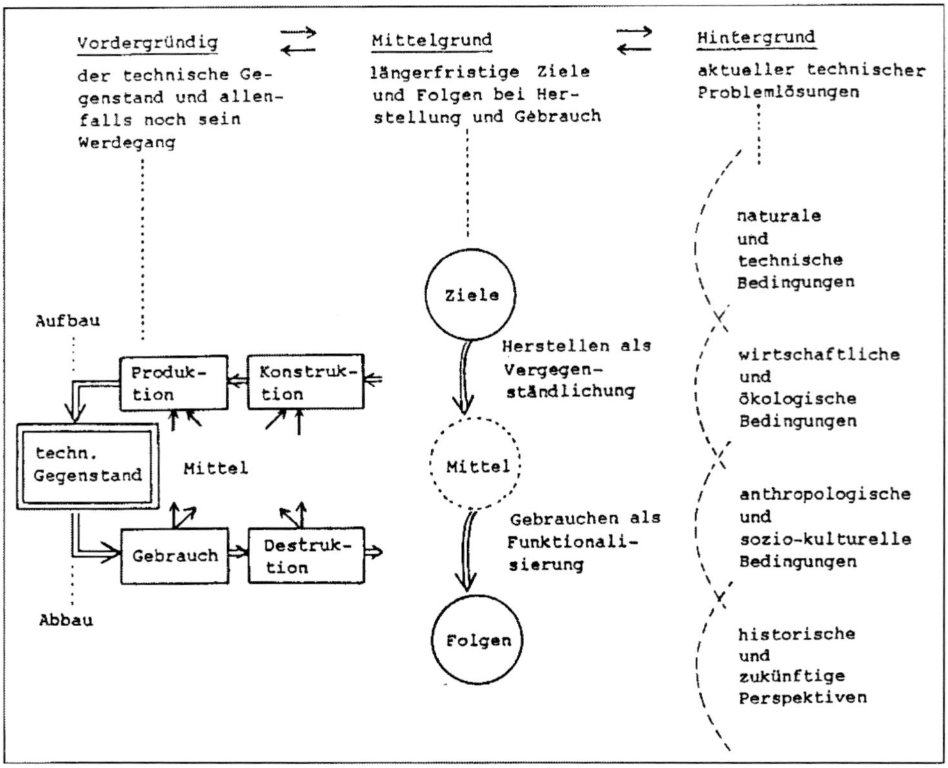

Abb. [19]-1: Zum Technikverständnis, Felder und Bedingungsgefüge des technischen Handelns (vgl. auch Abb. [19]-2).

2) Der technische Gegenstand ist nicht immer ein harmloses, neutrales Instrument, das sich äußerlich einsetzen lässt, nicht immer ist seine Wirkung eindeutig begrenzt. Insbesondere aus dem massenhaften Gebrauch ergeben sich kumulative Wirkungen, die lebensverändernd und lebensbedrohend sind. Trotzdem hat es Sinn, vom Mittelcharakter technischer Gegenstände zu sprechen.

Er kommt den technischen Gegenständen jedoch nur in einer notwendigen Abfolge zu: Am Anfang stehen Problemsicht und Zielbestimmung; sie leiten die Mittelherstellung wie den Mittelgebrauch, und dieser Einsatz hat beabsichtigte und unbeabsichtigte Wirkungen oder Folgen. Ziel, Mittel und Folgen werden hier als strenge Relativbegriffe aufgefasst. Mittelsein gibt es nur mit einem ‚Davor' und ‚Danach', also nur im Rahmen der Realisierung von Zielen und nur im Zusammenhang mit Folgen als den effektiven Resultaten beim Bemühen, etwas zu realisieren. Die Ziele lassen sich nicht immer vollständig realisieren. Folglich gibt es zwei Typen von Unzulänglichkeiten, einmal die nicht realisierten Zielkomponenten und dann noch die unbeabsichtigten Folgen. Diese Unzulänglichkeiten geben Impulse für neue Entwicklungen. Entwicklung darf hier nicht sofort mit Fortschritt gleichgesetzt werden.

3) Zielsetzungen, Mittelherstellungen und -gebrauch sowie Folgewirkungen lassen sich nicht sofort beliebig verändern. Naturale, technische, wirtschaftliche, ökologische, anthropologische, sozio-kulturelle … Bedingungen bilden einen beeinflussenden Hintergrund, erzwingen jedoch andererseits von sich aus allein noch keine Problemsichten und -lösungen (vgl. Abb. [19]-1).

Die genauere Kennzeichnung technischer Phänomene erfolgt im Rahmen der allgemeinen Technologie. Die Grundbegriffe der allgemeinen Technologie können jedoch nicht beanspruchen, gleichzeitig auch als grundlegende Begriffe der Technikdidaktik zu fungieren. Eine didaktische Konzeption, die mehr sein will als eine verkürzende Abbildung der allgemeinen Technologie, muss insbesondere die leiblich-personale Seite und damit auch die individuelle Lernentwicklung in einer technisch geprägten Lebenswelt schon bei den Fundamenten stärker in den Vordergrund rücken, und zwar unter dem Gesichtspunkt, dass Lehren und Lernen mehr ist als ein Geben und Hinnehmen (wissenschaftlich) vorgezeichneter Gegenstände, schon gar nicht von Gegenständen, deren Bedeutung für die Orientierung in der Lebenswelt unreflektiert bleibt.

19.3 Zum technischen Handeln

Technisches Handeln soll hier als gefügtes Ineinander dargestellt werden, als Einheit von Planen und Ausführen, als Gefüge aus leiblich-personaler Aktion und aufgenommener äußerlicher Sache, als Vermittlung einer theoretischen und praktischen Seite (durch Wertung und Gestaltung) oder allgemein als Ineinander von Prozess und Gegenstand: Der Prozess endet mit einem Resultat, das sich mehr oder weniger deutlich in einem Gegenstand manifestiert (etwa dem erzeugten Tisch); dieses Resultat für sich genommen ist sinnlos, solange es dem Gebrauch entzogen ist. Erst im Gebrauch, erst mit der Verwendung des erstellten Gegenstandes in einem weiteren Prozess findet er seine Erfüllung. Der Herstellungsprozess vergegenständlicht, und das Vergegenständlichte wird wieder funktionalisiert im Gebrauchsprozess.

Technisches Handeln ist mehr als angewandte Theorie nach dem Grundmuster: Erst erkennen, dann mithilfe des Erkannten sinnvoll handeln. Unter anthropologischer und pädagogischer Perspektive dürften solche späten (und teilweise auffälligen) Sonderformen des Handelns nicht allein bestimmend sein; grundlegend ist vielmehr die Umkehrung, wie sie etwa Henri Bergson und Friedrich Otto Bollnow formuliert haben: „Das Handeln, das Handelnwollen und Handelnmüssen, ist das Primäre. Das Erkennen wird notwendig, wo beim Handeln auftretende Schwierigkeiten dazu zwingen.“[51]

Die Vielfalt technischer Tätigkeitsformen lässt sich nur aufzählend andeuten: Herstellen, Gebrauchen, Warten, Pflegen, Montieren, Fertigen, Reparieren, Bedienen, Konzipieren, Entwerfen, Konstruieren … Ein einheitliches Moment tritt zutage, wenn technische Tätigkeitsformen als Varianten des Gebrauchens und Herstellens

[51] Bollnow 1970, S. 38.

aufgefasst werden und Teilhandlungen ein ähnlicher oder gleicher prinzipieller Ablauf zugebilligt wird wie dem umfassenden technischen Handeln. Ehe dieser Punkt weiterverfolgt werden kann, sei noch auf eine Unterscheidung im Hinblick auf das alltägliche Tun verwiesen.

Im Alltag gibt es einen gewohnten, eingeschliffenen Gebrauch technischer Gegenstände im Zusammenhang des Besorgens (z. B. den Wasserhahn öffnen), und entsprechend gibt es die wiederholte Herstellung in gewohnten und automatisierten Verläufen. Solche Vorgänge verlaufen glatt, reibungslos und dementsprechend ohne Bewusstsein. Die vielfach wiederholten Vorgänge haben jedoch einen problemhaltigen Anfang, der Aufmerksamkeit und bewusstes Handeln erfordert: das erstmalige Herstellen. Ohne einen solchen Anfang gibt es keinen Weg zu jenen entlastenden Wiederholungen, also zum gewohnten Gebrauch, zur automatisierten Fertigung. Die Fülle technischer Vollzüge und das variantenreiche Zusammenwirken der Vollzüge zeigt sich primär im erstmaligen Gebrauch, im erstmaligen Herstellen. Das Erstmalige wird immer dann angestoßen, wenn sich im Gewohnten oder Automatisierten Hemmungen oder Störungen bemerkbar machen und die angestrebte Realisierung dadurch scheitert. Die Analyse technischer Handlungsweisen darf nicht bei den verkürzten und entlastenden Handlungsformen einsetzen, sondern bei jenen erstmaligen technischen Handlungsformen, bei herausfordernden, problemhaltigen, bewussten, gezielten technischen Handlungsformen. Das entwickelte technische Handeln weist eine Grundstruktur auf. Sie wird im Schema der Abbildung [19]-2 in sechs Phasen dargestellt.[52] Die folgende Erläuterung orientiert sich primär an der Herstellung, um nicht zu allgemeine Formulierungen gebrauchen zu müssen.

19.4 Technisches Handeln im Überblick

1) Es beginnt mit einer unausgesprochenen Absicht oder einer Zielformulierung. Im Hintergrund steht dabei die Vorstellung, was angesichts eines Problems oder einer Unzulänglichkeit ‚Wert hat‘.[53] Einen vorläufigen Abschluss findet das technische Handeln, wenn das Resultat bewertet oder beurteilt wird, nicht zuletzt angelehnt an die ursprünglichen Ziel- und Wertvorstellungen. Hier liegt ein Grund, weshalb der generelle Ablauf des technischen Handelns als (nahezu) kreisförmig dargestellt wird (vgl. Abb. [19]-2).

---

52 Die Darstellung nimmt Anregungen auf, die Siegfried Maser in einem anderen Zusammenhang gegeben hat – vgl. Maser 1973.

53 Nach Tjalve 1978.

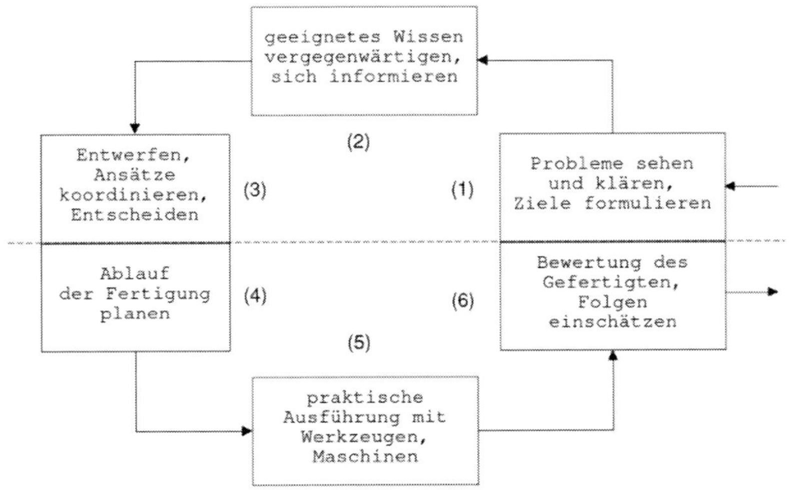

Abb. [19]-2: Globaler Verlauf des technischen Handelns. Die Darstellung hebt primär auf die erstmalige Herstellung ab und vermeidet so eine noch allgemeinere Formulierung.

2) Die Absicht gibt dem Handeln eine Ausrichtung. Erst sie legt nahe, welches Wissen zu vergegenwärtigen ist oder lässt Lücken im Wissen offensichtlich werden, die gegebenenfalls erst geschlossen werden müssen, ehe zum Planen übergegangen werden kann (vgl. [19]-3).

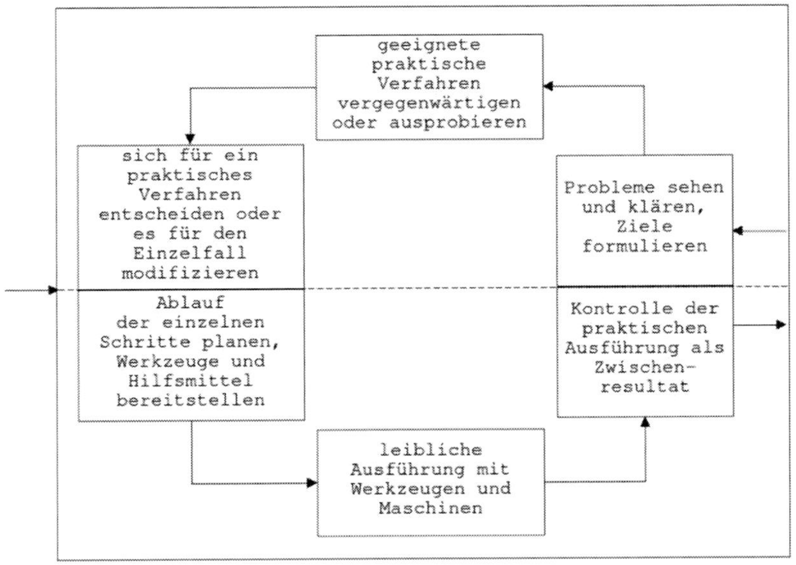

Abb. [19]-3: Der praktischen Ausführung als Teilphase des technischen Handelns liegt die Grundstruktur des globalen technischen Handelns zugrunde (vgl. Abb. [19]-2). Darin zeigt sich der hierarchische Aufbau des technischen Handelns.

3) Wissen verhilft zum Konzipieren und Entwerfen, bestimmt es jedoch nicht in allen Zügen. Das gilt insbesondere dann, wenn das Wissen sehr allgemein ist und spezielle, neuartige Problemstellungen den Anstoß geben. Planen und Gestalten erfordern kreative Fähigkeiten, beim Ausformen von Lösungsansätzen, beim Koordinieren von Lösungsteilen, beim Umordnen, beim Variieren oder Einpassen von Lösungen in ein neues Umfeld. Im Einzelnen verbirgt sich darunter ein Suchen und Untersuchen von Lösungselementen und ihren Verknüpfungen. Durch zielbezogene Entscheidungen wird eine Auswahl getroffen und so bestimmt, was im Felde der Funktion, der Konstruktion und Form schließlich realisiert wird (vgl. Abb. [19]-7).

4) Die Verwirklichung eines fixierten Planes beginnt mit einer Fertigungsplanung. Daran schließt sich die eigentliche praktische Ausführung an. Sie stützt sich unter anderem auf den Gebrauch von Maschinen.[54] Die mehrdimensionale Bewertung des Gesamtresultats lässt entweder eine neue Problemlage offensichtlich werden oder führt dazu, den Handlungsablauf zu beenden. Neu erkannte Probleme dienen als Anstoß für weiteres Handeln unter modifizierter Zielsetzung (vgl. Abb. [19]-2).

Zusammenfassend und ergänzend sei herausgehoben:

1) Erstmaliger Gebrauch und erstmalige Herstellung haben eine gemeinsame Grundstruktur. Wiederholungen führen zu Abkürzungen und schaffen ihre spezifischen Gliederungen im Handlungsablauf, das heißt, es prägen sich modifizierte Phasen im Ablauf aus; Wiederholungen schaffen Gewohnheiten und Automatismen.

2) Ein (relativ) ganzheitliches technisches Handeln ist problem- und ergebnisorientiert.

3) Im konkreten Vollzug erscheinen oft die Gesamtprozesse (vgl. Abb. [19]-2) und insbesondere die Teilprozesse (vgl. Abb. [19]-3, -4 und -5) als in sich einheitliche Abläufe.

54 Vgl. Maser 1973.

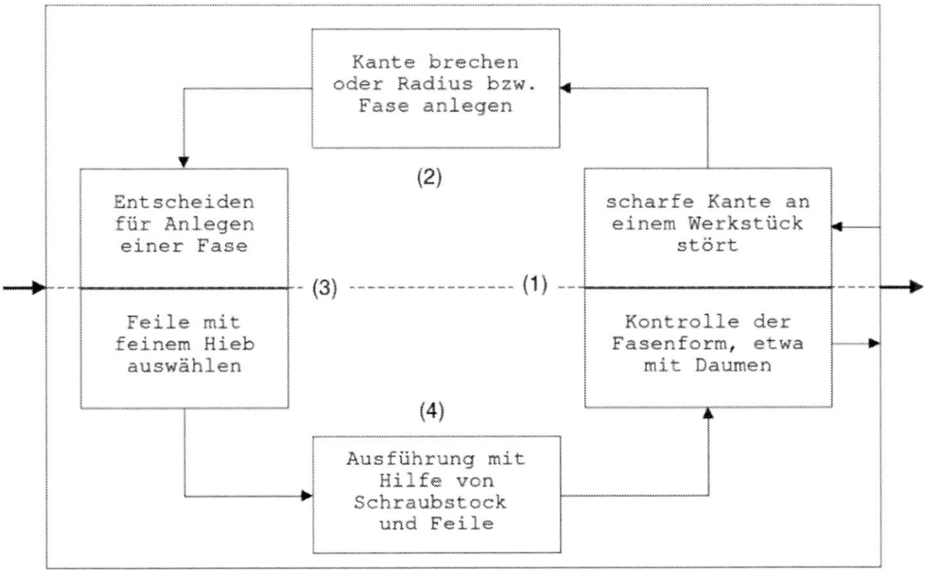

Abb. [19]-4: Ein Beispiel zur Teilphase praktische Ausführung (vgl. Abb. [19]-3): Eine scharfe Kante wird durch Feilen einer Fase beseitigt. Der äußere Rahmen des Schemas verweist darauf, dass eine Teilphase des technischen Handelns vorliegt, vgl. (5) in Abb. [19]-2. Äußerlich betrachtet erscheint eine solche Teilphase als in sich einheitlicher Vollzug. Aber auch eine solche kurze Teilphase enthält Wert-, Wissens-, Gestaltungs- und Könnensmomente, im Schema die Blöcke (1), (2), (3), (4), freilich in recht unterschiedlicher Ausprägung.

Alle diese Abläufe enthalten jedoch (oft unbemerkt) Wert-, Wissens-, Gestaltungs- und Könnensmomente in unterschiedlicher Ausformung und Gewichtung.

4) Im technischen Handeln überlagern sich lineare und kreisförmige Abläufe (vgl. Abb. [19]-2 bis -8).

5) Technisches Handeln besitzt einen hierarchischen Aufbau: Herstellen enthält Phasen des Gebrauchs; der Gebrauch enthält Phasen des Herstellens. Allgemeiner heißt das, dass innerhalb der in Abbildung [19]-2 unterschiedenen Phasen wiederum Teil- oder Unterprobleme auftreten, z. B. innerhalb des Entwerfens oder innerhalb der Fertigung (vgl. Abb. [19]-3 bis -5).

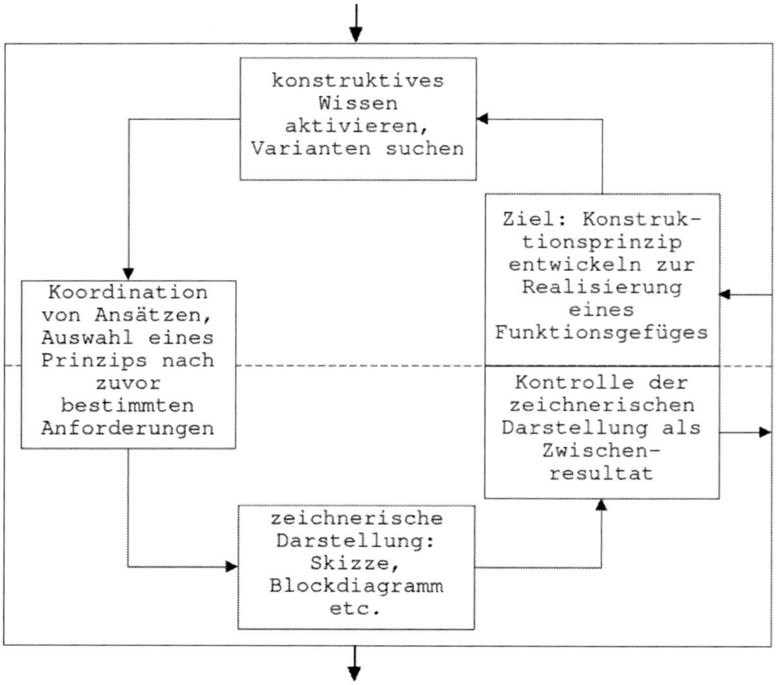

Abb. [19]-5: Das Konzipieren des Konstruktionsprinzips als Teilphase des technischen Handelns (vgl. Abb. [19]-2 und -3; hierarchischer Aufbau des technischen Handelns).

Ihre Lösungen erfolgen wiederum nach dem Ablaufschema des (allgemeinen) technischen Handelns (vgl. Abb. [19]-2). Ob sich innerhalb dieser Kreisstrukturen im Kleinen immer alle genannten Phasen unterscheiden lassen, ist belanglos. Die Vielzahl der Abläufe im Kleinen lässt sich nur andeuten. Ich beschränke mich hier auf drei weitere Ablaufschemata innerhalb des technischen Handelns (vgl. Abb. [19]-6 bis -8).

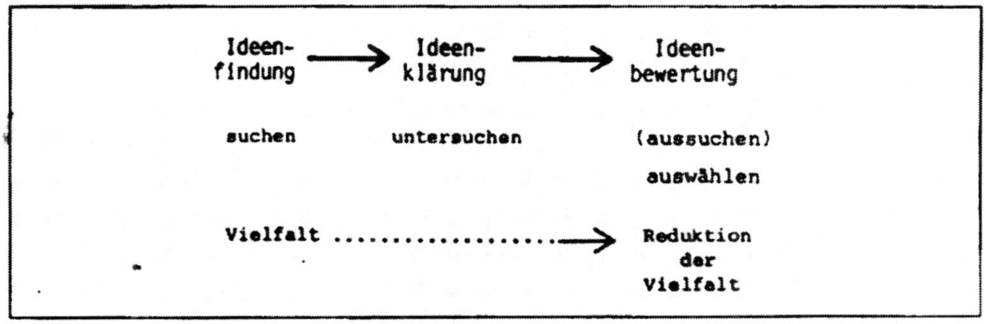

Abb. [19]-6: Teilphasen im Entwerfen innerhalb des technischen Handelns (vgl. Abb. [19]-2).

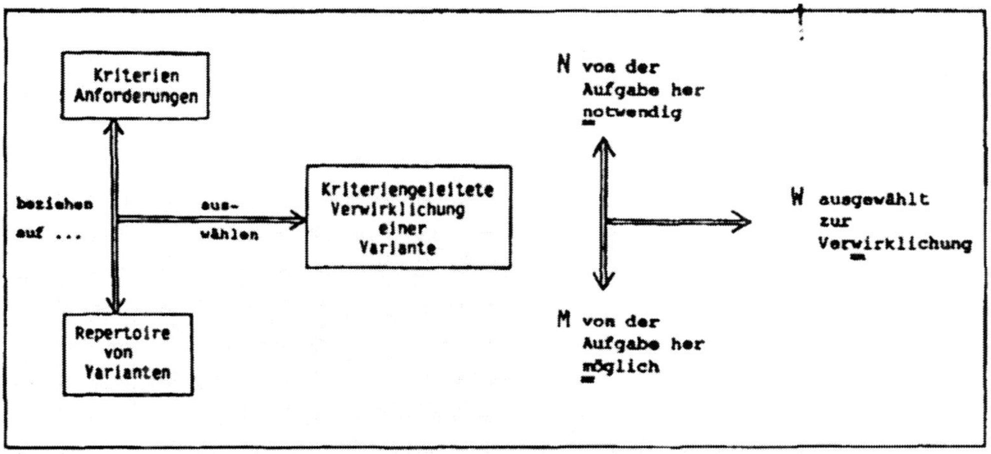

Abb. [19]-7: Entscheidungsvorgänge innerhalb des technischen Handelns (vgl. Abb. [19]-2).

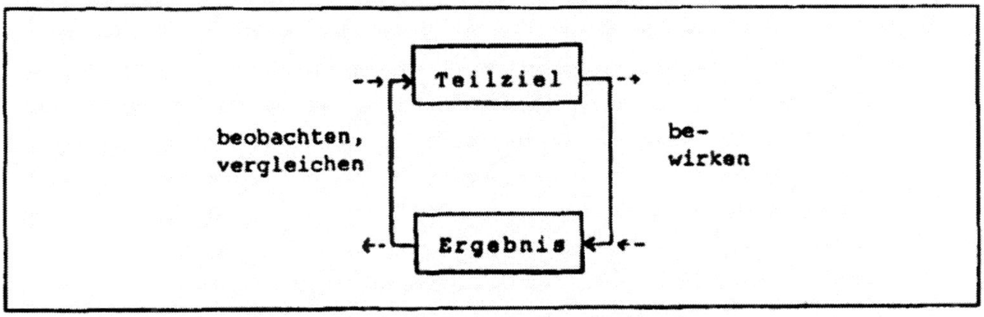

Abb. [19]-8: Zielannäherung als Teilphase innerhalb des technischen Handelns (vgl. Abb. [19]-2).

6) Die entwickelten Formen des technischen Handelns wie etwa Montieren, Reparieren, Warten, Pflegen, Skizzieren, Zeichnen, Konzipieren, Entwerfen, Analysieren, Prüfen, Testen, Experimentieren, Bedienen, Wiederverwenden, Entsorgen ... erweisen sich entweder als Teilphasen von Herstellen und Gebrauchen oder stellen als Ganzes differenzierte Ausprägungen des Herstellens und Gebrauchens dar. Insofern enthalten diese Tätigkeitsformen Wert-, Wissens-, Gestaltungs- und Könnensmomente in unterschiedlicher Gewichtung. Eine Reihe der genannten Tätigkeitsformen stellen damit auch Grundmuster dar, die im Rahmen technischer Berufe ihre spezielle Ausformung erfahren.

19.5 Der Hintergrund des aktuellen technischen Handelns

Das technische Handeln als Ganzes ist nicht nur über die Problemsicht und über die Bewertung des Erzielten, also durch Anfang und Ende des technischen Handelns, mit seiner Umgebung verknüpft. Alle Phasen des aktuellen technischen Handelns haben einen einflussnehmenden Hintergrund, der vielgestaltiger und weniger wechselvoll ist als das aktuelle Handeln selbst.

1) Ein äußerlich-sachlicher Hintergrund ist durch seinen direkten Einfluss auf das technische Handeln am leichtesten erkennbar. Zu ihm gehören die Materialien, Hilfsmittel, Maschinen, Werkstätten, Labore ... Ihre Funktionen entfalten sie im Zusammenhang mit den leiblich-praktischen Fertigkeiten, im Zusammenhang mit dem Können. Im Werk vergegenständlicht sich dieses Können am unmittelbarsten.

2) Technisches Handeln ist auf Wissen angewiesen, auf Handlungswissen, auf prototypisches Wissen, auf allgemeineres Gesetzeswissen. Orientiert am problematischen Einzelfall muss es ausschnitthaft vergegenwärtigt werden.

Das Handlungswissen manifestiert sich im speziellen Werk. Das allgemeinere Wissen erfährt seine Vergegenständlichung in der sprachlichen Formulierung. Vergegenständlichungen mit neuer Qualität stellen in diesem Bereich die Ingenieurwissenschaften mit ihren Nachbardisziplinen dar (Festigkeitslehre, Elektrotechnik, Fertigungstechnik, Ergonomie ...).

Das allgemeine Wissen aus den systematischen Wissenschaften lässt sich nicht ohne eine Reihe von Vermittlungsschritten für den speziellen Einzelfall ausnützen.

Mit den Könnens- und Wissensformen ist jedoch nur der primär theoretische und praktische Hintergrund des aktuellen technischen Handelns umrissen (vgl. Abb. [19]-9). Allein das wird beachtet, was am deutlichsten in vergegenständlichter Form in Erscheinung tritt: das sprachlich formulierte Wissen einerseits, das äußerlich praktische Resultat andererseits. Verengt auf das Schlagwort heißt das: nur Theorie einerseits, nur Praxis andererseits; doppelt verengt: nur Buch, nur Werk.

Bloß aus einer solchen verkürzten Perspektive wird verständlich, aber nicht akzeptabel, dass Technik als angewandte Naturwissenschaft bezeichnet wird. Unausgesprochen liegt der Akzent einseitig beim Wissen, bei der (besonders in der zweiten Hälfte des 19. Jahrhunderts) dominanten Naturwissenschaft, der Physik. Andere

Wissensbereiche bleiben ausgeschlossen: Niemand bezeichnet technische Teilbereiche als angewandte Ökologie, als angewandte Ergonomie, und das hat gute Gründe. In der Formel von den ‚angewandten' Wissenschaften liegt nicht nur der Akzent einseitig bei einer Wissenschaft; es wird auch der Übergang vom allgemeinen Wissen zum problematischen Einzelfall, der Übergang zur Praxis, der Gestaltung und Wertung erfordert, ausgeblendet oder als unproblematisch eingeschätzt.[55] Damit geht aber auch gleichzeitig der lebensweltliche Bezug verloren oder er wird als Selbstverständlichkeit der Reflexion entzogen.

Solange wir technisches Handeln nur vor dem theoretischen und praktischen Hintergrund sehen, bleibt es halbiert. Im Verlauf des technischen Handelns muss es mehr geben als einen theoretischen und praktischen Pol (vgl. Abb. [19]-9), soll es relativ ganzheitlich verlaufen, also mit der Wahrnehmung von Unzulänglichkeiten beginnen und mit zulänglichen Ergebnissen enden.

[55] Zum allgemeinen Verhältnis von Naturwissenschaft und Technik aus didaktischer Sicht vgl. Sachs 1986.

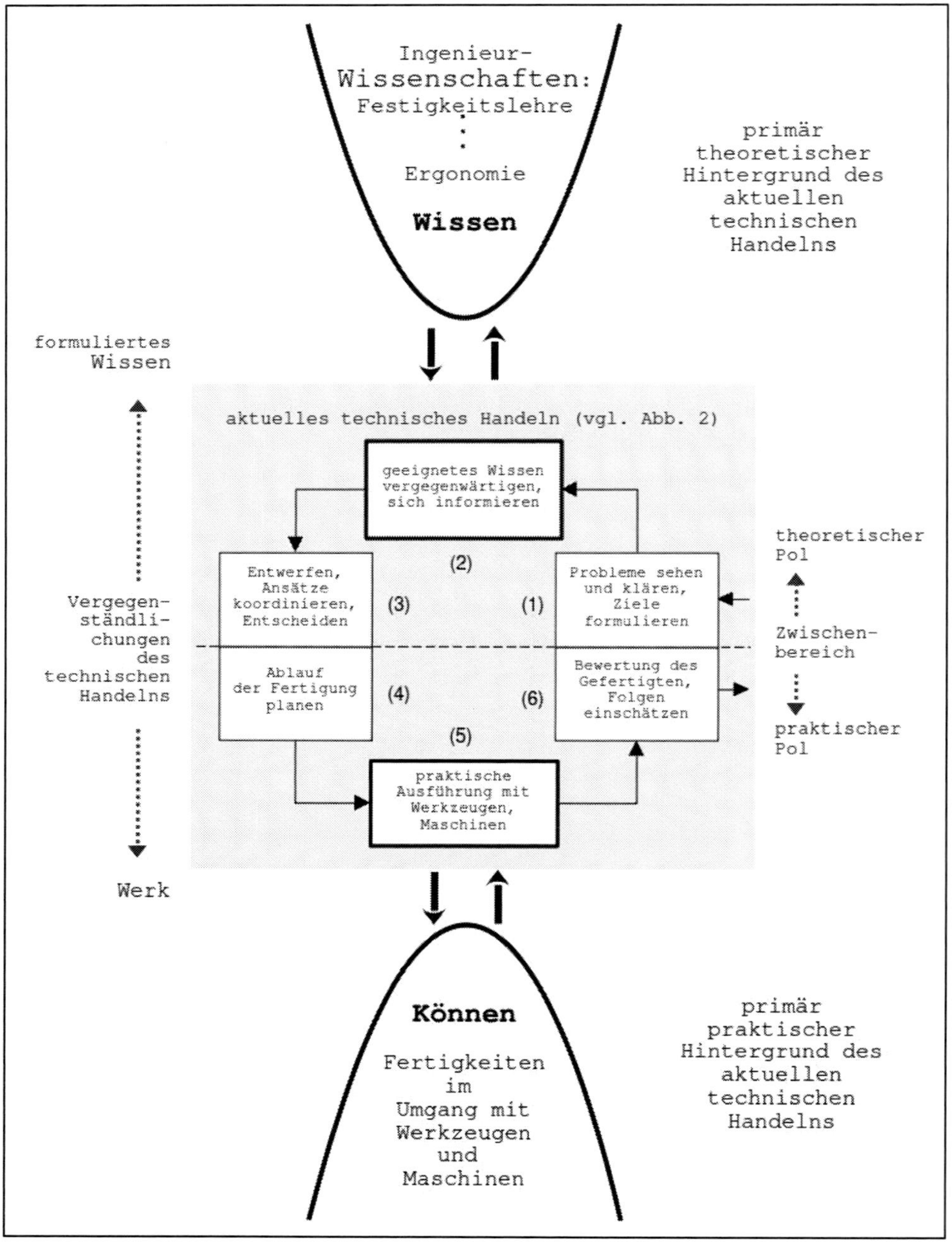

Abb. [19]-9: Das aktuelle technische Handeln kann auf gewordene und beständige Hintergründe zurückgreifen. Hier zunächst die dominanten Umgebungsformen des aktuellen technischen Handelns, die Hintergründe der primär theoretischen und praktischen Phasen: Wissen und Können. Wegen des hierarchischen Aufbaus des technischen Handelns gibt es auch in den Teilphasen jeweils einen theoretischen und praktischen Pol und die entsprechenden Hintergründe (vgl. Abb. [19]-3, -4 und -5).

Im technischen Handeln gibt es Übergange zwischen den primär theoretischen und primär praktischen Phasen: die Problem- und Ergebnissicht auf der Basis von Wertung einerseits und andererseits die planende Gestaltung von Werk und Weg (der praktischen Fertigung) auf der Basis von intuitiven oder diskursiven Entscheidungen (vgl. Abb. [19]-2). Die Darstellung der Hintergründe des technischen Handelns muss also ergänzt werden, und zwar durch solche Bereiche, die weniger scharf umgrenzt sind und sich deshalb nicht so ohne Weiteres vergegenständlichen lassen.

3) Unzulänglichkeiten, ‚Lücken' oder technische Probleme lassen sich nur wahrnehmen vor dem Hintergrund von akzeptierten Wertvorstellungen. Ein solcher Hintergrund bleibt oft unausgesprochen, ohne dadurch unwirksam zu werden. Ähnlich verhält es sich, wenn gefragt wird, wie zulänglich das Erstellte ist. Die Zielsetzungen und Beurteilungen des aktuellen technischen Handelns gehen auf einen Hintergrund zurück, der durch Wertempfindung, Wertvereinbarung und Wertreflexion geprägt wird. Wissenschaften in diesem Bereich werden verstärkt durch Interpretation getragen und erschweren damit die Vergegenständlichung. In diesem Felde treten Erscheinungen weniger massenhaft auf; sie lassen sich nur eingeschränkt reproduzieren und erschweren durch ihr individuelleres Auftreten die Formulierung von Gesetzmäßigkeiten. Selbstverständlich gibt es Ethikkonzeptionen, Konsensbildungen auf der Grundlage öffentlicher Diskussionen, Konzepte zur Technikfolgenabschätzung ..., aber diese Bereiche sind bedingt durch individuellere ökologische, historische, gesellschaftliche Umstände wesentlich offener, teilweise methodenorientiert und insgesamt kontextbezogener, also verstärkt abhängig von Interpretationen. Das erschwert die Formulierung isolierter Systeme.

4) Aktuelles technisches Handeln bedarf der planenden Gestaltung. Anregungen aus den verschiedenen allgemeinen Wissensbereichen müssen koordiniert und für den Einzelfall ausgebaut werden (vgl. Abb. [19]-6 und -7). Zwar kann in dieser Phase des aktuellen Handelns auf Planungsmethodiken, Gestaltungs- und Konstruktionslehren sowie auf Lehren zur Heuristik zurückgegriffen werden, aber damit werden kreative Züge nicht überflüssig. Auch hier in diesem zweiten Übergangsbereich zwischen eigentlicher Theorie und eigentlicher Praxis gilt: Individuelle, kontextbezogenere Abläufe dominieren; sie lassen sich letztlich nur deutend bzw. interpretierend fassen (vgl. Abb. [19]-10).

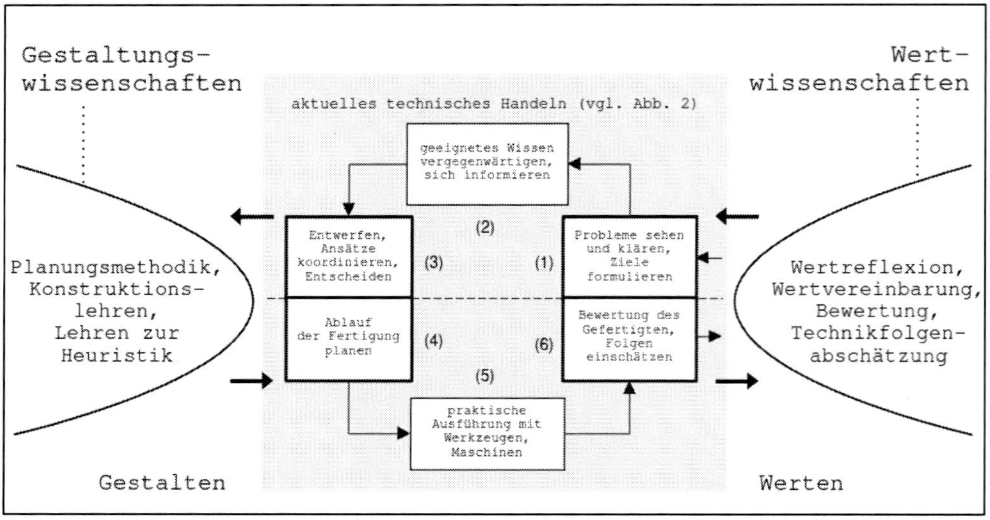

Abb. [19]-10: Die weniger offensichtlichen und oft übersehenen Hintergründe der Übergangsphasen zwischen den primär theoretischen und praktischen Phasen im aktuellen technischen Handeln: Kreativitäts- und Gestaltungstheorien einerseits, Wert- und Folgewirkungstheorien andererseits.

5) Entfernter, weniger greifbar und in ihrem Einfluss verdeckter ist eine Umgebung des aktuellen technischen Handelns, die als lebensweltlicher Hintergrund bezeichnet werden kann.[56] Er wird hier nicht schematisch dargestellt, ist jedoch primär als Untergrund zu sehen, und zwar auch für die schon genannten Hintergrundformen Wissen, Können, Gestaltung und Wertung (vgl. Abb. [19]-9 und -10).

Technische Probleme im weitesten Sinne erwachsen letztlich aus den alltäglichen Besorgungen. Ihre Lösungen und die damit verknüpften beabsichtigten und unbeabsichtigten Folgen wirken auf den Alltag zurück und bilden oft den Anstoß zu neuen Problemsichten. Dass mit der technisch geprägten Lebenswelt auch ein entfernter Untergrund für Wissenschaften gegeben ist, erscheint weniger offensichtlich. Im täglichen Leben räumen wir auf, bereiten zu, setzen instand, pflegen, benutzen die Kaffeemaschine, fahren Auto ... Dieses Besorgen im Alltag und die damit verbundenen eingeschliffenen Gebrauchsweisen werden getragen von einer pragmatischen Einstellung, unter der das, was uns umgibt, als fraglos erlebt wird. Diese Einstellung des täglichen Lebens suspendiert den Zweifel. Die Welt mit ihren Gegenständen wird deshalb so genommen, wie sie gerade erscheint; dass sie auch anders sein könnte, wird ausgeklammert. Damit unterscheidet sich diese Einstellung deutlich von jener, die das wissenschaftliche Vorgehen trägt. In der wissenschaftlichen Einstellung werden die Selbstverständlichkeiten des Alltags infrage gestellt; die praktische Haltung, die eigene Interessenlage, all das wird ausgeklammert.

56 Zum Begriff der Lebenswelt vgl. etwa Schütz und Luckmann 1979, S. 25 ff.

Aber diese grundlegenden Unterschiede in den ‚Hinsichten' oder Einstellungen dürfen nicht verdecken, dass letztlich auch die Wissenschaften auf die Lebenswelt bezogen bleiben: Die Lebenswelt fungiert auch hier als oft vernachlässigtes Sinnfundament. Die Übergangsphasen (vgl. (1), (6) und (3), (4) in Abb. [19]-2) zwischen der primär theoretischen und der primär praktischen Phase (vgl. (2) und (5) in Abb. [19]-2) leisten eine komplexe Vermittlung innerhalb des technischen Handelns. Sie verlaufen oft unauffällig, und die zu diesen Vermittlungsphasen gehörenden Hintergrunddisziplinen erreichen nicht jenen Grad der Verfestigung, wie das bei der reinen ‚Theorie' und besonders bei der ‚Praxis' der Fall ist. Daraus erwächst im Rahmen didaktischer Überlegungen die Gefahr von Verkürzungen: Technisches Handeln wird reduziert auf das bloße Können oder auf die Anwendung von Wissen – Bewertung und Gestaltung werden ausgeblendet oder vollziehen sich nur verdeckt.

19.6 Elementares technisches Handeln

Elementares technisches Handeln birgt die Chance der Entwicklung in sich. In differenzierenden Schritten und Sprüngen entsteht ein vielgestaltiger Ablauf und darauf aufbauend ein vom aktuellen Handeln relativ losgelöstes Wissen und Können, ein relativ selbstständiges Planen und Ausführen, ein relativ eigenständiges Werten und Gestalten. Schritte und Sprünge in dieser Entwicklung vollziehen sich nicht von selbst; sie werden angeregt, wenn in emotional positiv gefärbten Situationen beim Handeln Hindernisse auftreten oder wenn vertraute Vorgehensweisen scheitern.

Unter pädagogischer und didaktischer Perspektive ist zu fragen: In welchen Formen verläuft elementares technisches Handeln? Schließt es das Entwerfen und Planen ein? Besonders zweifelhaft erscheint immer wieder, ob etwa Kinder der Grundschule schon Aufgabenstellungen aufnehmen, die technischen Schwierigkeiten darin entdecken und Lösungsideen dazu finden können. Solchen Fragen liegt die Auffassung zugrunde, elementares technisches Handeln zerfalle mindestens in zwei Hauptphasen: die gedanklich zu leistende Planung und die praktische Ausführung des zuvor Geplanten. Ein so gegliederter Ablauf gehört jedoch schon zu einer späteren, entwickelten Form technischen Handelns, nicht zu einer elementaren. Ein solches technisches Handeln darf zum Beispiel bei Schülern und insbesondere bei Grundschülern nicht allgemein vorausgesetzt werden, der Anspruch wäre zu hoch. In der Regel ist die Zuwendung zu technischen Inhalten in der Grundschule erschwert oder unmöglich, solange isoliert ein rein gedanklich zu leistender Entwurf oder das Finden einer ‚Idee' als unabdingbare Voraussetzung für die praktische Ausführung verstanden wird. Das hat schulpraktische Konsequenzen. Entweder werden die technischen Inhalte insgesamt als ungeeignet herausgehalten oder die Phasen des Entwerfens werden übersprungen. In einem weiteren Schritt geht dann meistens auch noch die Aufgaben- und Problemorientierung verloren. Technisches Tun verkürzt sich dadurch zur isolierten Nachahmung. Die eigentlich fruchtbare Nachahmung verliert ihren Wert, sie gerät durch die fehlende Ausrichtung an der Problemstellung zur isolierten

Nachahmung: Ein äußerliches, unverstandenes Vorbild wird ohne Sinnbezug praktisch reproduziert.

Ehe solche Konsequenzen gezogen werden, ist aber nach Vorformen zu fragen: Ist geplante Gestaltung immer ein rein gedanklicher Vorgang? Wie verlaufen eigentlich Entwurf und Planung, bevor sie als rein inneres (kognitives) Tun, als stilles Erwägen, bewerkstelligt werden können? Oder anders gewendet: Gibt es Formen der Planung, die von der Ausführung noch nicht so abgehoben sind und deshalb nicht ohne Weiteres als Planungsschritte aus der Erwachsenenperspektive zu verstehen sind? Gezielte Beobachtung und Unterrichtsforschungen belegen:[57] Elementares Entwerfen und Planen zeigen sich in Form des Probehandelns. Auf diese Form des Entwickelns von Lösungen ist auch in anderen Altersstufen zurückzugreifen, wenn das gedankliche oder bildliche Entwerfen nicht zum Ziele führt.

Der Ablauf des elementaren Handelns erscheint in erster Linie als ein weitgehend einheitlicher Handlungsfluss. Einzelne Phasen zeichnen sich noch nicht so deutlich voneinander ab. In welcher Form sich dieser Handlungsfluss verändert, wie er unterbrochen wird und bei welchen schon durchlaufenen Phasen er neu einsetzt, zeigt sich erst bei gezielter Einzelbeobachtung. Ein idealtypischer Ablauf des elementaren technischen Handelns soll mit dem Schema der Abbildung [19]-11 gegeben werden.

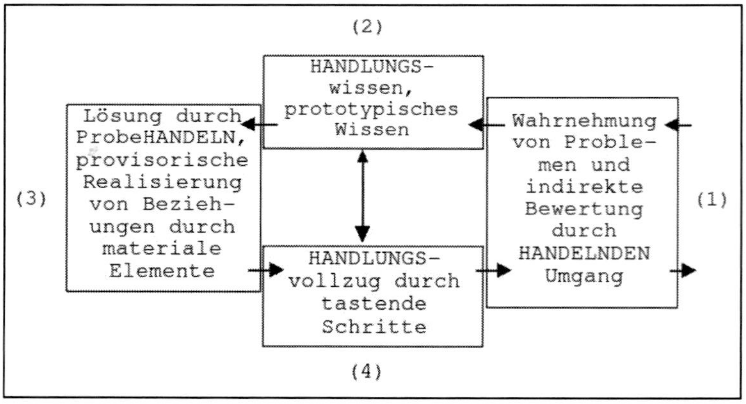

Abb. [19]-11: Globaler Verlauf des elementaren technischen Handelns.

Die Wahrnehmung von Unzulänglichkeiten oder technischen Problemen geschieht primär im technischen Tun. Daraus erwachsen Absichten oder Zielvorstellungen, die meistens unformuliert das weitere Tun ausrichten (vgl. (1) in Abb. [19]-11). Zur Problemlösung wird ein Wissen herangezogen, das prototypisch orientiert ist oder primär sich nur im Handeln äußern kann (vgl. (2) in Abb. [19]-11). Die Erarbeitung einer Lösung muss deshalb handelnd erfolgen. Dazu bedarf es von Anfang an einfacher Materialien oder greifbarer technischer Elemente. Mit ihrer Hilfe werden Lösungen probierend oder zunächst provisorisch und teilweise zeichenhaft aufgebaut.

57 Vgl. Möller 1991.

Durch diese Art der planenden Realisierung ist eine eingeschränkte Kontrolle möglich, ob ein Schritt auf das Ziel zuführt. Darüber hinaus ist mehr oder weniger direkt erkennbar, welches Teilproblem noch zu lösen ist (vgl. unten das Beispiel der Kragsteinbrücke).

Ein solches Probehandeln bedarf einerseits mindestens des Handlungswissens, das durch Absichten aktualisiert und ausgerichtet ist; andererseits sind Handlungsmittel erforderlich, also zu handhabende Materialien und Elemente. In diesem Rahmen wird eine Ideenfindung erleichtert, aber nicht überflüssig. Durch die handelnd angedeutete Verknüpfung lässt sich die ‚Idee' zügig festhalten.

Probehandeln ist kein zielloses Vorgehen ausschließlich nach Versuch und Irrtum, kein zielloses Probieren. Es benützt gezielt äußere (technische) Gegenstände, realisiert jedoch die Beziehungen meistens nur provisorisch oder im Extrem nur zeichenhaft und hält damit schon eine gewisse Distanz zum rein praktischen Vollzug. Probehandeln ist kein ausschließlich äußeres Tun zum Aufbau eines Werkes als Ergebnis; es ist ein äußeres Tun, das inneres Tun mitträgt oder repräsentiert und deshalb vom Endresultat, dem Werk, noch entfernt ist. Das Probehandeln ermöglicht den schnellen, partiell antizipierenden Aufbau eines grundlegenden Beziehungsgefüges als Lösung. Der noch notwendige Ausbau der Lösung geschieht dann in der detaillierten Realisierung in tastenden Schritten (vgl. (3) und (4) in Abb. [19]-11).

Die Bewertung des Werkes erfolgt indirekt im handelnden Umgang, im Gebrauchen des Hergestellten (vgl. (1) in Abb. [19]-11), also in jener Situation, die auch die Problemstellung offensichtlich werden lässt.

Mit dieser Kennzeichnung des elementaren technischen Handelns zeichnen sich Entwicklungsschritte in verschiedene Richtungen ab (vgl. Abb. [19]-12).

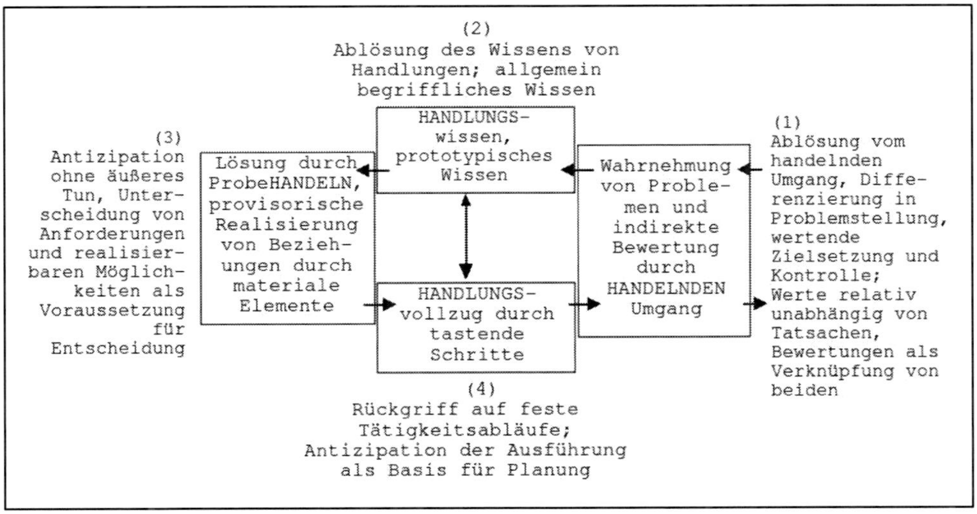

Abb. [19]-12: Einige Entwicklungstendenzen aus dem elementaren technischen Handeln heraus.

In Richtung auf den Wissenserwerb bedeutet das: Ablösung des Wissens von den Handlungen, sodass prototypisches und allgemein begriffliches Wissen entstehen (vgl. (2) in Abb. [19]-12); in Richtung des Entwerfens und Planens heißt das: Antizipieren von Handlungen, von technischen Materialien und Elementen ohne äußeres Tun, Ablösen des eigentlichen Probehandelns durch ein Probehandeln, das sich im Medium der technischen Geste und Skizze äußert, später dann die Unterscheidung von zielorientierten Anforderungen (Kriterien) und realisierbaren Möglichkeiten als Voraussetzungen für Auswahl- oder Entscheidungsakte (vgl. (3) in Abb. [19]-12). Im Bereich der handelnden Verwirklichung (vgl. (4) in Abb. [19]-12) zeigt sich Entwicklung darin, dass zunehmend auf feste Tätigkeitsabläufe im Kleinen (Fertigkeiten) zurückgegriffen werden kann und dadurch die Antizipation der Ausführung voranschreitet. Damit entsteht auch eine Basis, Ausführungen stärker zu planen.

Getragen werden diese Entwicklungsschritte und -sprünge durch eine grundlegende Differenzierung: Problemsicht und Bewertung lösen sich vom handelnden Umgang; Problemstellung, Zielsetzung und Kontrolle fallen auseinander; Werte werden als (relativ) unabhängig von Tatsachen begriffen. Damit wird eine Voraussetzung geschaffen für die Bewertung als bewusste Verknüpfung von Werten und Tatsachen.

Das elementare technische Handeln entwickelt sich aus Vorformen. Die frühen Vorformen beginnen beim verzögerten Instinktverhalten und reichen bis zum alltäglichen Besorgen, insbesondere zu jenem Besorgen, das in seinen gewohnten Formen nicht zum Ziel führt und damit Probleme aufwirft. Das entfaltete technische Handeln verläuft in Phasen, die sich in der Tätigkeitsform stark unterscheiden: Konzipieren und Entwerfen zum Beispiel geschehen als kognitive (innere) Tätigkeiten, als Tätigkeiten ‚mit Papier und Bleistift'; das Ausführen zum Beispiel schließt die Benutzung und Bedienung komplexer Maschinen ein. Solche Unterschiede befördern schließlich die Spezialisierung. Spezialisierte Tätigkeitsformen laufen nicht leer, solange ihre Integration gelingt; dazu ist es erforderlich, dass ein gewisses Maß an Kenntnis des Ganzen erhalten bleibt. Unter anderem heißt das zum Beispiel, dass Planende etwas von der praktischen Ausführung verstehen müssen.

In jeder Phase des entfalteten technischen Handelns wird auf allgemeine und komplexe Mittel, auf systematisches Wissen, auf erprobte Methoden, auf maschinengetragene Fertigungsverfahren, auf partiell anerkannte Wertvorstellungen und Bewertungsverfahren zurückgegriffen. Eine solche Chance des Rückgriffs hat jedoch auch ihren Preis: Zahlreiche Vermittlungsschritte sind erforderlich, weg vom Allgemeinen, hin zum zu lösenden individuellen Problemfall. Bei starker Einengung und Belastung der Handelnden wird, mindestens partiell, auf weniger entfaltete (frühere) Handlungsweisen zurückgegriffen; bei starker Entlastung geschieht etwas Ähnliches: Es werden gewohnte und automatisierte Handlungsformen eingesetzt.

19.7 Elementares technisches Handeln – ein Zentrum didaktischer Überlegungen

19.7.1 Erst die Elemente, dann das Ganze?

Eine grundsätzlich andere Auffassung vom elementaren technischen Handeln liegt zugrunde, wenn gefordert wird, dass zunächst ein gewisses Maß an Können und Wissen vermittelt werden muss, damit technisches Handeln möglich wird. Hinter einer solchen Forderung steht die Auffassung: zum Beispiel erst das Sägen können, dann das Fahrzeug zum Spielen herstellen; erst die Teilphasen, dann der gelingende Gesamtablauf; erst die Elemente, dann das technische Handeln als Ganzes, als Zusammensetzung.

Wie aber erwirbt eine Schülerin oder ein Schüler solche Elemente? Werden sie einfach gegeben und hingenommen? Dazu später noch einige Erinnerungen.

Formen, zum Beispiel des Könnens (des Wissens), sind im Ganzen des technischen Handelns erforderlich. Sie werden durch die Problemsicht aktiviert und versuchsweise oder im bestimmten Ablauf in die Handlung einbezogen. Aber berechtigt uns das anzunehmen, solche Könnens- oder Wissensformen müssten zunächst isoliert erworben werden, damit sie dann als Elemente das technische Handeln erst aufbauen? Hier liegt die Gefahr einer übereilten Gleichsetzung. Was sich als Bestandteil in einem Handlungszusammenhang erweist, muss nicht notwendig gleichzeitig auch ein kombinierbares Element für den Aufbau von Handlungen sein. Etwas anders gewendet heißt das: Technisches Handeln ist kein reiner Aufbauprozess aus einzelnen Handlungsphasen oder -elementen; es wird schon immer mehr oder weniger unzulänglich vollzogen. Fortschritte erweisen sich dann primär als Differenzierungsvorgänge (als Umstrukturierungen und erweiternde Variationen). Die kontextungebundenen Formen, die kombinierbaren Elemente, zum Beispiel des Könnens und Wissens, gehen aus dem schon vollzogenen technischen Handeln hervor; sie sind in erster Linie die Produkte einer fortgeschrittenen Differenzierung, die letztlich in eine Isolierung übergeht. Erst durch die Erfahrung (durch die bewältigten Widerstände) im technischen Handeln kristallisierten sich solche Könnens- und Wissensformen heraus, die universeller im technischen Handeln einsetzbar sind.

19.7.2 Gefahren der Vorlehren

Die Anfänge einer technischen Bildung sollten nicht als Vorlehre zu einer allgemeinen Technologie verstanden werden.[58] Eine solche Vorlehre birgt Gefahren in sich:

1) Sie nimmt offen oder verdeckt Inhalte und Grundstrukturen der allgemeinen Technologie auf. Das hat insbesondere dann für das Lernen und für die didaktischen Überlegungen weitreichende Folgen, wenn die allgemeine Technologie die menschlichen Verhaltensweisen nur am Rande einbezieht und sich auf die „Elemente, Strukturen und Gesetzmäßigkeiten technologischer Systeme“ konzentriert, wie das etwa

[58] Vgl. Ropohl 2009; Arp und Härtel 1984.

bei Horst Wolffgramm (1994) der Fall ist. (Die Verdienste der allgemeinen Technologie im Hinblick auf andere Problemfelder außerhalb der Didaktik des Technikunterrichts sollen damit nicht infrage gestellt werden.)

2) Da die Vorlehre letztlich doch auf die allgemeine Technologie ausgerichtet ist, verleitet sie dazu, das technisch-leibliche Handeln lediglich als kindgemäße Form des Lernens in den Dienst zu nehmen. Beispiele verlieren ihre anfängliche Eigenständigkeit; sie werden von vornherein zum Fall, der das Allgemeine nur notdürftig verkleidet repräsentiert. Der Fall steht von Anfang an im direkten Dienst der Vermittlung des Allgemeinen, er veranschaulicht lediglich das Allgemeine. Primär ist dann das Aufnehmen dessen, wofür der Fall steht und was veranschaulicht wird; die aktive Auseinandersetzung mit dem Einzelnen als Basis des Verstehens kommt zu kurz.

3) Didaktisches Denken fällt weitgehend aus oder verengt sich auf die Frage, wie allgemeine Technologie zu vermitteln ist oder wie ihre Vermittlung (durch Vorlehren) sicher vorbereitet werden kann.

4) Steht das Tätigsein primär im Dienst der Vermittlung des Allgemeinen, dann zeigt sich hier trotz leiblich-technischer Tätigkeit in einem veränderten Gewande die schon erwähnte Grundposition: erst das Erkennen, dann dementsprechendes Handeln.

5) Die allgemeine Technologie wird in ihrer Bedeutung nicht zurückgestellt, wenn gefordert wird, dass der Technikunterricht und seine Vorformen mehr sein müssen als ein bloßes Abbild der allgemeinen Technologie.

19.7.3 Aktive Auseinandersetzungen als Basis des Verstehens – der Rückgang auf die ‚Ursprungssituation'

Technische Bildung darf sich nicht vorschnell auf die technischen Gegenstände und auf das, was leicht vergegenständlicht werden kann, konzentrieren, etwa auf technisches Einzelwissen, auf isolierte technische Fertigkeiten, auf verkürzte Algorithmen der Gestaltung und Wertung oder deutlicher unter der Schulperspektive: auf das leicht Abfragbare, Reproduzierbare und eindeutig Kontrollierbare.

Im Zentrum sollten individuelle Unterrichtsinhalte stehen, die für den Lernenden verstehbar sind und die damit Inhalte, Denk- und Arbeitsverfahren erschließen, die repräsentativ sind für die technisch geprägte Wirklichkeit. Solche Forderungen rücken das technische Handeln in den Mittelpunkt didaktischer Überlegungen. Dazu noch einige Hinweise.

Soll zum Beispiel eine Form des technischen Könnens oder Wissens nicht bloß lehrend gegeben und von den Schülerinnen und Schülern hingenommen werden, dann müssen sie die Chance zu einer aktiven Auseinandersetzung bekommen. Sie sollen nicht bloß äußerlich tätig werden, sondern angeregt werden, eine Intention aufzunehmen und mit den Mitteln zu agieren, die ihnen zur Verfügung stehen; sie sollen seine Wahrnehmungs-, Handlungs- und Interpretationsschemata … gezielt einsetzen. Ob das zu einem Ergebnis führt oder erst offensichtlich macht, dass die eingesetzten Mittel nicht hinreichen, und ob der Lehrer gezielt gefordert wird, ist nicht entscheidend. Zunächst fragt sich, wie eine ‚vitale Interessiertheit' als Basis dieser Auseinandersetzung beansprucht werden kann. Hier sei an Heinrich Roth erinnert:

> „Kind und Gegenstand verhaken sich ineinander, wenn das Kind […] den Gegenstand, die Aufgabe, das Kulturgut in seiner ‚Werdensnähe' zu spüren bekommt, in seiner ‚Ursprungssituation', aus der heraus er ‚Gegenstand', ‚Aufgabe', ‚Kulturgut' geworden ist […]. Indem ich den Gegenstand wieder in seinen Werdensprozess auflöse, schaffe ich ihm gegenüber wieder die ursprüngliche menschliche Situation und damit die vitale Interessiertheit, aus der er einst hervorgegangen ist […] durch diese pädagogische ‚Rückführung in die Originalsituation' [wird er] wieder das, was er einst war: Frage, Problem, Not, Schaffenslust."[59]

Was heißt das zum Beispiel für das technische Können und Wissen? Aus welcher Situation heraus hat es sich entwickelt? Ausgangspunkt ist eine ursprüngliche menschliche Problemlage oder eine Fragehaltung. Sie stößt das sinnbezogene Nachvollziehen, „Nachschaffen" und „Nacherkennen" an.[60] Das Fertige und fest Gefügte, das Geschaffene und Erkannte werden dadurch wieder in einen Prozess der Neu- oder Nachgestaltung aufgelöst. Ein Erfassen und Verstehen, welches das von den Kindern Gekonnte und Gewusste einbezieht und daran (verknüpfend und differenzierend) weiterbaut, ist darauf angewiesen, ein technisches Problem darzustellen, etwa mit dem Resultat: Es geht nicht gut, es fehlt etwas. Das führt dazu, etwas herzustellen oder zu verändern. In diesem Kontext erst werden zum Beispiel Fertigkeiten (und technisches Wissen) gebraucht. Die Herstellungssituation animiert, Fertigkeiten aufzubauen und zu üben. Dabei kann das Zeigen der Lehrerin oder des Lehrers auch in diesem Teilbereich nur den Anstoß zur nachahmenden Aktion geben. Um erkannte Unzulänglichkeiten im Nachahmen zu beheben, muss die Tätigkeit leicht variiert werden. Das führt letztlich zu einer gleichsam dialogischen Auseinandersetzung im Kleinen: Die Aktion, etwa mit dem Werkzeug, deckt erst spezifische Eigenschaften des bearbeiteten Materials, des Werkzeugs, der Werkzeughaltung oder Muskelbeanspruchung auf; insgesamt gesehen erhält dabei die Variation der Aktion Fragecharakter, das Resultat gibt die Antwort. Erst in diesem Wechsel von äußerlichem Vormachen und Quasidialog im Kleinen werden neue Fertigkeiten aufgebaut, die im Üben dann verstärkt werden.

Ähnlich verhält es sich beim technischen Einzelwissen. Die Fragehaltung entsteht am ehesten im Kontext von Herstellen und Gebrauchen: Wie hätte es stabiler gebaut werden können? Warum ist das Holz gespalten? Die Fragehaltung regt an, geeignetes Wissen zu vergegenwärtigen. Damit ist ein Zustand erreicht, der das fruchtbare Um- oder Weiterbauen im Bereich des Wissens erleichtert; auslösend wirken dabei

[59] Roth 1962, S. 123–124.
[60] Roth 1962, S. 125.

etwa Vermutungen, die zu Erprobungen führen, oder äußerlich gegebene Lösungsansätze, die nähere Untersuchungen provozieren, um ihre Eignung für die aktuelle Problemlösung zu erkunden.

Damit zeigt sich, dass die bildende Vermittlung zum Beispiel von einzelnen Könnens- und Wissenselementen in verschiedenen Graden auf das technische Handeln angewiesen ist. Deshalb müssen insbesondere am Anfang aufklärender Bemühungen die relativ ganzheitlichen Vollzüge des technischen Handelns stehen. Erst die Erfahrungen aus diesem ganzheitlichen, leiblichen Tun lassen isolierte Teilformen technischen Tuns sinnvoll erscheinen; erst diese Erfahrungen lassen erkennen, wie sinnvoll es ist, Wissen zu formulieren, um es im weiteren technischen Handeln einsetzen zu können.

Rückgang auf die ‚Ursprungssituation' heißt im Rahmen technischer Bildung Hinwendung zum leiblich technischen Handeln und zum elementaren technischen Handeln. Eine solche Rückwendung darf nicht als Rekonstruktion eines geschichtlichen Verlaufs missverstanden werden; sie ist Gestaltung, Konstruktion, Genese hier und jetzt, aus der konkreten Lage heraus, und zwar als relative Ganzheit, also sinn- und ergebnisorientiert (vgl. Abb. [19]-2 und -11). Ein solches Handeln oder ‚Nachschaffen' ermöglicht als aktive Auseinandersetzung und als Anreiz zur Erweiterung ein grundlegendes Verstehen. Damit aber wird die Chance eröffnet, dass das am individuellen Inhalt Verstandene zum typischen, zum exemplarischen, zum elementaren Fall erst wird. Das Allgemeine und das notdürftig eingekleidete Allgemeine reizen nicht hinreichend zum lebendigen Reagieren, zur Auseinandersetzung, zur Erweiterung des Gewussten und Gekonnten. Erst das in der aktiven Auseinandersetzung zutage tretende Allgemeine im Besonderen hilft bei der Erschließung ähnlicher Inhalte und Methoden und ist damit kategorial wirksam.[61]

19.7.4 Bauen eines Kragsteinbogens als Überbrückung – ein Beispiel

1) Das erste Hantieren mit Bausteinen wäre blinder Aktionismus; aber ein Material zum Bauen muss vorhanden sein, es hat Impulscharakter.

2) Ausgangspunkt des Handelns muss eine Problemsituation sein: Es gibt einen Fluss, der nicht überquert werden kann.

3) Wie ist die Problemsituation zu entfalten? Durch Sprechen – das verklingt, es muss behalten und wieder vergegenwärtigt werden; durch Skizzen – sie bleiben erhalten, müssen jedoch gelesen und gedeutet werden; durch äußerliches, modellhaftes Fixieren, durch Handeln des Vorbilds zum Beispiel mit dem Tisch als Darstellung des linken und rechten Ufers – eine solche Darstellungshandlung hat ein Resultat, es bleibt erhalten, und die Deutung ist nicht überflüssig. (Anmerkung: Wenn ich den Tisch und den Spalt zwischen den Tischen nur so nehme, erfasse ich kein Problem. Die Deutung besteht darin, Ufer zu sehen, feste Ausgangspunkte. Dazwischen liegt ein Hindernis, das mit den vorhandenen Bausteinen überbrückt werden sollte.)

---

[61] Vgl. Klafki 1957, insbesondere Kap. 14.

4) Mit der handelnden Darstellung der Problemsituation ist bereits ein Anfang für konkretes Handeln gegeben; es muss nicht ‚bei null' begonnen werden. Die Anfangshürde ist beseitigt, es muss lediglich fortgesetzt werden.

5) Die Deutung der Tische als Ufer und Fundament lässt sich durch äußere Gegenstände, z. B. durch puppenartige Gestalten, die nicht ‚hinüberkommen', verstärken. Trotzdem gilt: Die Schüler und Schülerinnen müssen ‚mehr sehen' und etwas ‚anderes sehen', als da ist. Das Deuten gelingt eher, wenn etwas aus der Erfahrung der Kinder wachgerufen werden kann: Bei einer Wanderung gelang es nicht, den Fluss zu überqueren. Ohne einen solchen Hintergrund schon vollzogener sinnorientierter Tätigkeiten gelingt die Deutung nur unvollkommen.

6) Erster Lösungsschritt: Ein Baustein wird in die Lücke gehalten (vgl. Abb. [19]-13.1). Das Resultat ist enttäuschend. Die Lösung geht nicht so einfach, der Konflikt zeigt sich jetzt deutlicher: Der Stein ist zu kurz. Damit wird handelnd und deutend das Ziel schärfer ins Auge gefasst. Ohne den ersten Lösungsschritt wäre die Analyse der Problemstellung viel schwerer gewesen. Bestehen wir dabei auf verbalen Formulierungen, könnten wir enttäuscht werden.

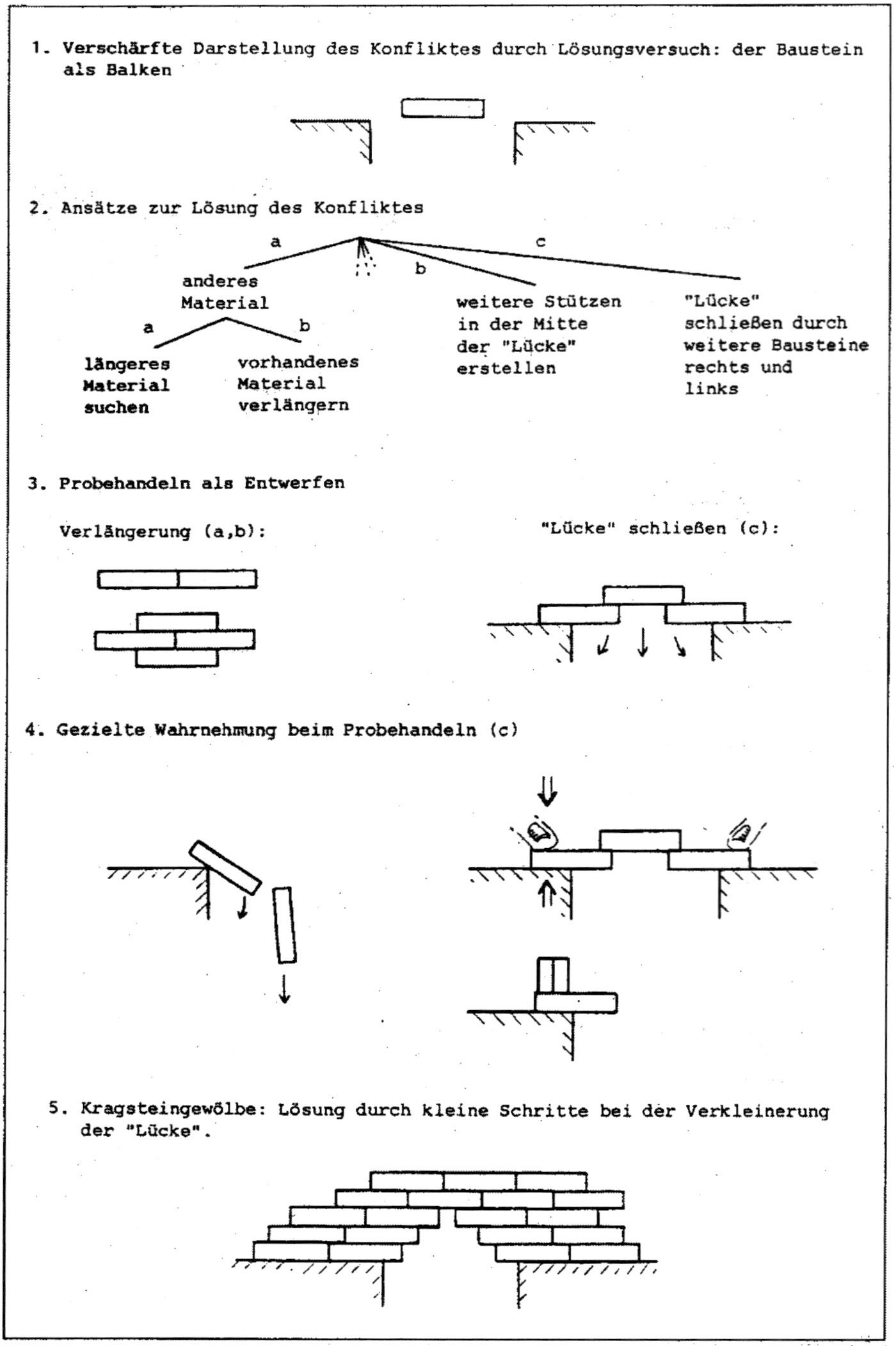

Abb. [19]-13: Lösungen des handelnd dargestellten Konfliktes ‚Überbrückung' im Ausschnitt: Ideenfindung auf der Basis von Zielvorstellung und vorhandenem Material, problemorientierte Wahrnehmung beim Probehandeln als Anregung zur Ideenfindung, Kragsteingewölbe als mögliche Lösung.

7) Zweiter Lösungsschritt: Die äußerlich tätige Darstellung des Problems (des eigentlichen Konfliktes und damit indirekt des Ziels) mit dem Baustein (vgl. Abb. [19]-13.1) ermöglicht Wahrnehmungen mit verschiedenen Akzenten. Primärer Akzent beim Zentrum: Der Baustein ist zu kurz, es fehlt eine Unterstützung; primärer Akzent beim Lager rechts und links: Es gibt noch zwei ‚Lücken', zwei ‚Störungen'. Die Lösungsfindung ist damit schon nahegelegt; einige Möglichkeiten zeigt die Abb. [19]-13.2. Eine äußere Problemeingrenzung und -verschärfung findet statt, wenn allein das bereits vorhandene Material zur Lösungsfindung herangezogen werden soll oder wenn eine mittlere Stütze und Lagerung ausgeschlossen wird (weil etwa das Wasser zu reißend ist; vgl. Abb. [19]-13.2 im Graph der Lösungsprinzipien: a,a und a,b).

8) Das Probehandeln zeigt, dass die Lösungsmöglichkeiten (vgl. Abb. [19]-13.3) nicht halten, zusätzliches Material erfordern oder Bausteine am Lager kippen.

9) Das Probehandeln ermöglicht eine fortgeschrittene Problemsicht: das Kippen des Bausteins am Lager (vgl. Abb. [19]-13.4). Wie kann es verhindert werden? Damit wird ein Teil- oder Restproblem wahrgenommen. Das ausgiebige Probehandeln eröffnet die Chance, das Kippen nicht nur visuell wahrzunehmen, sondern auch haptisch als Druck des Bausteins auf den Finger. Die Lösungsfindung erleichtert sich dadurch: Erster Schritt – durch den Gegendruck des Fingers kann die Konstruktion gehalten werden, leichtes Loslassen bringt alles ins Wanken. Dieses Bemerken legt ein neues Teilproblem frei: Wer kann dauernd Druck ausüben auf das Bausteinende (vgl. Abb. [19]-13.4)? Zweiter Schritt – die Bausteine können ausgenützt werden als Gegengewicht, um das Kippen zu vermeiden.

10) Weitere Lösungsschritte sind erforderlich, in denen das gefundene und teilweise erprobte Prinzip ausgebaut und optimiert werden muss. Ich breche hier jedoch ab. Es ist hinreichend klar, worauf ich verweisen wollte: Die handelnde Darstellung und der provisorische handelnde Aufbau schaffen Bedingungen, die die Lösungsfindung erleichtern, jedoch das kreative Finden einer Lösung nicht überflüssig machen. Das gezielte Probieren hilft bei der Lösungsfindung, ersetzt die Lösungsfindung jedoch nicht. Die Erleichterungen im Einzelnen:

- ein Anfang ist mit der handelnden Problemdarstellung gegeben, die Kinder brauchen nur fortzusetzen;
- Lösungsversuche, besonders unzulängliche, angeregt durch das bereitgelegte Material, helfen bei der Problemklärung;
- die versuchsweise Realisierung eines Lösungsschrittes ermöglicht die gezielte Wahrnehmung von noch bestehenden Unzulänglichkeiten, das Realisierte wird zum Anzeiger der Restprobleme und somit zum Anreger für weitere Schritte;
- das provisorisch Aufgebaute bleibt teilweise erhalten, es wirkt wie ein externes Gedächtnis und entlastet oder macht frei für die Lösungsfindung in Schritten.

19.8 Anregungen von unten und Anregungen von oben – Ausweitung des Beispiels

In einer Nachbetrachtung soll das Allgemeinere beim Aufbau einer Lösung stärker herausgestellt werden, und zwar im Anschluss an Karl Duncker (1935). Die Problemlösung setzt bei der Problemsituation an und beginnt mit einer Analyse dieser Situation: Warum geht etwas nicht? Woran scheitert es? Solche Fragen führen zu den „Konfliktmomenten". Im Allgemeinen enthält die Problemsituation aber auch Mittel, die zur Lösung verwendbar sind: Was ist als Ausgangsbasis vorhanden? Damit werden die „Materialmomente" bestimmt.[62] Die genauere Kennzeichnung der Aufgabe stellt eine Eingrenzung dar.

Die Zielanalyse klärt, was gefordert ist. Damit ist das Ziel als eine Begrenzung bestimmt. Die zweite Begrenzung stellt das ‚Gegebene' bzw. das Material dar. Dazwischen ergibt sich die Diskrepanz oder Lücke, die im Entwurfsprozess zu schließen ist (vgl. Abb. [19]-14).

[62] Duncker 1935, S. 24–25.

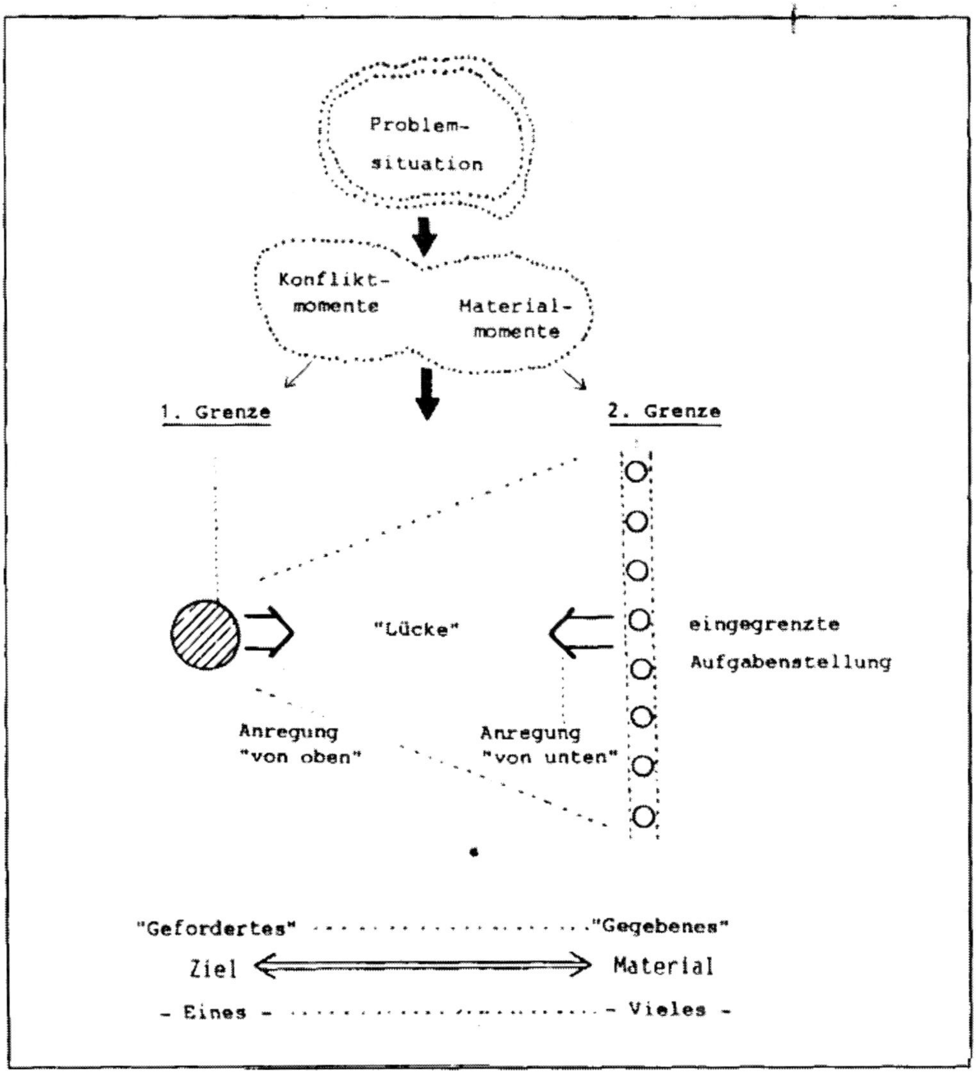

Abb. [19]-14: Von der Problemsituation zur eingegrenzten Aufgabenstellung. Der Lösungsaufbau als Schließung der Lücke beginnt beim Bekannten: beim Ziel und beim Material.

Der Lösungsaufbau setzt beim Bekannten an, also beim ‚Gegebenen' und beim ‚Geforderten'. Das (äußere) Material und die (inneren) Zielvorstellungen regen an. Beide fungieren als Sprungbrett für das Finden von Lösungen: Das Material bietet „Anregungen von unten", es suggeriert geeignete Verknüpfungsmöglichkeiten, die Zielvorstellungen bieten „Anregungen von oben",[63] sie legen Teilkonzeptionen oder Teilziele nahe. Diese beiden Ausprägungen des verschränkten Findungsprozesses

[63] Duncker 1935, S. 13.

sollen hier noch etwas verfolgt werden. Die globale Zielvorstellung gibt Anlass, nach Mitteln zu fragen, mit denen sie sich realisieren lässt. Erscheint das Ausgangsmaterial als geeignetes Mittel, dann beginnt das Probehandeln sofort: Eine Scheibe tritt dann beispielsweise als Laufrad in Funktion, ein Rundstab wird zu einer Achse, ein Baustein erscheint als Balken … Das Material wird provisorisch verknüpft, es entsteht ein neues Teilmittel. Der eigentliche Anstoß zum Lösungsschritt stammt primär vom äußeren Material. Die Verkörperung oder äußere Verwirklichung geht dem Lösungskonzept voran. ‚Anregung von unten' findet statt (vgl. Abb. [19]-14 und -15, rechte Seite).

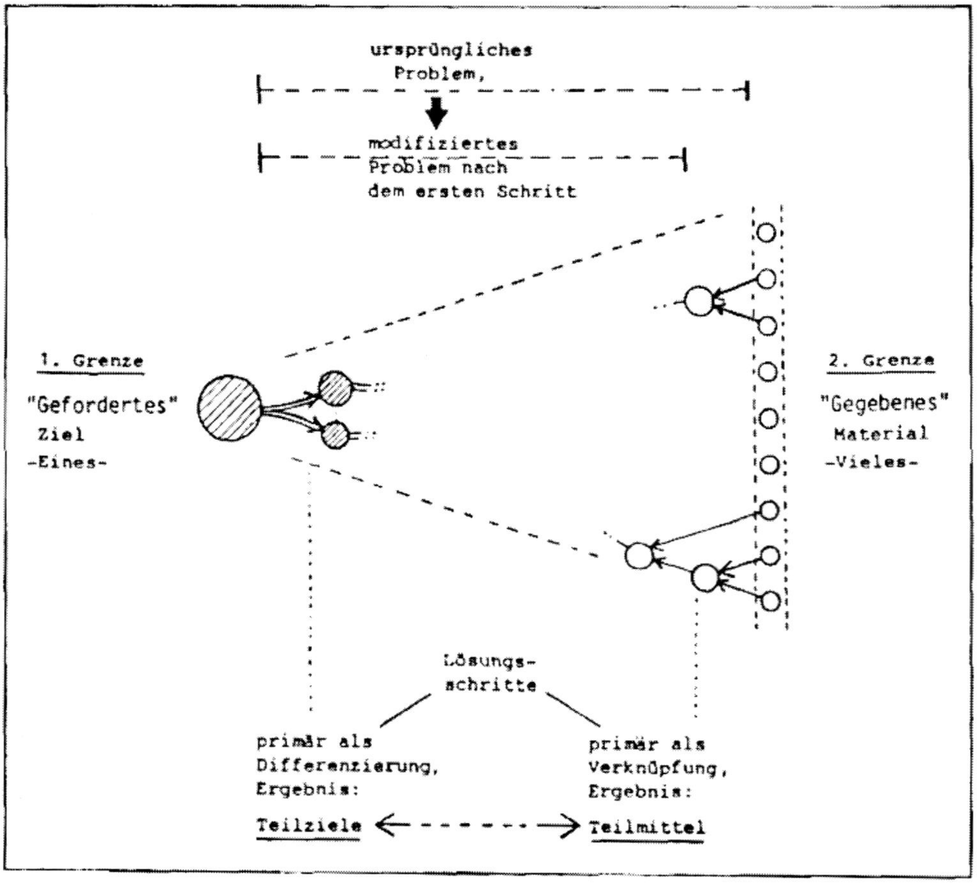

Abb. [19]-15: Die Lösungsschritte verändern die Problemlage. Primär verknüpfte Schritte gehen vom Material aus und sind auf das Ziel gerichtet, primär differenzierende Schritte setzen beim Ziel an und sind auf das Material bzw. die Materialisierung des Ziels gerichtet.

Wie geeignet das entworfene Teilmittel ist, lässt sich je nach Art der provisorischen Verknüpfung direkt oder nur szenisch ‚zeichenhaft' erproben. Dabei muss die Zielvorstellung gegenwärtig bleiben. Der Erprobung des vorläufig Verknüpften eröffnet die Chance, noch vorhandene Unzulänglichkeiten wahrzunehmen und damit gleichzeitig Teilziele, die noch zu verfolgen sind, zu erkennen. Gleichzeitig ist mit dem entworfenen Teilmittel ein Material höherer Ordnung und damit ein erweitertes Potenzial für ‚Anregungen von unten' gegeben.

Die zweite, deutlichere Ausprägung des Findungsprozesses beginnt ebenfalls bei der globalen Zielvorstellung. Wiederum wird gefragt, welches Mittel geeignet ist, die Zielvorstellung zu realisieren. Scheint jedoch jetzt nicht das gegebene Ausgangsmaterial, sondern ein komplexeres Mittel als geeignet, das noch nicht vorhanden ist, dann ist damit eine Teilkonzeption bzw. eine Teilzielvorstellung gewonnen. So ist z. B. für die Überbrückung ein langer Balken erforderlich, aber nur kurze Bausteine sind vorhanden. Jetzt fragt sich, wie dieses Teilziel realisiert werden kann. Das heißt beispielsweise: Sind die Bausteine zu einem längeren Balken verfügbar? – Nein, nicht ohne Weiteres; es ist Draht, ein Faden oder Leim erforderlich. Sind solche Materialien verfügbar? Ist das nicht der Fall, dann ist damit wiederum eine Teilaufgabe gegeben, allerdings auf einer Ebene weiter unten: Ein Teilziel des Teilziels ist bestimmt. Solche Lösungsschritte stellen primär Differenzierungen der globalen Zielvorstellung dar (vgl. Abb. [19]-14, -15, linke Seite). Vorrangig ist das Ziel oder das Teilziel als Konzept. Es leitet die Suche nach einem geeigneten äußeren Medium als Verkörperung oder Verwirklichung des Ziels. ‚Anregung von oben' findet statt.

Der Lösungsprozess als Ganzes ist ein zweiseitiger Brückenschlag. Es muss ein Beziehungsgefüge aufgebaut werden, sodass schließlich beide Seiten zusammenkommen: einerseits die inneren oder sprachlich formulierten Zielvorstellungen und Konzeptionen, andererseits die äußeren Materialien und Mittel. Auf welchem Wege der Brückenschlag im Einzelnen erfolgt, kann hier nicht verfolgt werden. Sicher ist, dass zwei Typen von Lösungsschritten erforderlich sind: Zielvorstellungen müssen im Hinblick auf Mittel und Materialien differenziert werden, Materialien müssen im Hinblick auf Ziele verknüpft werden (vgl. Abb. [19]-15). Jeder Lösungsschritt schafft Bedingungen für die nachfolgenden Schritte. Selbst erkannte Irrwege oder Sackgassen beim Lösungsaufbau helfen dabei, die Problemlage schärfer zu fassen. Jeder Lösungsschritt verändert die Problemlage, sie wird verengt, verschärft und konkretisiert. Duncker bemerkt hierzu: „Wir können somit einen Lösungsprozess ebenso wohl als Entwicklung der Lösung wie als Entwicklung des Problems beschreiben."[64]

Jeder Lösungsschritt, die Differenzierung des globalen Ziels wie die probierende äußere Verknüpfung, bezieht das Gegebene und Geforderte aufeinander. Wie der erste Schritt bleibt jeder weitere eingespannt zwischen den Polen ‚Material' und ‚Ziel'. Kein Lösungsschritt bleibt in einem strengen Sinn allein beim Ziel oder den Teilzielen, allein beim Material oder den Teilmitteln stehen. Die durch Differenzierung entstehende Teilzielbildung zielt auf den Übergang zum Material, also auf Materialisierung, auf Veräußerlichung der ursprünglichen, inneren Zielvorstellungen; die durch

[64] Duncker 1935, S. 10.

Verknüpfung entstehende Mittelbildung zielt auf den Übergang zum Ziel, also auf Finalisierung des ursprünglich äußerlichen Materials.

Nicht alle Problemsituationen sind so einfach geartet, dass sie sich in eine eingegrenzte Aufgabenstellung überführen lassen. Die globale Zielvorstellung bleibt in solchen Fällen diffuser und die Ausgangsmaterialien unbestimmter. Die Lösungsfindung ist dann stärker auf Versuch und Irrtum angewiesen. Entscheidungen und Kontrollen verlaufen weniger eindeutig, und dementsprechend gibt es kein eindeutiges Ende des Entwurfs oder Lösungsprozesses. Ein Ende wird zuerst durch eine Zielbestimmung ermöglicht, die sich in diesem Falle zunächst in stärkerer Verflechtung mit dem individuell Entworfenen und dem hier Erreichten präzisiert: Mit diesem Werk tritt dann letztlich auch erst das Ziel zutage; das Ziel wird allererst mit der Herstellung evident. Damit ist freilich ein Extremfall gegeben: Werk und Ziel haben sich nicht voneinander gelöst, sie fallen noch vollständig zusammen.

19.9 Einige Konsequenzen für den problemorientierten Unterricht

1) Erst mit der Wahrnehmung des Probehandelns als einer Einstiegsform des Problemerfassens, Konzipierens, Entwerfens, Planens auf konkret gegenständlicher Basis lässt sich die bildende Potenz technischer Inhalte genauer einschätzen.[65] Insbesondere ist damit ein Anstoß gegeben, die Inhalte des Lehrplans Sachunterricht in der Grundschule daraufhin zu befragen, ob sie praktisches Lernen ermöglichen. Darüber hinaus sollte erneut erwogen werden, ob technische Inhalte hinreichend in den Lehrplänen berücksichtigt sind.

2) Neu zu überdenken ist auch die Ablehnung der handwerklichen Tätigkeit im Rahmen didaktischer Überlegungen zu einer anfänglichen technischen Bildung. Vorschnell wird die handwerkliche Tätigkeit als unzeitgemäß und untechnisch abgestempelt.

3) Schon die Problemdarstellung im Unterricht sollte möglichst handelnd erfolgen, also mithilfe technischer Gegenstände in einem gegenständlichen Rahmen: Ein Brett als schiefe Ebene animiert zu Rollversuchen beim Bau von Fahrzeugen; Testmöglichkeiten werden damit angeregt; holpernde Räder eines Fahrzeuges stoßen dazu an, nach den Ursachen zu suchen; das Aufwickeln eines Fadens mit Spule und handbewegter Kurbel zeigt Unzulänglichkeiten auf oder erfordert Handbewegungen, die sich ersetzen lassen durch eine technische Zusatzfunktion … Handeln erhält in solchen Zusammenhängen eine Darstellungsfunktion.

4) Die ‚Anregungen von unten' werden im Zuge des Entwerfens und Planens im Unterricht nicht hinreichend genützt. Probehandeln vollzieht sich eher zufällig, es wird selten durch Bereitstellung von Elementen und Bausteinen initiiert. Dadurch tritt die (relativ) selbstständige Planung zurück. Sie wird erschwert oder zum rein gedanklichen Konzipieren abgedrängt; allenfalls dienen Bleistift und Papier als Hilfe.

---

65 Vgl. Möller 1991.

5) Das Finden von Lösungen lässt sich nicht erzwingen, es kann niemals ein ‚empirisches Ergebnis' (Aebli) sein. Das Finden von Lösungen kann aber erleichtert werden. Ein entscheidendes Mittel ist das Probehandeln.

Dualismus von technischem Denken und Handeln?

Man kann als erste Orientierung technisches Denken und Handeln gegenüberstellen oder Sach-, Handlungs- und Bewertungskompetenz unterscheiden, sodass sie letztlich bloß nebeneinanderstehen. Die technikdidaktischen Erörterungen dürfen bei solchen Dualismen und Unterteilungen nicht stehen bleiben; sie setzen falsche oder unzulängliche Signale insbesondere im Hinblick auf methodische, schulpraktische Fragen.

Technisches Handeln darf auch nicht auf Spezialformen wie Montieren, Reparieren, Warten, Bedienen, Fertigen … eingeschränkt werden. Unter dem Gesichtspunkt des Lernens und Lehrens erweisen sich solche Spezialformen als Spätformen einer Entwicklung. Den Anfang bilden das Besorgen und speziell das elementare technische Handeln, nicht das Erkennen, Gestalten, Bewerten, Ausführen für sich; ‚primär' ist das Handeln, das Handelnwollen, das Handelnmüssen. Treten beim Handeln Schwierigkeiten auf, so zwingen erst sie zum Erkennen, zum bewussten Gestalten und Bewerten. Technisches Tun beginnt nicht allein mit dem technischen Denken, das dann noch ausgeführt werden muss nach dem allgemeineren Muster: erst erkennen, dann mithilfe des Erkannten zweckentsprechend handeln. Technisches Handeln ist deshalb nicht angewandte Theorie, nicht angewandte Ingenieurwissenschaft, nicht angewandte Planungstheorie, nicht angewandte Werttheorie. Die Schwierigkeiten und das Scheitern im Handeln bieten erst den Anlass, solche Spezialhilfen aufzubauen oder als sinnvoll einzuschätzen.

Vor diesem Hintergrund erweisen sich Sach-, Planungs-, Fertigungs- und Bewertungskompetenzen als echte Teile der Handlungskompetenz; sie bilden sich auf der Basis von elementarer Handlungskompetenz in Schritten und Sprüngen erst aus und verbessern sie gleichzeitig. Erst im Zuge weit fortgeschrittener aktiver, gezielter Auseinandersetzung entstehen daraus relativ eigenständige Kompetenzen.

20 Zum Verhältnis von Wissen und Handeln – ein Unterrichtsbeispiel[66]

„Wie ich nie Antworten in der Art verstehe, wozu ich die Fragen nicht gemacht habe […].“ (Rahel Varnhagen, 1793)

20.1 Erst wissen, dann praktisch handeln?

Eine Übersicht über die Anleitungen zum Sachunterricht für die Hand der Lehrerin und des Lehrers zeigt, dass eine große Zahl von Unterrichtsbeispielen mehr oder weniger verdeckt eine Grundstruktur aufweist, die sich auf den folgenden Nenner bringen lässt:

- Erst kundig machen, dann tätig werden,
- erst Wissen ermöglicht zweckvolles Handeln,
- „Praxis“ ist angewandte „Theorie“, angewandtes Wissen.

Als Beispiel nehme ich einen Unterrichtsvorschlag aus der älteren DDR-Literatur; er zeigt diese Grundstruktur noch ganz offensichtlich ohne jede Bemäntelung, obwohl allgemein

- die Einheit von „Arbeiten und Lernen“
- das Primat der „Praxis“ vor der „Theorie“

proklamiert worden war.

Zwei Anmerkungen sind dazu erforderlich: (1) Technische Bildung als Aufgabe, auch der Grundschule, wurde in der DDR in einem Maße *angestrebt*, die uns auch heute noch vorbildlich sein sollte bei aller notwendigen Kritik. Ich fürchte, dass hier Erreichtes vorschnell aufgegeben wird. (2) Die Kritik trifft nicht nur jene Auffassungen, wie sie an einigen Stellen in der DDR-Schulliteratur nachzulesen sind. „Erst erkennen, dann praktisch handeln“ – das ist ein Prinzip, das weiter verbreiteten und auch neueren Unterrichtsbeispielen zugrunde liegt; Gründe dafür liegen unter anderem in der praktisch-technischen Hilflosigkeit mancher Schulbuchautoren, in der unbemerkten Fortsetzung typischer Schultraditionen oder in der uneingestandenen Orientierung daran, wie Erwachsene technische Probleme lösen. Die so ausgerichteten Unterrichtsbeispiele führen in der Regel zu einer übereilten Beschränkung technischer Tätigkeitsformen. Insbesondere wird das anfängliche technische Konzipieren, Entwerfen, Planen in *Form des Handelns* durch Vorgegebenes eliminiert oder durch den dominierenden Wissenserwerb indirekt behindert.

[66] Der Aufsatz ist erschienen in tu: Zeitschrift für Technik im Unterricht, Heft 70 (1993), S. 26–33.

20.2 Anfänge technischer Bildung

„Praxis ist angewandte Theorie?“ – Diesen Grundsatz will ich hier in seiner Tragweite nicht allgemein diskutieren. Hier geht es zunächst um die Anfänge der technischen Bildung, und unter diesem Blickwinkel ist zu fragen, ob es sinnvoll ist, eine solche Grundstruktur dem Anfangsunterricht zu unterlegen. Werden auf diesem Wege die Schülerinnen und Schüler umfassend aktiviert? Wie wird technisches Wissen *vor* dem Handeln und *abseits* des Handelns vermittelt? Liegen die Anfänge technischer Bildung allein im Medium von Kreide, von Bildern, von Sprache? Ist Handeln nur als Veranschaulichung von allgemeinerem Wissen zu verstehen?

Lernen im Rahmen technischer Bildung setzt voraus, dass Lernende als ganz werdende Personen *leiblich* aktiv sein können, das heißt praktisch-technisch. Ausgangspunkt sollte das leibliche, (relativ) ganzheitliche, elementare technische Handeln sein, und zwar als weitgehend *einheitlicher* Fluss von Könnens-, Wissens-, Gestaltungs- und Wertungsmomenten.[67] Aber verhelfen wir diesem elementaren technischen Handeln zu seinem Recht? Verbreitet sind eher verkürzende Formen.

(1) *Nur* Fertigen: Die Aktivität der Lernenden gilt mehr der Ausführung. Es fehlt das sinnbezogene Konzipieren, Entwerfen und Planen dessen, was herzustellen ist. Zugrunde liegt oft die Vorstellung, dass Grundschülerinnen und -schüler mit dem Entwerfen überfordert sind. Vorschnell werden Lösungen als Vorbilder gegeben. Das Probehandeln als frühe kindliche Form des Konzipierens und Planens bleibt unbeachtet.

(2) *Nur* fertig formulierte Aufgaben lösen: Das Problem ist isoliert sprachlich gegeben; erforderlich ist allein die Lösung der vorfixierten Aufgabe. Es fehlt die technische Problemsituation, aus der heraus das technische Problem selbst erkannt werden kann. Es fehlt zudem die relativ selbstständige Entwicklung von Zielen und Anforderungen, welche die Lösungsfindung leiten (und letztlich müssen sich Lösungen dann auch in dieser Problemsituation bewähren).

(3) *Nur* Ausstellungsobjekte: Sie werden primär als persönliche Werke *gezeigt*, etwa in der Vitrine, aber weniger *gebraucht*. Es fehlt damit die indirekte oder direkte Bewertung des Hergestellten durch Spiel, Gebrauch und gezielten Vergleich, es fehlt auch die Rückbindung an das, was als Ziel erreicht werden sollte.

(4) *Nur* Erkenntnisobjekte: Das Handeln dient der Veranschaulichung und Bestätigung zuvor bestimmter isolierter technischer Sachverhalte. Es fehlt der lebensvolle Kontext, der technisches Handeln und den Erkenntniserwerb erst sinnvoll erscheinen lässt.

---

[67] Vgl. Wiesenfarth 1992, S. 37.

20.3 Vom stabilen Dreieck als Konstruktionselement zum Nachbau

Das hier dargestellte Unterrichtsbeispiel steht unter der Überschrift „technisches Gestalten und Konstruieren". Es widmet sich Fragen der „Festigkeit und Stabilisierung" und hier speziell dem Umstand, dass Dreieckskonstruktionen in sich starr sind.

Ausgangspunkt ist der Bau von Drei- und Vierecken (vgl. Abb. [21]-1): Sie werden darauf hin getestet, ob sie in sich formstabil sind. Als Ergebnis der Versuche werden die Varianten und invarianten Merkmale festgehalten (vgl. Abb. [21]-1, „Auswertung"). Schüler sollen ein Wissenselement der Bautechnik aufnehmen, um es dann anwenden zu können. Aber zunächst muss ein Wissenselement höherer Ordnung, welches das vorhergehende Element einschließt, erworben werden (vgl. Abb. [21]-2): Ein Vieleck soll gegen Verformung gesichert werden. Auf der Basis dieser Handlungselemente erfolgt die eigentliche Anwendung: „Stabilität durch Dreieckskonstruktionen am Beispiel der Trittleiter" (vgl. Abb. [21]-3). Die Trittleiter erscheint in der Aufgabe nicht als hilfreicher Gebrauchsgegenstand im Rahmen alltäglicher Tätigkeiten, als Erleichterung beim Besorgen und Arbeiten; sie Trittleiter erscheint auch nicht als Resultat eines Herstellungsprozesses, der etwa durch die Wahrnehmung beim Besorgen oder Arbeiten angestoßen wurde. Die Trittleiter tritt sofort unter einer *innertechnischen (ingenieurwissenschaftlichen) Perspektive* auf, nämlich als Fall der Dreieckskonstruktion oder allgemeiner als Fall der Bautechnik.

Der vorgeschlagene Ablauf (vgl. Abb. [21]-1–3) dokumentiert: Im Zentrum stehen der gezielte Nachbau des Modells einer Trittleiter nach vorgegebenen Anforderungen und die Erprobung des Gebauten als *Bestätigung von technisch-konstruktivem Wissen*. Vollzogen wird lediglich eine innertechnische Tätigkeit, eine *Teilphase* der eigentlichen, weiter gespannten Herstellung; zuvor vermitteltes Wissen wird angewendet.

Erstes Unterrichten zur Förderung technischer Bildung sollte sich nicht darauf beschränken, rein „Sachelementares" zu vermitteln unter Vernachlässigung des „Sinnelementaren";[68] es sollte sich nicht darauf beschränken, lediglich Teilphasen des technischen Handelns zu vollziehen; es sollte auch nicht bei Teilphasen einsetzen, die ihren Sinn erst in der erfahrungswissenschaftlichen Perspektive der Bautechnik gewinnen.

Ausgangspunkt und erste Erfahrungsbasis sollte vielmehr das umfassende, elementare technische Handeln sein als einheitlicher Vollzug, in dem Sinn- und Sachelementares noch nicht geschieden sind. Erst diese Basis und insbesondere die Schwierigkeiten im Vollzug technischen Handelns vor dem Hintergrund der Umgangserfahrungen lassen es für Schüler sinnvoll erscheinen, Teilphasen herauszugreifen.

Erstes Unterrichten darf sich auch nicht vorschnell auf die Anwendung isolierten technischen Wissens verengen, wobei dann verdeckt bleibt, wie jenes Wissen aus

[68] Vgl. Möller 1963, S. 101.

dem technischen Handeln abgelöst wurde, wie jenes Wissen zum Element der erfahrungswissenschaftlichen Bautechnik geworden ist. Auch hier gilt: Erst *die Schwierigkeiten* im Vollzug eines einfachen, aber umfassenden technischen Handelns *lassen es sinnvoll erscheinen, technisches Wissen aufzubauen*.

Festigkeit und Stabilisierung

Ein Viereck ist beweglich, ein Dreieck ist starr

Vorbemerkung: Ein Dreieck kann verschiedenartig belastet werden, ohne dass es seine Form ändert. Ein Rechteck oder ein Quadrat können zu einem Parallelogramm verschoben werden. In einem beliebigen Viereck ändern sich bei Belastung alle Winkel gleichzeitig, da die Schrauben an den Ecken als Drehpunkte dienen und die Bewegung von einer Seite des Vierecks auf die andere übertragen wird.

Ziel: Die Schülerinnen und Schüler sollen erkennen, dass jedes Dreieck starr ist.

Dauer des Versuchs: 15 Minuten.

Werkzeuge, Gerät, Materialien: Schraubenzieher, Schraubenschlüssel, 15 Schrauben mit Muttern, Flachbänder für ein Dreieck, ein Viereck, ein Rechteck, ein ungleichseitiges Viereck.

Versuchsablauf:

- Es werden ein Dreieck, ein Quadrat, ein Rechteck und ein ungleichseitiges Viereck montiert.
- Die Figuren werden auf ein Blatt gelegt und mit dem Bleistift umrissen.
- Die Figuren werden belastet und in ihrer Form verändert. Das Dreieck behält seine Form.
- Die verformten Figuren werden wieder auf das Papier gelegt und mit den Zeichnungen verglichen (Bild 72/1).

Bild 72/1

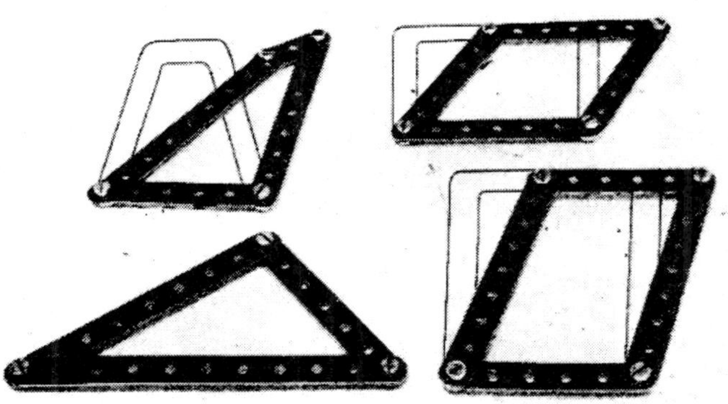

Auswertung der Ergebnisse:

- Das Dreieck hat seine ursprüngliche Form behalten.
- Alle Vierecke haben eine neue Form.
- Die Seitenlängen aller Figuren sind erhalten geblieben.
- In den Vierecken hat sich nicht nur ein Winkel verändert, sondern alle vier.

Abb. [21]-1: Erste Phase: Das Dreieck als konstruktives Element in seiner Isolierung.[69]

20.4 Elementares technisches Handeln ermöglichen

Wie kann leibliches, relativ ganzheitliches elementares Handeln in der technischen Sphäre durch Unterrichtsorganisation gefördert werden? Hier soll keine allgemeingültige Antwort versucht werden. Ich orientiere mich weiter am Beispiel der Abbildungen [21]-1bis -3. Zunächst muss jedoch noch an einige Bedingungen erinnert werden. Nur wenn sie (mehr oder weniger) erfüllt sind, eröffnet sich die Chance zum elementaren technischen Handeln.

(1) *Schülerinnen und Schüler* kommen nicht als „unbeschriebenes Blatt“ in den Unterricht. Sie können schon handeln; sie haben Handlungs- und Alltagswissen, wie ungesichert es im Einzelnen auch sein mag. Sie haben schon immer Erfahrungen gemacht, im Spielen, im alltäglichen Besorgen.

(2) Ein *Lehrplan*, der zu eindeutig festgelegt, welcher Inhalt zu behandeln ist, verstellt die Wahrnehmung von dem, was Schülerinnen und Schüler interessiert, was sie wissen und können. Darüber hinaus erübrigen sich durch einen solchen Lehrplan entscheidende Fragen: Muss das Dreieck als in sich stabiles Konstruktionselement am Inhalt „Trittleiter“ behandelt werden? Welche Wissensformen und -arten sind Voraussetzung für elementares technisches Handeln? Welche neuen Erfahrungen lassen sich aus dem (doch Unterricht gestützten) individuellen Handlungsvollzug gewinnen? Etwa nur technisch-konstruktive Erfahrungen? Lässt sich *nur technisch konstruktives Wissen* aus dem Handlungsprozess ablösen?

(3) Handeln setzt voraus, die Schülerinnen und Schüler zu *aktivieren*. Das gelingt mit einiger Wahrscheinlichkeit, indem eine Ursprungssituation präsentiert wird.[70] Das ist jene Situation, die ähnlich derjenigen ist, die erstmals den Anstoß gegeben hat, eine Trittleiter zu entwickeln. Diese technische Problemsituation sollte leiblich und gegenständlich präsentiert werden, also handelnd. Für die Trittleiter heißt das zum Beispiel: Auf einem Schrank soll noch etwas gelagert werden. Wir kommen aber nicht hoch. Was könnte uns helfen? Etwa ein Tisch, der an den Schrank gerückt wird. Was ist dabei aber noch unbequem und unsicher? Ein Stuhl könnte zusätzlich helfen, um leichter auf den Tisch zu steigen. Auch eine Leiter wäre hilfreich; sie

[69] Autorenkollektiv 1967, S. 72–75.

[70] Vgl. Roth 1962 [1957], S. 123–124.

droht jedoch zu rutschen, weil die Anlegeflächen glatt sind. Wie können wir sie in ihrem Stand sichern? Die ersten Lösungsansätze verdeutlichen: Auch ohne explizite (Standard-)Formulierung ist das Ziel deutlich geworden, etwa die Arbeitserleichterung beim Zugang der oberen Schrankfläche, ferner: Anforderungen bestimmen die (unausgesprochene) Zielvorstellung näher, etwa das bequeme Hochsteigen, der sichere Stand; und schließlich: Die Problemsituation muss eine gewisse gegenständliche Reichhaltigkeit einschließen, sie darf nicht nur ausschließlich das Problem präsentieren, sondern muss auch Materialien liefern, die zu ersten Schritten im Prozess der Lösungsfindung anregen oder überleiten. Als *Materialien* fungieren hier beispielsweise die Trittflächen von Stuhl und Tisch.

(4) Der bloße *Einzelfall einer Gesetzmäßigkeit,* das „Eingekleidete", das einen vorbestimmten Kern notdürftig verbirgt, der Sachverhalt, der *nur Beispiel ist* für etwas Allgemeines oder Methodisches – sie alle sind schon reduziert, zu wenig reichhaltig, zu inhaltsarm und damit schon zu lebensabgewandt, um das Handeln noch genügend herauszufordern. Das „Eingekleidete" oder der bloße Fall bzw. das bloße Beispiel verbleiben von Anfang an im Banne des eigentlichen Kerns, des Gesetzmäßigen, des Methodischen, sodass ein Herauslösen von Begrifflichem, Gesetzmäßigem, Methodischem aus Anlass des eigenen, situationsgerechten Vollzuges überflüssig ist und zur Scheinaktion verkommt. Handeln verengt sich in solchen Fällen zur einseitigen *Veranschaulichungs- oder Bestätigungshandlung.*

Stabilisierung durch Streben im Vieleck

Vorbemerkungen: Wenn in einem Viereck ein Winkel gegen Formänderung gesichert ist, ist das Viereck starr. Die übrigen Winkel lassen sich dann ebenfalls nicht ändern. In einem beliebigen Vieleck müssen so viele Winkel gegen Formänderung gesichert sein, dass maximal drei Winkel übrig bleiben. Das Vieleck lässt sich dann nicht mehr verformen.

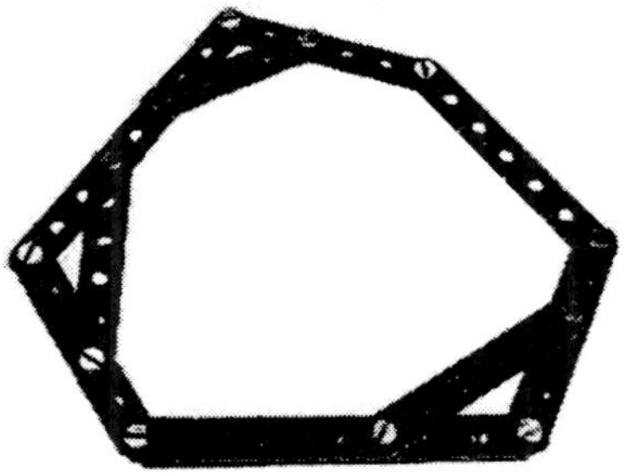

Bild 73/1

Ziel: Den Schülern ist nachzuweisen, dass ein Vieleck starr ist, wenn bis auf drei Ecken alle anderen durch Streben gegen Verformung gesichert sind.

Dauer des Versuchs: 20 Minuten.

Werkzeuge, Geräte, Materialien: Flachbänder, Schrauben, Muttern.

Versuchsablauf:

1. Auftrag: Die Schüler bauen Rahmen mit fünf oder sechs Ecken. Die Länge der Flachbänder spielt keine Rolle. Sie sollten aber nicht weniger als vier Löcher haben.

2. Auftrag: Es sind Streben über die Winkel zu setzen, bis der Rahmen starr ist.

Zur Verdeutlichung werden die Schrauben nur leicht mit der Hand angezogen.

Auswertung der Ergebnisse: In einem Vieleck müssen bis auf drei Ecken alle anderen gegen Verformung gesichert sein. Dann ist der Rahmen starr.

Abb. [21]-2: Zweite Phase: eine erste Anwendung der Dreieckskonstruktion (vgl. Abb. [21]-1) in einer engen, losgelösten Aufgabenstellung.[71]

20.4.1 Zum elementaren technischen Handeln gehören das Konzipieren, Entwerfen, Planen – in Form des Probehandelns

Können Kinder entwerfen, planen? Muss die Lehrperson hier nichts vorgeben? In dieser Phase ist es verbreitet, den Schülerinnen und Schülern übereilt Vorbilder zu geben, weil sie keine „Ideen“ haben, wie das Problem zu lösen ist. Das trifft auch häufig zu, wenn sie nur die Möglichkeit haben, sich nach gängiger Schulweise zu äußern, nämlich sprachlich, allenfalls noch bildlich. Es gibt jedoch noch andere Formen der Äußerung eines Lösungsvorschlages, Formen, die den Erwachsenen als Mitteilungs- und Entwurfsformen nicht so bewusst sind, nämlich handelnde Darstellungsformen. Unterrichtsbeobachtungen und Unterrichtsversuche[72] legen eine primär handelnde Vorgehensweise nahe.

Soll die Problemsituation verständlich sein, muss sie leiblich-gegenständlich im Handlungsvollzug präsentiert werden. Die ersten Lösungsschritte benutzen probierend als Material die Gegenstände der Problemsituation, und gleichzeitig fördern diese ersten Schritte das genauere Verständnis dessen, was erreicht werden soll. Das gibt einen Hinweis: Zur Lösungsfindung regt einerseits die *Zielvorstellung*, andererseits das *Material* an.[73] Es sollten folglich geeignete und ungeeignete Materialien bereitgehalten werden, etwa Baukastenelemente, wenn eine modellartige Lösung entwickelt werden soll (vgl. Abb. [21]-3 und Abb. [21]-5).

---

[71] Autorenkollektiv 1967, S. 72–75.

[72] Vgl. Möller 1991.

[73] Vgl. Duncker 1966, S. 13 und Wiesenfarth 1992, S. 42.

Abb. [21]-3: Materialsammlung als Anregung zum Probehandeln für den Bau eines Fahrgestells.

Auf diese Weise ist eine Chance gegeben, schon in der Phase der Lösungsfindung das „Werkbedürfnis" (Adolf Reichwein)[74] oder den „Urhebertrieb" (Martin Buber)[75] zur Geltung kommen zu lassen.

Zu den Vorteilen des Probehandelns im Einzelnen: (1) Materialien, Bauelemente helfen über den schwierigen Anfang hinweg. (2) Was als Lösungsschritt konzipiert wird, muss nicht bloß innerlich vorgestellt werden. (3) Die Handlung der Darstellung der Problemsituation kann ziemlich direkt fortgesetzt werden, und zwar als handelndes Konzipieren und Entwerfen, als Probehandeln. (4) Teilschritte werden mit den Materialien konkret darstellbar, indem damit *provisorisch etwas gelegt oder gehalten wird*. Das regt die nächsten Schritte an oder gibt Anlass zu Beurteilungen und Korrekturen. Zudem werden dadurch Interaktionen in der Klasse ermöglicht. (5) Die Bauelemente haben einen gewissen Aufforderungscharakter und erleichtern damit die Lösungsfindung; z. B. legen kurze Stäbe nahe, als Leitersprossen verwendet zu werden, lange Stäbe legen nahe, als Leiterstützen eingesetzt zu werden (runde Scheiben als Räder, Rundstäbe als Achsen). (6) In das Probehandeln können *Wissensformen* einfließen, die *sprachlich und bildlich* nicht ohne Weiteres geäußert werden können, wohl aber in der Form des Könnens in die Handlungsdarstellung eingehen. (7) Das Probehandeln provoziert die begleitende, erläuternde Rede oder die Ergänzung durch Skizzen. (8) Probehandeln enthält immer auch mehr oder weniger große

---

74 Vgl. Reichwein 1985, S. 76–77, 81.

75 „Der Mensch, das Menschen-Kind will Dinge machen [...]. Wonach das Kind verlangt, ist der eigene Anteil an diesem Werden der Dinge; es will das Subjekt des Produktionsvorganges sein." Buber 1962 [1953], S. 789.

Lücken; nicht alles ist gleich realisierbar, manches bleibt nur angedeutet. Das belegt, dass Probehandeln ein *Zeigen* enthält, dass etwas zu verstehen geben will – eben das, was noch nicht realisiert, aber schon gemeint ist. Die Bauelemente erhalten im Prozess des provisorischen Legens und Haltens eine zeichenhafte Funktion: Ein kurzes Bauelement wird als Stufe angesehen, ein längeres als Stufenhalterung ... Der anschließende Aufbau dessen, was im Probehandeln entworfen wurde, ist folglich insgesamt keine einfache Übernahme, sondern erfordert Deutung und damit letztlich weitere Ausgestaltung im Vorgang der Realisierung.

Die *Zeigehandlung* als Form der Darstellung wird in der Schule zu wenig verwendet oder gar vollständig verkannt. Damit bleibt eine Darstellungs- und Lernform unbeachtet, die mindestens teilweise gerade auch als Hinführung zur bildlichen und sprachlichen Darstellung dienen könnte.

20.4.2 Bau einer Trittleiter

Eine nach den hier aufgezeigten Gesichtspunkten abgeänderte Unterrichtsplanung, welche die Inhalte des Beispiels der Abbildungen [21]-1–3 aufnimmt, enthält etwa die folgenden Phasen:

(1) Handelnde Darstellungen der Problemsituation, etwa wie sie oben beschrieben wurde: Obere Schrankfläche zum Lagern benutzen.

(2) Klären des Problems, primär durch erste versuchsweise realisierte Lösungsschritte mit Tisch, Stuhl und einfacher Leiter (vgl. Abschn. 4.1).

(3) Lösungsfindung durch die Schülerinnen und Schüler auf der Basis von (unausgesprochenen) Zielvorstellungen einerseits und geeigneten und weniger geeigneten Baukastenelementen andererseits; Probehandeln (vgl. Abschn. 4.1, Abb. [21]-5).

(4) Individuelles Probehandeln der Schülerinnen und Schüler und Ausführung des provisorisch Erstellten.

(5) Spielender und gezielterer Gebrauch des Erstellten – die mehr oder weniger direkte Bewertung.

(6) Gezielte Betrachtung des konstruktiven Aufbaus, angestoßen durch den Vergleich von Schüler- oder Lehrermodellen (vgl. Abb. [21]-3).

(7) Erkennen der stabilen Grundform, die in den Modellen enthalten ist; Vergleich mit der Grundform „Viereck“ (vgl. Abb. [21]-1).

(8) Variierende Übung auf der Basis des Erkannten: Instabile Schülermodelle ergänzen, ein Vieleck stabilisieren (vgl. Abb. [21]-2).

Zu den letzten Phasen noch einige Bemerkungen. Wird nicht von einem fixen Vorbild „Trittleiter“ ausgegangen, gibt es aus dem Probehandeln heraus unterschiedliche Lösungsversuche bzw. -varianten. Diese provozieren nach dem spielerischen Gebrauch den gezielteren Vergleich nach Anforderungen, die durch die Problemsituation nahegelegt werden (Stabilität in sich, Kippgefahr, leichtes Verstellen, Materialaufwand). Erst eine solche Kontrolle zeigt, was erreicht wurde, und schließt damit das technische Handeln ab.

Die Lehrer-Kontrastmodelle (vgl. Abb. [21]-3) geben einen zusätzlichen Anstoß, die Konstruktion genauer und distanzierter zu betrachten, etwa mit dem Ergebnis: Dreiecksförmige Grundkonstruktionen führen zu in sich stabilen Trittleitern, trapezförmige („viereckige“) nicht.

Stabilität durch Dreieckskonstruktion am Beispiel der Trittleiter

Vorbemerkungen: Ein Dreieck ist starr, ein Viereck ist beweglich. Eine Konstruktion aus Baukastenteilen ist starr, wenn sie sich bei nur leicht angezogenen Schrauben nicht verformt.

Ziel: Eine Trittleiter darf beim Besteigen weder umkippen noch zusammenklappen. Diese Stabilität wird durch die Dreieckskonstruktion erreicht.

Dauer des Versuchs: 25 Minuten.

Werkzeuge, Geräte, Materialien: Schraubenzieher, Schraubenschlüssel, 2 Flachbänder 11-Loch, 2 Flachbänder 7-Loch, 5 Verbindungsstücke, 2 Flachbänder 9-Loch, 14 Schrauben und Muttern.

Demonstrationsmittel: Dreieck, Trapez, Modell 1:1 (Bild 74/1). Modell 3:1 (Bild 75/1).

Bild 74/1

Bild 75/1

Bild 75/2

Versuchsablauf:

- Begründung durch Schüler, warum Dreieck als Form der Seitenteile genommen wird und nicht Quadrat, Rechteck, Trapez (Lehrerdemonstration an je einem vergrößerten Modell),
- Auswahl der benötigten Teile und Ablage auf der Bauunterlage,
- Montage (Bild 74/1),

- Untersuchung der Trittleiter auf Stabilität (Fingerdruck),
- Vergleich zum Lehrermodell (Seitenfläche sind Trapeze, Bild 75/2).

Auswertung der Ergebnisse: Da die Seitenwände die Form des Dreiecks haben, ist die Trittleiter stabil. Sie knickt nicht zusammen. Ein Dreieck lässt sich nicht verformen.

Abb. [21]-4: Dritte Phase: Anwendung des erworbenen Wissens beim (Nach-)Bau einer Trittleiter. Vierte Phase: Vertiefung und Nachweis der Funktionsweise durch ein Lehrer-Kontrastmodell.[76]

Die Kontrastmodelle fördern in ersten Schritten eine Erkenntnis, die allgemeiner ist als jene innerhalb der konkreten Problemlösung „Trittleiter". Einen weiteren Schritt in diese Richtung dokumentieren die herausgelösten Grundformen: stabile Dreiecke – bewegliche Vierecke (vgl. Abb. [21]-1). Erst diesem aus stabilen Schülerkonstruktionen herausgelösten Dreieck kommt durch den Handlungszusammenhang die Bedeutung zu, konstruktive Grundform zu sein. Dieses Dreieck ist nicht nur in seiner Form einfach, sondern auch durch den Handlungszusammenhang gleichsam mit dem Gesichtspunkt „Stabilität" behaftet.

Damit sind Bedingungen gegeben, die ein Wiedererkennen oder Hineinsehen des „Dreiecks" in anderen technischen Zusammenhängen ermöglichen: Ein Baukran, ein Baugerüst, eine Gartentür, ein Zaun im Eckbereich eines Gartens – sie alle enthalten (mehr oder weniger deutlich) Dreiecke als konstruktive Grundformen, die bei Belastung die Stabilität sichern. Durch den Bezug zum eigenen Handlungsergebnis erhält die Grundkonstruktion Dreieck von Anfang an die Färbung des Eigenen; sie ist nicht nur das von außen kommende Fremde und Fertige; sie erhält eine sinnbezogene Herkunft aus einer überschaubaren, alltäglichen Arbeitssituation.

Das am eigenen Werk entdeckte Grundprinzip lässt sich durch kurze Anwendungen vertiefen, etwa mit der Aufgabe, dem beweglichen Verband in Abbildung [21]-2 eine feste Form zu geben. Ein technischer Baukasten wie in Abbildung [21]-5 bietet Elemente, die stabile und vielfältige Lösungen zulassen.

[76] Autorenkollektiv 1967, S. 72–75.

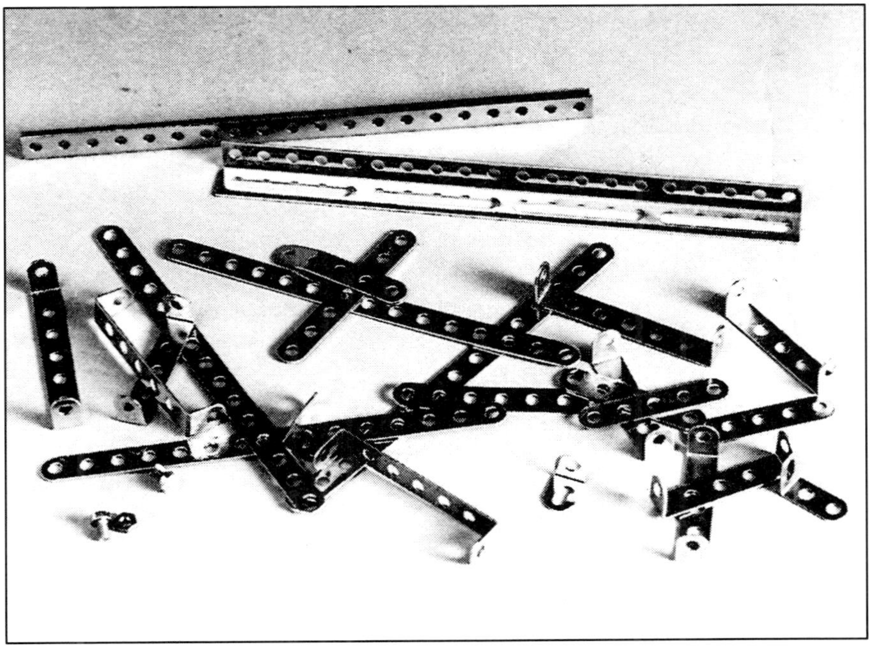

Abb. [21]-5: Sammlung von Baukastenelementen als Hilfe für das praktische, probierende Konzipieren beim Entwickeln einer Trittleiter.

Dass bei dieser Aufgabe nur zwei zusätzliche Stäbe erforderlich sind, braucht nicht verallgemeinert zu werden (wie das beim Ausgangsbeispiel der Fall ist: „In einem beliebigen Vieleck müssen so viel Winkel gegen Formänderung gesichert sein, dass maximal drei Winkel übrig bleiben", vgl. Abb. [21]-2). Ein solches Wissen zielt eher auf eine systematische Vollständigkeit, die in dieser Schulstufe nur als Ballast wirkt.

20.5 Induktiver Wissenserwerb durch Handeln?

Der modifizierte Unterrichtsvorschlag „Trittleiter" (vgl. Abschn. 4.2) setzt bei einer konkreten Problemlage ein. Handlungsversuche mit Hilfsgegenständen und Materialien führen einerseits zu einer Klärung der Absicht (Ziel) und ermöglichen andererseits den Übergang zur Lösungsfindung durch Probehandeln. Die Lehrerin bzw. der Lehrer verstärkt nach dem entwickelnden Modellbau durch Kontrastmodelle und isolierte Konstruktionselemente (Dreieck, Viereck) die Rückbesinnung auf die vollzogenen Vorgänge und das entwickelte Werk. Damit wird ermöglicht, Wissen aufzubauen. Das modifizierte Beispiel „Trittleiter" würde jedoch missverstanden, wenn man es allein als Plädoyer für den induktiven (und gegen den deduktiven) Weg des Unterrichtsganges auffasste.

Drei Umstände müssen hier nochmals betont werden: (1) Zunächst kommt es darauf an, unverkürztes technisches Handeln anzuregen, wie undifferenziert es in sich im Einzelnen auch noch sein mag. Im Hintergrund steht dabei die Überlegung, dass technisches Handeln, Gebrauchen und Herstellen als gegenständlich-leibliche Realisierung von entscheidender Bedeutung für die technische Sphäre ist; dem Handeln kommt ein Eigenwert zu. Primär stellt sich also die Aufgabe, mit und durch das situationsbezogene Handeln differenzierteres *technisches Handeln selbst* zu fördern. Dazu gehört *auch* der Erfahrungs- und Wissenserwerb aus dem Handeln, wobei das konstruktive Wissen nur eine Komponente (neben anderen) darstellt.

(2) Ein solches Vorgehen darf jedoch nicht dazu verleiten, Handeln von vornherein lediglich als (kindgemäße) Vorstufe und als Ansatzpunkt für den induktiven Erwerb von Wissen in Dienst zu nehmen. Technisches Handeln als eigenständiger und grundlegender Inhalt technischer Bildung wird dadurch verkürzt und entwertet oder zur Lern- und Schulhilfe verfremdet.

(3) Darüber hinaus ist allgemein anzumerken: Situationsbezogenes technisches Handeln, das mehr ist als eine spezifische Unterrichtsmethode, es ermöglicht den Erwerb von Können und Wissen, und zwar über das Konstruktive hinaus. Auch die technischen Vorgehensweisen beim Entwerfen und Bewerten sind so allgemein bedeutsam, dass sie selbst zum Unterrichtsgegenstand werden können.

20.6 Zu Formen technischen Wissens

Kinder greifen, heben, werfen, nehmen auseinander, bauen … und erfassen durch solche kindlich-sinnorientierten Tätigkeitsformen etwas von ihrer Umwelt. Aus dem sinnhaften Erfassen entwickeln sich das Vergleichen, das Wundern und Fragen, das Sammeln und Machen, aber auch das Staunen.[77]

Die ersten kindlichen Auseinandersetzungen haben den Charakter des „vorgegenständlichen Erlebens“.[78] Es dominieren subjektbestimmte Bewegungen, die hin und wieder zu Probierbewegungen werden. Zunächst werden ein Ball und eine Puppe gleich behandelt; durch Greifen, Fallenlassen, Aufstellen und Tragen erlebt das Kind, ob sich etwas abheben lässt oder fest mit anderem verbunden ist, ob etwas einen Klang erzeugt, wenn es auf dem Boden auftrifft, ob etwas eine Standfläche hat oder umfällt, ob etwas schwer oder leicht ist, warm oder kalt. Daraus entwickelt sich ein Umgang, der die Beschaffenheit der Dinge berücksichtigt: Mit Sand wird anders hantiert als mit Bauklötzen oder Papier. Der subjektive Tätigkeitsdrang nimmt Rücksicht auf die Beschaffenheit der Dinge, erlaubt jedoch noch keine hinreichende Distanzierung zum Hantieren; Subjekt und Objekt bleiben ungeschieden. Erst der intensivere Umgang und das Hantieren schaffen *eine* der Bedingungen, die anregen, zwischen Ich und Familienmitgliedern, zwischen Ich und Gegenstand (Nicht-Ich) zu unterscheiden. Im Hantieren wird nun das Hantierte als Gegen-über, als Gegen-stehendes, als Gegenstand erfasst. Gleichzeitig „will“ das Kind etwas mit den Gegenständen erreichen. Auf dieser Basis entwickeln sich (gezieltere) Darstellungs- und

---

77 Vgl. Meiers 1989, S. 35–36.
78 Kley 1963, S. 28.

Herstellungsspiele, und allmählich gelingen durch Nachahmung auch einfache, alltägliche Vorgänge des Besorgens.

Die frühen Formen technischen Handelns zeigen sich zunächst unauffällig im Nutzen verfügbarer Gegenstände; im gezielten Gebrauch erhalten Gegenstände eine Funktion: Ein Stab wird zum verlängerten Arm, ein spitzer Gegenstand fungiert als Bohrer. Elementares technisches Handeln stützt sich primär auf das Können, auf das *Handlungswissen.* Es wird nicht durch distanzierte Betrachtung gewonnen, sondern handelnd, also zuerst im Rahmen des Hantierens, des Bauens, der Herstellungsspiele und der einfachen Besorgungen als spezifische Geschicklichkeit.

Handlungswissen entsteht unbewusst, ist zweckorientiert und lässt sich sprachlich oder zeichnerisch nicht ohne Weiteres äußern – ist also in der Schule nicht direkt abfragbar. Handlungswissen als Gefüge sensumotorischer Abläufe lässt sich nur im *praktischen Vollzug* äußern. Aus diesem Grund müssen sich Konzipieren, Entwerfen und Planen im elementaren technischen Handeln primär als Probehandeln vollziehen.

Vom Handeln stärker abgehoben, aber noch am Einzelnen orientiert, ist das *prototypische Wissen.* Begriffe wecken die Vorstellung von Einzelfällen oder Beispielen, die *handelnd* oder *anschaulich* vertraut geworden sind: Der Begriff „Holz“ weckt das Bild vom vertrauten Fichtenholz, „Stahl“ verweist auf den Umgang mit dem bekannten Nagel, „stabiles Dreieck“ erinnert an die gebaute und verwendbare Trittleiter.[79]

Das allgemeinere technische *Regelwissen* löst sich von solchen Bindungen weiter ab. Es bleibt jedoch ein Erfahrungswissen, das im technischen Tun gewonnen wird und sich im praktischen Tun bewähren muss. Es zeigt sich zuerst als funktionales Regelwissen. Darunter fällt das Wissen, wie Materialien, technische Fertigkeiten, Werkzeuge oder Maschinen verwendbar sind. Das konstruktive Regelwissen hingegen bezieht sich darauf, wie Funktionen durch einen spezifischen Aufbau realisiert werden können. Das problemlösende Planen, das sich der Entwurfsskizze bedient, setzt solches Wissen in Ansätzen voraus. Das eher methodische Regelwissen für die gestaltenden und wertenden Vollzüge innerhalb des technischen Handelns kristallisiert sich erst vergleichsweise spät heraus.

Zur besseren Einschätzung der bisher erwähnten Wissensformen ist noch eine Anmerkung erforderlich: Der Übergang vom Regelwissen zum *theoretischen* Wissen ist nicht ohne Weiteres möglich. Er setzt eine grundlegende Einstellungsänderung voraus, die oft übersehen wird. Der alltägliche Umgang und das technische Handeln sind durch die *praktische* Einstellung ausgerichtet; der Nutzen und die Zweckorientierung stehen im Vordergrund. Das prägt die dabei gewonnenen Erfahrungen und

[79] Wilhelm Harnisch (1825): „Die technische Welt liegt dem Kinde näher als die natürliche Welt. Erst von der technischen schreitet es zurück zur natürlichen, z. B. vom Nagel zum Eisen, von Eisen zum Eisenerz, vom Tisch zum Holz, vom Holz zum Baum [...].“ Zitiert nach Schietzel 1960, S. 15.

damit auch das Regelwissen. Die *theoretische* Haltung löst sich aus dieser Orientierung an der unmittelbaren Lebensbewältigung und Problemlösung; sie zielt primär darauf, Begriffsnetze aufzubauen, in die nur solche Merkmale eingehen, die gesetzmäßig zusammenhängen. Dementsprechend ist das theoretische Wissen auf explizite sprachliche Formulierung, auf definierte Begriffe für Objekte und Relationen angewiesen und strebt Ableitungszusammenhänge und Systembildung zum Zweck einer allgemeineren Verwendung von Wissen an. Grundlage bildet dabei der streng methodisch geprüfte Zusammenhang.

Theoretisches Wissen beschränkt sich nicht auf die klassischen Ingenieurwissenschaften (Festigkeitslehre, Elektrotechnik, Fertigungstechnik ...), sondern schließt auch die weniger streng theoretisch ausgerichteten und später entwickelten Gestaltungswissenschaften (Konstruktionslehren, Lehren zur Heuristik ...) und Wertwissenschaften (Wertlehre, Lehren zur Technikfolgenabschätzung ...) ein.

20.7 Vorwissen und Wissen als Folge des Handelns

Jedes situationsbezogene technische Handeln, insbesondere das problemlösende, erstmalige Handeln kommt nur zustande, wenn ein Vorwissen verfügbar ist – in welcher Form auch immer. Das elementare technische Handeln, das primär noch als ein einheitlicher Ablauf von Könnens-, Wissens-, Gestaltungs- und Wertkomponenten erscheint, bedarf mindestens des Handlungswissens, das sich aus dem „vorgegenständlichen Erleben", dem Hantieren, dem Spielen und Besorgen entwickelt.

Im aktuellen technischen Handeln wird ein Teil des Vorwissens verwendet; für die konkrete Problemlösung als Einzelfall muss das Wissen modifiziert, ausgebaut oder teilweise neu aufgebaut werden. In diesem Vorgang sind, genauer gesehen, drei Stränge zu beachten (vgl. Schema Abb. [21]-6).

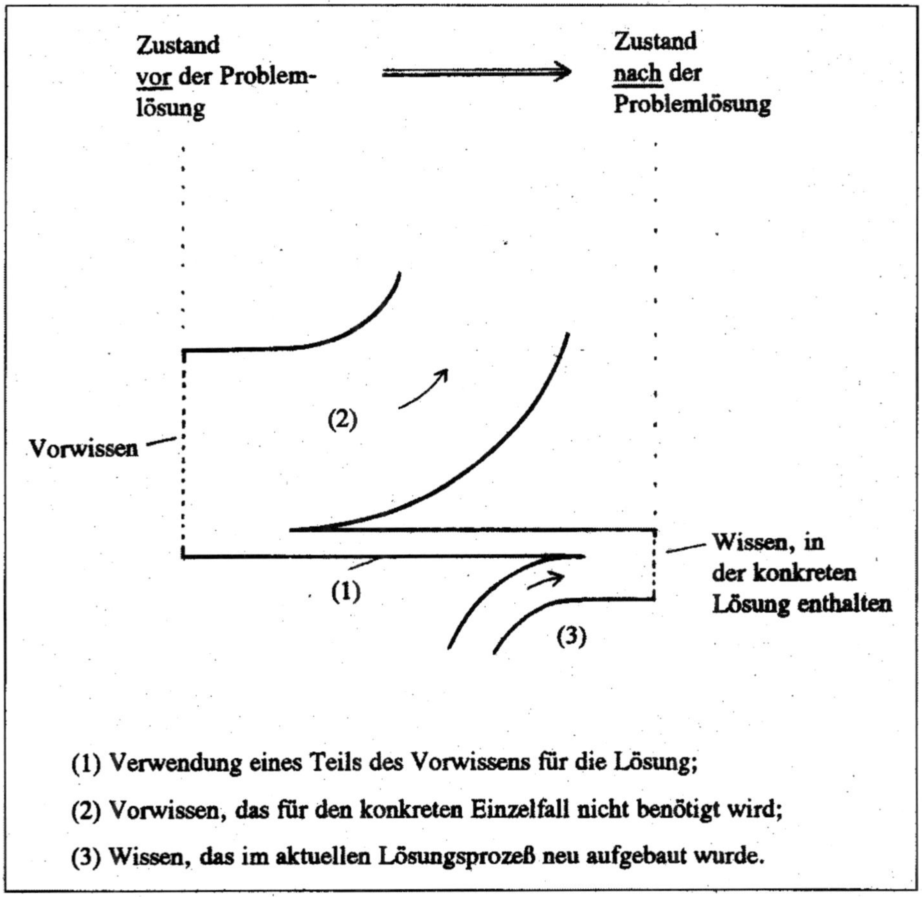

Abb. [21]-6: Die handelnde Problemlösung unter der Perspektive des Wissens, ohne nähere Kennzeichnung der Form des Wissens.

Ein Teil des Vorwissens lässt sich für den Einzelfall direkt verwenden ((1) in Abb. [21]-6), ein größerer Teil des Vorwissens bleibt unbeachtet, weil er (vielleicht nur vermeintlich) nichts zum aktuellen Problem beiträgt ((2) in Abb. [21]-6). Das für die konkrete Lösung erst Entwickelte oder Aufgebaute entsteht doch Modifikation, Variation oder Kombination des Vorwissens und enthält somit etwas Neues, das in dieser Form nicht im Vorwissen enthalten war ((3) in Abb. [21]-6). Beispielsweise erfordert der Aufbau der Trittleiter (vgl. Abschn. 4.2) Korrekturen, wenn sie sich im Zwischenversuch als nicht stabil erweist. Kann aus der gezielten Wahrnehmung der noch störenden Bewegung eine Lösung gefunden werden, so entsteht auf der Basis des Vertrauten etwas Neues. Reicht hingegen allein das vergegenwärtigte Vorwissen aus, liegt keine eigentliche Problemsituation und -lösung vor; es genügt, den erforderlichen Handlungsablauf zur aktualisieren; es genügt der Rückgriff auf das Gekonnte (Gewusste, Gewohnte). Das in der konkreten Lösung enthaltene Neue, beispielsweise das erarbeitete stabile Dreieck, erweitert das Können bzw. Wissen, sofern es durch äußere abgewandelte Wiederholung, Rückbesinnung und gezielte Transferübung vom Einzelfall abgelöst werden kann. Wissen als Handlungswissen, als prototypisches Wissen oder Regelwissen entsteht dann als Folge der handelnden Problemlösung. Für die zukünftigen Schritte steht ein erweitertes Vorwissen zur Verfügung.

20.8 Wo ist anzufangen?

Technisches Handeln erfordert immer schon Wissen. Wie wird dieses technische Vorwissen aufgebaut? Wissen erwächst *aus* dem Handeln und ist gleichzeitig ein *Mittel* für technisches Handeln. Es liegt hiermit ein wechselseitiges Bedingungsverhältnis vor, jedes Moment setzt schon das jeweils andere voraus. Einen klaren, wohlbestimmten Anfang und eindeutigen Aufbau kann es in einer solchen Situation nicht geben – ebenso wenig wie einen definierten Beginn technischen Handelns ohne Vorformen. Erforderlich ist deshalb der unmittelbare Einstieg in das praktische Handeln, ohne Zögern, ohne endgültige Klärung aller Umstände und Voraussetzungen. Die daraus entstehende Unsicherheit verleitet zu einer vorschnellen Orientierung an den technischen Disziplinen oder zu einer Hinwendung zu technischen Gegenständen mit vorfixiertem, vermeintlich „richtigem" Aufbau, der keine Variation mehr zulässt. Diese Unsicherheit muss besonders dann als beklagenswert erscheinen, wenn die Vorstellung zugrunde liegt, Kinder könnten durch schrittweise schulische Anleitung bruchlos und sicher zu technisch aufgeklärten Bürgerinnen und Bürgern „gemacht" werden.

20.9 Genetisches Vorgehen

Das Vorgehen nach dem Prinzip „erst Wissen aneignen, dann dementsprechend handeln" verführt dazu, auf die Aktivierung des immer schon vorhandenen Vorwissens weitgehend zu verzichten; auch das eigenständige Bemerken von Problemlagen in anregungsreichen Handlungssituationen kommt damit nicht hinreichend zum Zuge. Letztlich verleitet das Prinzip dazu, Wissen isoliert zu vermitteln, das heißt positiv *vor* dem Handeln und unabhängig von einer Problemlage.

Die isolierte Wissensvermittlung wird oft durch den folgenden Hinweis gerechtfertigt: Technische Probleme zu erkennen, ist von fundamentaler Bedeutung für das elementare technische Handeln. Es ist der entscheidende Einstieg, und *schon* um diese technischen Probleme zu erkennen, benötigt man technisches Wissen. Also muss es *vor* dem eigentlichen Handeln erworben werden.

Allgemein genommen enthält dies etwas Richtiges. Tatsächlich erweitert erworbenes Wissen die Wahrnehmungsfähigkeit und fördert das forschende Hinsehen. Auf die Situation in der Grundschule bezogen heißt das: Die Kinder haben zwar kein innertechnisches Wissen, kein Ingenieurwissen im engeren Sinne, aber sie haben Erfahrungen aus dem Spielen, aus den alltäglichen Besorgungen. Und genau solche (vielleicht unformulierbaren) Erfahrungen bilden den notwendigen *Hinter- und Untergrund*, wenn es gilt, in einfachen Situationen die technische Problemstellung zu erfassen. Erforderlich ist eben zunächst kein innertechnisches Einzelwissen z. B. in Bezug auf konstruktive Elemente („unbewegliches Dreieck", vgl. Abb. [21]-1), vielmehr ein Empfinden und Wissen, das an den menschlichen Belangen und Bedürfnissen orientiert ist, wie sie bereits im Besorgen zur Geltung kommen (in Bezug auf die Trittleiter heißt das: Etwas, was hoch gelagert ist, kann nicht ohne Weiteres bequem und sicher erreicht werden; ein Stuhl hilft, aber er lässt sich noch nicht so einfach besteigen …).

Der genannte Einwand erwächst aus einer verengten Sicht, die allein die funktionalen und insbesondere die konstruktiven Sachverhalte isoliert und betont. Das Handlungswissen, das sich nicht sprachlich äußern lässt, kommt in diesem Falle nur in der Fertigung zur Geltung, nicht aber schon bei der Problemerfassung, nicht beim Entwerfen. Letztlich werden dadurch die Erfahrungen aus der kindlichen Lebenswelt entwertet oder als *untechnisch* verkannt.

Ein genetisches Vorgehen muss den Wissens*erwerb* abseits der technischen Disziplinen ernst nehmen und rückt das elementare technische Handeln mit seiner Problemorientierung und Aktivierung von Vorwissen in den Vordergrund. Wissenserwerb ist dann einerseits etwas, was auf dem individuell Gewussten aufbaut, und andererseits macht das Handeln *erst offensichtlich, wie sinnvoll es ist, technisches Wissen zu erwerben*. Erst müssen die Schwierigkeiten bei der Problemlösung wahrgenommen werden können, dann ist ein fruchtbarer Moment für den Wissenserwerb gegeben.

Vorrang hat zunächst die Praxis. Die Schule hat sich zu lange an den fertigen Wissensbereichen, an den Resultaten orientiert und damit verdeckt und in einseitiger Weise die Tradition der Verstandes- und Vernunftphilosophie gepflegt, ohne die *Quellen und Fundamente* dafür hinreichend zu würdigen. Das holt Friedrich Otto Bollnow[80] im Anschluss an Henry Bergson nach:

„Alles Denken ist ursprünglich nur ein Mittel, um erfolgreich zu handeln […]. Auch die besonderen Formen unseres Verstandes, unsre ganze Begrifflichkeit ist von der praktischen Funktion her bestimmt. Das bedeutet: Die Welt der Praxis, die Welt des handwerklichen Umgangs mit der Welt, der handwerklichen Gestaltung der menschlichen Lebensumgebung, der Besorgung von Speise und Trank, von Wohnung und Kleidung und so weiter ist das Medium, in dem sich unser Denken entwickelt hat und dem es von seinem Ursprung her angepasst ist. Der Mensch ist lange Handwerker gewesen, ehe er Wissenschaftler geworden ist […]."

Wo wir dieses leugnen oder schnell überspringen wollen, sichern wir nicht einmal hinreichend die Verstandes- und Vernunfttradition. Das gilt allgemein für die Schule, besonders jedoch für das Lernen in der Grundschule im Hinblick auf die Anfänge technischer Bildung.

---

80 Bollnow 1970, S. 37–38.

21 Literaturverzeichnis

Aebli, Hans (1963): Psychologische Didaktik. Didaktische Auswertung der Psychologie von Jean Piaget. Stuttgart: Klett-Cotta (Erziehungswissenschaftliche Bücherei).

Aebli, Hans (1980): Kognitive Aspekte der Handlungstheorie. Stuttgart: Klett-Cotta (Denken: das Ordnen des Tuns, 1).

Arp, Horst; Härtel, Wilfried (1984): Beiträge zur Allgemeinen Technologie. Bergische Universität – Gesamthochschule Wuppertal. Wuppertal (Schriftenreihe des Fachbereichs Erziehungswissenschaft, 11).

Autorenkollektiv (1967): Versuche Werkunterricht, Klassen 1 bis 3. Berlin: Volk und Wissen.

Beckmann, Johann (2011 [1806]): Entwurf der Algemeinen Technologie. Nachdruck. Berlin: Machmit-Verl. (Schriften zu Arbeit – Beruf – Bildung, 4).

Böhme, Hartmut; Böhme, Gernot (1985): Das Andere der Vernunft. Zur Entwicklung von Rationalitätsstrukturen am Beispiel Kants. Frankfurt am Main: Suhrkamp (Suhrkamp-Taschenbuch Wissenschaft, 542).

Bollnow, Otto Friedrich (1970): Philosophie der Erkenntnis. Stuttgart, Berlin, Köln, Mainz: Kohlhammer (Kohlhammer-Urban-Taschenbücher, 126).

Bruner, Jerome S. (1974): Entwurf einer Unterrichtstheorie. Berlin, Düsseldorf: Berlin-Verlag; Pädagogischer Verlag Schwann (Sprache und Lernen, 5).

Buber, Martin (1962): Reden über die Erziehung (1953). In: Martin Buber – Werke, erster Band: Schriften zur Philosophie. München: Kösel Lambert Schneider.

Dewey, John (1951): Wie wir denken. Eine Untersuchung über die Beziehung des reflektiven Denkens zum Prozess der Erziehung. Unter Mitarbeit von Leopold Deuel und Alice Burgeni. Zürich: Morgarten-Verl. (Erkenntnis und Leben, 5).

Dewey, John (1964): Demokratie und Erziehung. 3. Aufl. Braunschweig [u. a.]: Westermann.

Dewey, John (1993): Demokratie und Erziehung. Eine Einleitung in die philosophische Pädagogik. 5. Aufl. Hg. v. Jürgen Oelkers. Weinheim: Beltz.

Duncker, Karl (1966/1935): Zur Psychologie des produktiven Denkens. Berlin: J. Springer.

Fellmann, Ferdinand (1991): Symbolischer Pragmatismus. Hermeneutik nach Dilthey. Orig.-Ausg. Reinbek bei Hamburg: Rowohlt (Rowohlts Enzyklopädie, 508).

Galilei, Galileo (1964): Unterredungen und mathematische Demonstrationen über zwei neue Wissenszweige, die Mechanik und die Fallgesetze betreffend. 1.–6. Tag. Unter Mitarbeit von A. von Oettingen. Nachdr. [d. Ausg.] Leipzig 1890–1904. Darmstadt: Wissenschaftliche Buchgesellschaft.

Gehlen, Arnold (1957): Die Seele im technischen Zeitalter. Sozialpsychologische Probleme in der industriellen Gesellschaft. Hamburg: Rowohlt (rowohlts deutsche enzyklopädie, 53).

Gehlen, Arnold (1961): Anthropologische Forschung. Reinbek b. Hamburg: Rowohlt (Rowohlts deutsche Enzyklopädie Sachgebiet Anthropologie, 138).

Gehlen, Arnold (1995): Der Mensch, seine Natur und seine Stellung in der Welt. 13. Aufl. Wiesbaden: Quelle und Meyer (UTB).

Habermas, Jürgen (1968): Technik und Wissenschaft als ‚Ideologie'. 1.–15. Tsd. Frankfurt am Main: Suhrkamp (edition suhrkamp, 287).

Habermas, Jürgen (1970): Zur Logik der Sozialwissenschaften. Frankfurt am Main: Suhrkamp (edition suhrkamp, 481).

Herder, Johann Gottfried von (1982): Werke in zwei Bänden. München, Wien: Carl Hanser.
Janich, Peter (1992): Grenzen der Naturwissenschaft. Erkennen als Handeln. Orig.-Ausg. München: Beck (Beck'sche Reihe, 463).
Kamlah, Wilhelm; Lorenzen, Paul (1967): Logische Propädeutik oder Vorschule des vernünftigen Redens. Mannheim: Bibliographisches Inst. (BI-Hochschultaschenbücher, 227/227a: Systematische Philosophie).
Klafki, Wolfgang (1957): Das pädagogische Problem des Elementaren und die Theorie der kategorialen Bildung. 3./4., durchges. und erg. Aufl. Weinheim: Beltz (Göttinger Studien zur Pädagogik, 6).
Klafki, Wolfgang (1985): Neue Studien zur Bildungstheorie und Didaktik. Beiträge zur kritisch-konstruktiven Didaktik. Weinheim, Basel: Beltz.
Kley, Ewald (1963): Unterricht über technische Gegenstände und Vorgänge. In: Heinrich Roth und Alfred Blumenthal (Hg.): Schule und Arbeitswelt. Grundlegende
Aufsätze aus der Zeitschrift „Die Deutsche Schule". Hannover: o. A.
Langer, Susanne Katherina Knauth (1979): Philosophie auf neuem Wege. Das Symbol im Denken, im Ritus und in der Kunst. 2., unveränd. Aufl. Mittenwald: Mäander.
Latour, Bruno (2000): Die Hoffnung der Pandora. Untersuchungen zur Wirklichkeit der Wissenschaft. Frankfurt am Main: Suhrkamp.
Macaulay, David (1979): Unter einer Stadt. München: Dt. Taschenbuch-Verlag.
Maser, Siegfried (1973): Wissenschaftstheoretische Grundlagen der Informatik. Sonderdr. aus IBM-Nachrichten, 23. Jg., H. 217 (Oktober 1973), S. 738–746. Stuttgart: IBM-Deutschland-GmbH.
Meiers, Kurt (1989): Sachunterricht: Überlegungen, Anregungen, Hilfen zur Praxis. Zug: Klett und Balmer.
Möller, Hugo (1963): Was ist Didaktik? Bochum: Kamp.
Möller, Kornelia (1991): Handeln, Denken und Verstehen. Untersuchungen zum naturwissenschaftlichen Sachunterricht in der Grundschule. Essen: Westarp Wissenschaften.
Müller, Adam H. (1808): Prolegomena einer Kunst-Philosophie. In: Phöbus. Ein Journal für die Kunst (11 und 12), S. 3–27.
Museum für Vor- und Frühgeschichte – Archäologisches Museum (Hg.) (1990): Vorgeschichte, Bilder und Texte zur Dauerausstellung. Frankfurt am Main: Museum für Vor- und Frühgeschichte.
Nagl, Ludwig (1992): Charles Sanders Peirce. Orig.-Ausg. Frankfurt am Main, New York: Campus-Verl. (Reihe Campus Einführungen, 1053).
Nagl, Ludwig (1998): Pragmatismus. Frankfurt am Main: Campus-Verl. (Reihe Campus Einführungen, 1095).
Oehler, Klaus (1993): Charles Sanders Peirce. Orig.-Ausg. München: Beck (Beck'sche Reihe Denker, 523).
Platon (1987): Protagoras. Griech./dt. Hg. v. Hans-Wolfgang Krautz. Stuttgart: Reclam (Universal-Bibliothek, 1708).
Popitz, Heinrich (1989): Epochen der Technikgeschichte. Tübingen: Mohr.
Reichwein, Adolf (1985): Schaffendes Schulvolk. In: Max-Traeger-Stiftung (Hg.): Schafft eine lebendige Schule – Adolf Reichwein 1898-1944. Heidelberg: Selbstverlag.

Roesler, Alexander (2000): Vermittelte Unmittelbarkeit. Aspekte einer Semiotik der Wahrnehmung bei Charles S. Peirce. In: Uwe Wirth (Hg.): Die Welt als Zeichen und Hypothese. Perspektiven des semiotischen Pragmatismus von Charles Sanders Peirce. Orig.-Ausg. Frankfurt am Main: Suhrkamp (Suhrkamp-Taschenbuch Wissenschaft, 1479), S. 112–129.

Ropohl, Günter (2009): Allgemeine Technologie: eine Systemtheorie der Technik. Karlsruhe: KIT Scientific Publishing. DOI: 10.5445/KSP/1000011529, zuletzt abgerufen am 22.05.2024.

Roth, Heinrich (1962): Pädagogische Psychologie des Lehrens und Lernens. Hannover: Schroedel.

Sachs, Burkhard (1986): Zum Verhältnis von Naturwissenschaft und Technik in Realität und Schule. In: tu: Zeitschrift für Technik im Unterricht (41), S. 5–10.

Schietzel (1960): Technik und Natur. Theorie und Praxis einer Sachkunde. Braunschweig: Westermann.

Schütz, Alfred; Luckmann, Thomas (1979): Strukturen der Lebenswelt. Frankfurt am Main: Suhrkamp (Suhrkamp-Taschenbücher Wissenschaft, 284).

Sobel, Dava (1999): Galileos Tochter. Eine Geschichte von der Wissenschaft, den Sternen und der Liebe. Berlin: Berlin Verl.

Splittegarb, Carl Friedrich (1818): Deutsche Sprachlehre für Anfänger: mit Aufgaben. 7. Aufl. Halle, Berlin: Buchhaus des Hallischen Waisenhauses.

Stopczyk, Annegret (1991): Leibphilosophie. Süddeutscher Rundfunk, Studio Heidelberg, 1991.

Swift, Jonathan (Hg.) (1964): Gullivers Reisen in ferne Länder. Frankfurt am Main: Büchergilde Gutenberg.

Tjalve, Eskild (1978): Systematische Formgebung für Industrieprodukte. Düsseldorf, Goldach: VDI-Verlag.

Tomaszewski, Tadeusz (1978): Tätigkeit und Bewusstsein. Beiträge zur Einführung in die polnische Tätigkeitspsychologie. Weinheim, Basel: Beltz (Beltz-Monographien Psychologie).

Ullrich, Otto (1979): Technik und Herrschaft. Zugl.: Berlin, Freie Univ., Fachbereich 11 – Philosophie u. Sozialwiss., Diss., 1976. Frankfurt am Main: Suhrkamp.

Wiesenfarth, Gerhard (1992): Zum technischen Handeln als Grundbegriff einer Technikdidaktik. In: tu: Zeitschrift für Technik im Unterricht, Heft 66, S. 31–44.

Wiesenfarth, Gerhard (1993): Zum Verhältnis von Wissen und Handeln – ein Unterrichtsbeispiel. In: tu: Zeitschrift für Technik im Unterricht, Heft 70, S. 26–33.

Whitehead, Alfred North (1971): Abenteuer der Ideen. Frankfurt am Main: Suhrkamp.

Whitehead, Alfred North (1984): Wissenschaft und moderne Welt. Frankfurt am Main: Suhrkamp.

Whitehead, Alfred North (2000): Kulturelle Symbolisierung. Frankfurt am Main: Suhrkamp (Suhrkamp-Taschenbuch Wissenschaft, 1497).

Wolffgramm, Horst (1994): Allgemeine Technologie – Teil 1. In: Ders. (Hg.): Allgemeine Techniklehre. Elemente, Strukturen und Gesetzmäßigkeiten. Bd. 1. Hildesheim: Franzbecker.